纳米材料农业生态毒理学

芮玉奎　主编

U0248362

中国农业大学出版社
·北京·

内 容 简 介

本书共分为5章。第1章叙述了纳米材料现阶段的研究进展;第2章概括了纳米材料的应用,包括在农业上的应用;第3章介绍了纳米材料的合成和类型,以及表征方法;第4章介绍了纳米材料对植物的毒理学研究方法,着重介绍了几种典型的纳米材料(CeO_2、Fe_3O_4、TiO_2、SiO_2 等)对农作物生长的影响;第5章简单介绍了纳米材料对微生物的毒理学研究方法。

图书在版编目(CIP)数据

纳米材料农业生态毒理学/芮玉奎主编. —北京:中国农业大学出版社,2019.11
ISBN 978-7-5655-2190-4

Ⅰ.①纳… Ⅱ.①芮… Ⅲ.①纳米材料-应用-农业-生态学-毒理学 Ⅳ.①S181.3

中国版本图书馆 CIP 数据核字(2019)第 061779 号

书 名 纳米材料农业生态毒理学	
作 者 芮玉奎 主编	
策划编辑 田树君	**责任编辑** 田树君
封面设计 郑 川	
出版发行 中国农业大学出版社	
社 址 北京市海淀区学清路甲 38 号	**邮政编码** 100083
电 话 发行部 010-62818525,8625	**读者服务部** 010-62732336
编辑部 010-62732617,2618	**出 版 部** 010-62733440
网 址 http://www.caupress.cn	**e-mail** cbsszs @ cau.edu.cn
经 销 新华书店	
印 刷 北京玺诚印务有限公司	
版 次 2019 年 11 月第 1 版 2019 年 11 月第 1 次印刷	
规 格 787×1 092 16 开本 16.5 印张 410 千字	
定 价 80.00 元	

图书如有质量问题本社发行部负责调换

主　　编　　芮玉奎（中国农业大学）

副 主 编　　刘　　泓（福建农林大学）

王凌青（中国科学院地理科学与资源研究所）

桂　　新（河南农业大学）

李俊丽（武汉理工大学）

李旭光（济南大学）

胡　　健（中国科学院生态环境研究中心）

金　　洁（华北电力大学）

马传鑫（美国康涅狄格州农业实验站）

参编人员　　王力弘（中国农业大学）

李明姝（中国农业大学）

郝　　毅（中国农业大学）

王瑶瑶（中国农业大学）

杨　　洁（中国农业大学）

赵晓慧（中国农业大学）

刘书通（中国农业大学）

张艳北（中国农业大学）

黎文人（越南科学院）

前　言

随着纳米科学与技术的快速发展进步与日益成熟,根据人们的需求而合成和生产不同种类、不同粒径大小、不同几何形状的纳米材料已经成为可能。就目前而言纳米材料已经应用于染料、催化剂、医药诊断等传统产业中,人们在生产和生活中与纳米材料接触的可能性变得越来越大,纳米材料已逐步深入人们的生活中。在生产和使用过程中可能通过环境、食物链等方式进入人体或者被人体直接吸入、摄取,并对人体健康产生潜在影响,纳米材料的安全性问题需要引起各方面的格外关注。而土壤是纳米材料释放到环境中后的重要聚集地,也是地下水中纳米材料的可能来源。纳米材料的积累不仅可能危害土壤生态系统、损害植物生长,还可能在食物链及食物网中累积,对环境安全及人类健康造成潜在威胁。

在此背景下,需要相关的专著阐述纳米材料在农业上的生态毒理机理和相关研究方法,为今后从事相关研究工作的人员提供指导。中国农业大学芮玉奎、福建农林大学刘泓、华北电力大学金洁、河南农业大学桂新、武汉理工大学李俊丽、中国科学院生态环境研究中心胡健、中国科学院地理科学与资源研究所王凌青、济南大学李旭光、美国康涅狄格州农业实验站马传鑫等,长期从事纳米材料农田土壤毒理相关方面的研究,在国家自然科学基金和农业部(现农业农村部)项目的支持下,积累了大量的一手资料和数据。本书的作者们在大量研究和实践的基础上,针对纳米材料研究进展、农业应用现状以及对农作物毒性作用方面的研究,寻找新的方法、材料、技术等合理探究纳米材料在农业生产过程的毒理效应。

本书可作为相关学科的院校及科研院所的专家学者、研究生、本科生的教学教材和课外参考书。我们殷切希望广大读者和相关专家对本书提出批评和进一步改进的意见和建议,为继续深入开展纳米材料农业毒理相关方面的研究做出应有的贡献,让我们为了祖国农业环境安全、农产品安全和广大群众的身体健康做出贡献。

本书的出版得到了国家自然科学基金"高集约化农区土地利用系统过程模拟及其环境风险控制"(41130526)、国家自然科学基金"不同投入模式下的农田土壤重金属累积效应及其风险模拟"(41371471)、重点研发计划"珠三角菜地和水稻田中氮磷与镉砷的来源、迁移和耦合作用及重金属阈值研究"(2017YFD0801301-01)、重点研发计划"重金属污染区域小麦、玉米等作物安全生产技术"(2017YFD0801103)、广东省-国家自然科学基金联合项目"珠江流域典型母质发育土壤重金属关键形态时空演变的微观机制"(U1401234)的大力支持与帮助,在此一并感谢。

本书共分为 5 章。第 1 章叙述了纳米材料现阶段的研究进展;第 2 章概括了纳米材料的应用,包括在农业上的应用;第 3 章介绍了纳米材料的合成和类型,以及表征方法;第 4 章介绍了纳米材料对植物的毒理学及研究方法，着重介绍了几种典型的纳米材料（CeO_2、Fe_3O_4、TiO_2、SiO_2 等）对农作物生长的影响；第 5 章简单介绍了纳米材料对微生物的毒理学及研究方法。

本书各章的编写分工如下：第 1 章，刘泓，杨洁，李明姝；第 2 章，金洁，桂新，王力弘；第 3 章，李俊丽，郝毅，王力弘；第 4 章，芮玉奎，马传鑫，胡健，李旭光，王瑶瑶；第 5 章，芮玉奎，王凌青，王力弘，赵晓慧，黎文人，刘书通，张艳北。

编者

2019.5

目　　录

第1章　纳米材料研究进展

1.1　纳米材料研究背景

如今,纳米科学与技术研究已经取得了快速的发展与进步,随着纳米科技的日益成熟,根据人们的需求而合成和生产不同种类、不同粒径、不同几何形状的纳米材料已经成为可能。纳米科学、生命科学、信息科学成为当今世界上三大支柱科学。随着纳米技术不断发展并逐渐形成产业链,纳米材料已逐步深入我们的生活中。纳米材料(nanomaterials,NMs)是一种新兴的正在迅速发展的新型材料,通常定义为三维空间至少有一维在 $1\sim100$ nm 的颗粒状、片层状材料,它们的尺寸界于微晶材料和原子团簇之间。当粒子尺寸进入纳米量级时,由于纳米粒子的表面原子与总原子数之比随粒径尺寸的减小而急剧增大,显示出强烈的体积效应(即小尺寸效应)、量子尺寸效应、表面效应和宏观量子隧道效应,从而在光学、热学、电学、磁学、力学以及化学方面显示出许多奇异的特性。目前纳米材料已经应用于染料、催化剂、医药诊断等传统产业中,人们在生产和生活中与纳米材料接触的可能性变得越来越大,在其生产和使用过程中可能通过环境、食物链等方式进入人体或者被人体直接吸入、摄取,并对人体健康产生潜在影响,纳米材料的安全性问题需要引起各方面的格外关注。

纳米科学技术以许多现代先进科学技术为基础,它是现代科学(混沌物理、量子力学、介观物理、分子生物学)和现代技术(计算机技术、微电子和扫描隧道显微镜技术、核分析技术)结合的产物,纳米科学技术又将引发一系列新的科学技术,如纳电子学、纳米材料学、纳机械学等。纳米技术(nanotechnology)是用单个原子、分子制造物质的科学技术。

在纳米尺度范围内操纵和控制物质(单原子或原子簇),对其进行加工、制造各种功能性器械的技术称为纳米技术,它是 20 世纪 80 年代末 90 年代初逐步发展起来的具有前沿性和交叉性的新兴学科,几乎在各领域都有广阔的应用前景。纳米技术的发展将给人们的生活带来巨大变化,这是可以预见的。例如,在医药方面,纳米技术的投入,可以使药品生产过程越来越精细,并在纳米材料的尺度上直接运用原子、分子的排布制造具有特定功能的药物,使其更方便地在人体内传输。使用新型纳米技术诊断仪器可以减少检测血液量,通过蛋白质和 DNA 就可以诊断出各种疾病。在信息科学发展方面,纳米材料级的储存器芯片大量投入生产,使计算机的体积将会越来越小,计算的速度会越来越快,方便人们工作生活,提高人们的生活质量。另外将纳米技术用于现有雷达信息处理上,可使其处理能力提高 10 倍至几百倍,甚至可以将超高分辨率纳米孔径雷达放到卫星上进行高精度地对地侦察。在环境保护方面,功能独特的纳米膜可以探测到由化学和生物试剂造成的污染并能够过滤这些试剂,从而消除污染。在家电生产中,由纳米材料制成的多功能塑料,具有防腐、抗菌、除味、抗紫外线等作用,可用于空调、电冰箱外壳的抗菌除味材料。在纺织业中,添加纳米 SiO_2、纳米 ZnO 等材料的合成纤维,可制成杀菌、防霉、除臭和抗紫外线辐射的内衣和服装,以及满足国防工业要求的抗紫外线辐射的功能纤维。在材料加工中,用纳米材料作为包装更具防腐功能。在农业方面,已经开发和应用的有纳米农药、纳米饲料和纳米肥料等。

纳米材料可随着生产、使用、废弃的过程进入环境中,在大气、土壤、水环境和生态系统中进行迁移转化。土壤是纳米材料释放到环境中后的重要聚集地,也是地下水中纳米材料的可能来源。随着其持续使用,纳米材料的环境浓度将不可避免地增加。纳米材料的积累不仅可能危害土壤生态系统、损害植物生长;还可能在食物链及食物网中累积,对环境安全及人类健康造成潜在威胁。了解纳米材料在自然土壤系统中的迁移转化对揭示其对食物链和植物的潜在影响至关重要。

1.2 纳米材料可能存在的风险

纳米技术被认为是 21 世纪最具前沿性的主导技术之一,随着产业化不断发展,纳米技术正成为新兴战略产业中的核心技术。在生物医学、环保、电子信息、材料、能源和航空航天技术等领域发挥着越来越重要的作用。高效催化剂、计算机芯片、纳米光盘、DVD 播放机、纳米纤维衣服、轮胎、网球拍、防晒霜中的遮光剂等产品,都是应用纳米技术的实例,纳米技术正在逐步走出实验室进入我们的生活。但由于纳米材料的特殊理化性质,对生命健康和生态环境产生的潜在的负面效应也让人们充满了担忧。

纳米材料可能的负面效应主要来自两个方面:一是纳米物质化学成分本身所固有的性质。如量子点纳米晶体(quantum dots nanocrystals),暴露在空气中或经紫外线照射后,其无毒的表面涂层很快就被销蚀掉,然后表现出很强的细胞毒性。由于量子点的主要成分是硒化镉(CdSe),于是人们自然地就联想到量子点的毒性与镉的相关性。二是来自纳米物质在纳米尺度上的纳米效应。如纳米材料粒径的减小,表面积的增加,表面原子(或分子)数的增多,同时也提供了更多的反应位点,从而导致纳米材料本身的反应活性远远大于与其相对应的物质的活性。

纳米材料进入环境中后,主要通过如下 3 种方式对环境生物产生影响。

(1)对环境生物产生影响,如生物毒性效应。

(2)改变毒性物质或者营养物质的生物利用度。

(3)对生态系统产生间接影响,如改变天然有机物质以及环境的微结构等。纳米材料的毒理学以研究纳米材料生物学效应为主。

纳米材料在诸多领域的广泛应用大大增加了人们接触纳米材料的可能性。人们可能主要通过呼吸道吸入、经口食入、皮肤接触和药物注射 4 种途径摄入纳米物质。根据纳米材料的应用及发展现状,主要存在 3 种暴露人群:①纳米材料的使用者,当人们在使用含有纳米材料的化妆品、药物或涂料时,会直接接触到纳米材料;②从事纳米材料研究或生产的劳动者,由于工作环境中存在大量的纳米材料,难以避免对工作人员形成职业性暴露;③间接暴露者,纳米材料也很有可能在生产和使用过程中释放到空气、水源和土壤中,对周围人群形成间接性暴露。另外,由于其超小的尺寸和较强的吸附能力,纳米颗粒极易随着空气流动分散到环境中。因此,纳米材料的生产和使用对环境和人类健康存在着潜在的风险,目前这已经成为一个不容忽视的社会问题。

Oberdörster 等发现实验动物吸入纳米尺寸的 TiO_2 颗粒可以引起严重的肺部炎症,并且这种症状随着颗粒粒径的减小而加剧。在之后的研究中,他们还发现实验动物吸入固体难溶性纳米颗粒不仅可以影响呼吸系统功能,还可以通过嗅神经进入脑部,影响中枢神经系统。Oberdörster 发现大鼠在含有直径为 20 nm 的聚四氟乙烯(PTFE)纳米颗粒的空气中暴露 15 min 后,大部分大鼠在 4 h 内死亡。而那些在直径为 130 nm 的 PTFE 纳米颗粒的空气中暴露的对照大鼠,却没有任何的伤害。Lam 等发现小鼠暴露于单壁碳纳米管后肺上皮组织出现肉芽肿,并且这种症状与暴露剂量呈正相关。Jia 等发现与等量的石英相比,单壁碳纳米管表现出更显著的细胞毒性,诱导出更明显的细胞凋亡,这与 Lam 等的结果是一致的,同时还发现单壁碳纳米管与多壁碳纳米管均可导致细胞结构改变。Zhang 等研究发现纳米 TiO_2 颗粒对 As(Ⅲ)、As(Ⅴ)、Cd 均具有较强的吸附能力,并能显著增加 As(Ⅲ)、As(Ⅴ)在鲤鱼体内的富集,提高鲤鱼体内的 Cd 浓度,从而危害人类健康。

因此,纳米材料对环境、健康、社会的潜在有害影响,随着纳米材料生物毒性的不断深入研究,越来越引起世界范围的关注。当前,大部分关于纳米材料的生物效应主要研究其对细胞以及动植物毒性效应。

1.2.1 纳米材料的动物毒性效应

动物是生态系统中的重要组成部分,研究 NPs 对动物生长发育的影响有重要的现实意义。NPs 可以通过呼吸系统、皮肤接触、注射等方式进入动物体内,对动物的呼吸系统、免疫系统、神经系统等造成伤害。Jia 等分析了 SWNTs、MWNTs 以及 C_{60} 对巨噬细胞的生物效应,研究表明 SWNTs、MWNTs 以及 C_{60} 在一定程度上导致了巨噬细胞坏死及凋亡。Muller 等将纳米碳管颗粒注射到小鼠肺部组织中,发现纳米颗粒可以引起小鼠肺部组织产生炎症并引发组织的纤维化。王静研究了不同尺寸的 SiO_2 颗粒对大鼠肺脏的急性毒性损害作用的差别,结果表明相比于微米 SiO_2,SiO_2 NPs 造成的肺部组织损伤更大,组织病理改变更明显。研究表明,NPs 可以刺激生物体组织生成大量自由基,并导致组织产生氧化损伤。朱小山等研究了 ZnO NPs 对斑马鱼生长发育的毒性作用,发现其对受精卵的孵化有极大抑制作用,在特别低的浓度下即能明显影响胚胎发育甚至导致胚胎死亡。

1.2.2 纳米材料的植物毒性效应

植物与土壤、水、大气等直接接触,使得纳米材料可以通过这些途径被植物吸收和吸附。纳米材料可以通过直接吸收、偶然吸收、污染土壤、大气降水等途径进入植物体内。大气中的纳米材料可以沉积到植物的叶片或者地上其他部分表面,并通过气孔进入植物组织中;而吸附于土壤或者沉积物中的纳米材料则可以通过与根部的相互作用进入植物组织中。

如图 1-1 所示,纳米颗粒对植物的毒性研究主要包括抑制种子萌发、抑制根及叶的伸长、抑制酶的活性。当前,关于 NPs 的植物毒性效应研究十分广泛,其中经常用到的 NPs 包括碳纳米管、石墨烯、富勒烯、纳米 Ag、纳米 Au、纳米 Fe、纳米 CuO、纳米 ZnO、纳米 TiO_2、纳米 Fe_2O_3、纳米 Fe_3O_4、纳米 Al_2O_3、纳米 SiO_2、纳米 CeO_2、纳米 Yb_2O_3、量子点、MoO_2、La_2O_3 等,而用于研究的植物主要有小麦、菠菜、樱桃萝卜、黑麦草、油菜、玉米、番茄、绿豆、南瓜、水稻、棉花、生菜、花生、黄瓜等。Lin 等研究了五种纳米材料多壁纳米碳管、Al NPs、Al_2O_3 NPs、Zn NPs、ZnO NPs 对六种植物种子萌发及根伸长的影响,结果发现只有 2000 mg/L Zn NPs 对黑麦草和 2000 mg/L ZnO NPs 对玉米的萌发产生了抑制作用,其余的处理均未发现有任何明显差异。Ma 等分析了四种纳米颗粒(CeO_2 NPs、La_2O_3 NPs、Gd_2O_3 NPs、Yb_2O_3 NPs)对七种高等植物根生长的生物学效应,研究结果表明 2000 mg/L 的 CeO_2 NPs 只对生菜根的伸长有抑制作用,而 2000 mg/L 的 La_2O_3 NPs、Gd_2O_3 NPs 和 Yb_2O_3 NPs 对七种植物根的生长发育都有明显的抑制作用,但这三种纳米颗粒对不同植物在不同阶段的抑制作用也是不同的,对小麦的抑制作用主要发生在萌发阶段,对生菜以及油菜的抑制作用则包括了浸种以及萌发阶段。Lee 等研究了四种氧化物纳米颗粒(Al_2O_3 NPs、SiO_2 NPs、Fe_3O_4 NPs 和 ZnO NPs)对拟南芥生长发育的影响,采用发芽率、根长及叶片数目为测试指标,结果发现对拟南芥发育毒性大小顺序依次是 ZnO NPs>Fe_3O_4 NPs>SiO_2 NPs>Al_2O_3 NPs。López-Moreno 等研究了纳米 CeO_2 颗粒对四种作物(紫花苜蓿、玉米、黄瓜、番茄)的毒性,结果显示 CeO_2 NPs 浓度为 2000 mg/L 时黄瓜、玉米、番茄的萌发受到了极大的抑制,与对照相比,所有纳米 CeO_2 处理组的株高都得到了促进,根长方面黄瓜和玉米的根生长受到促进,而番茄与紫花苜蓿的根生长则受到了抑制。Wang 等比较了 CuO NPs、Cu^{2+} 及大颗粒 CuO 对玉米种子的萌发和幼苗生长的毒性效应,结果显示 CuO NPs 抑制了玉米幼苗生长,而 Cu^{2+} 以及大颗粒 CuO 则对幼苗生长发育无明显效应。

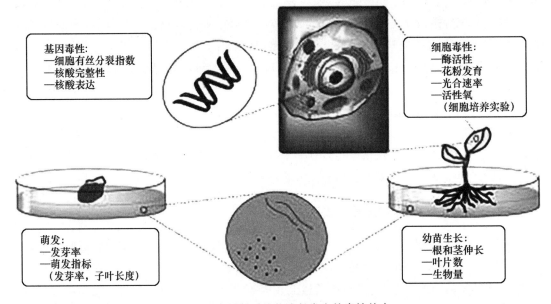

图 1-1　纳米材料对植物生长发育的毒性效应

表 1-1　纳米材料对植物生长发育的影响

纳米材料	粒径/nm	供试生物	生物学效应	参考文献
TiO$_2$	20±5	小麦	降低了生物量以及土壤酶活性	Du 等, 2012
	21	小麦	低浓度(<10 mg/mL)时促进种子的萌发,高浓度时则抑制萌发。浓度为 2、10 mg/mL 时,地下及地上部分生物量增加	Feizi 等, 2012
	5	菠菜	TiO$_2$ NPs 显著增加了菠菜生物量、总氮、叶绿体以及总蛋白质含量,暴露于 TiO$_2$ NPs 的菠菜植株更加高大,叶片衰老减慢	Yang 等, 2007
	2.8±1.4	拟南芥	对拟南芥生长发育影响不显著,但是 NPs 可以进入到拟南芥植物组织内部,并在不同组织之间迁移、转化	Kuyepa 等, 2010
	<100	法国野豌豆、玉米	对两种植物均有影响。低浓度时即可延缓种子萌发,高浓度时影响根组织伸长;NPs 存在时,有丝分裂指数下降,并与浓度呈正相关	Ruffini 等, 2010
	21	黄瓜	NPs 浓度为 2000、4000 mg/L 时,DNA 含量减少	Morenoolivas 等, 2011
	2.8±1.4	拟南芥	破坏拟南芥根组织的微管网络,导致根细胞的同向性生长	Wang 等, 2011
	27	番茄	超氧化物歧化酶活性增加	Song 等, 2013
Au	10~20	油菜、生菜、四季豆	对种子萌发无影响;对根伸长无抑制;对叶绿素含量、酶活性无影响	Song 等, 2013
	10	黄瓜、生菜	对种子萌发无影响	Barrena 等, 2009
	2	黄瓜、生菜	对种子萌发无影响	Barrena 等, 2009
	5、10	黑麦、大麦、亚麻	溶液中 10 mg/L 即对萌发产生抑制	El-Ternsah 等, 2012
Ag	6、25	黑麦草	NPs 抑制了幼苗生长。在 40 mg/L 时,根毛消失、根尖受损,粒径 6 nm 比 25 nm NPs 毒性效应更显著	Yin, L 等, 2011
	<100	西葫芦	生物量、蒸腾效率降低 66%~84%	Musante 等, 2012
	10	绿豆、高粱	琼脂培养基中,随 NPs 浓度增高,抑制作用增强	Lee 等, 2012
	20	拟南芥	5 mg/L NPs 导致 286 个基因上升,81 个基因下降	Kaveh 等, 2013
	10~15	番茄	叶绿素含量减少,超氧化物歧化酶含量增加,产量降低	Song 等, 2013
	10	小麦	10 mg/L NPs 对小麦幼苗的生长有不利影响,Ag NPs 可以导致根尖细胞的形态学的改变	Vannini 等, 2014

续表 1-1

纳米材料	粒径/nm	供试生物	生物学效应	参考文献
Fe_3O_4	7	黄瓜、生菜	对种子萌发无影响	Barrena 等,2009
Pa	1~12	大麦	Pa 可以通过根进入大麦植物组织,在低浓度即可对植物叶片产生毒性	Battke 等,2008
ZnO	40±10	小麦	生物量降低,土壤酶活性下降	Du 等,2011
	50	洋葱	随浓度增加,抑制根的伸长效应越明显;破坏了细胞以及染色体结构	Ghodcke 等,2011
Fe		黑麦、大麦、亚麻	250 mg/L 时对萌发产生抑制,在 1000~2000 mg/L 时对黑麦及亚麻抑制率达到 100%,1500 mg/L 时对大麦抑制率达到 87%	EI-Temsah 等,2012
CoO	50	洋葱	纳米颗粒被根组织大量吸收,从而抑制根的伸长	Ghodake 等,2011
	7、25	黄瓜	7 nm NPs 进入根组织的量远大于 25 nm 的,且仅有极少部分转移到植物地上部分	Zhang 等,2011
CeO_2	10±3.2	转基因棉花Bt29317、普通棉花冀合 321	对冀合 321 无影响,对 Bt29317 有毒性作用;NPs 在低浓度时即对 Bt29317 根组织中矿质元素含量产生影响	Li 等,2014
Cu	<50	西葫芦	生长率、蒸腾效率降低 60%~70%	Musante 等,2012
CuO	<50	水稻	萌发率显著下降,抗坏血酸过氧化物酶、脯氨酸增加,抗氧化酶活性增强	Shaw 等,2013
碳纳米管	20~30	玉米、大豆	碳纳米管促进了玉米的生长,抑制了大豆的生长;50 mg/L 是对照组蒸腾速率的 2 倍;NPs 处理组玉米干重增加	Zhai 等,2015
SiO_2	15	洋葱	低浓度 NPs 即对 DNA 造成损伤	Kaya 等,2015
Fe_2O_3	20	花生	Fe_2O_3 NPs 可以促进花生的生长,增加植物激素含量	Rui 等,2016

　　表 1-1 列出了几种纳米材料对不同植物的影响,不同的纳米材料对不同植物生长发育影响明显不同,同时,纳米颗粒的粒径也极大影响了其对植物的毒性效应。纳米颗粒可以被植物吸收,并在植物组织中进行迁移、转化和积累。植物与纳米材料的相互作用与纳米材料的种类、尺寸、形状、化学组成、稳定性和功能以及植物的种类等有关。相比于原生质体,植物细胞的细胞壁有效地阻碍了纳米颗粒进入植物细胞。因此粒径越小的颗粒越容易通过细胞壁进入植物细胞。同样,植物种子的种皮也具有极好的屏障作用,能够阻止颗粒进入种子内部对种子萌发产生影响。有研究表明,颗粒较大的纳米 Al_2O_3 和纳米 SiO_2 对拟南芥种子的萌发没有影响,而颗粒更小的纳米 ZnO 则可能透过种皮干扰拟南芥种子的萌发。根是植物吸收水分和营养物质的主要器官,有研究表明植物对纳米颗粒的吸收与其吸收水分和营养物质密切相关。纳米颗粒通常会大量吸附在植物根部,并通过物理或者化学的方式进入

植物体内。有证据表明纳米材料可以通过与转运蛋白结合,通过水通道蛋白、离子通道和内吞作用进入植物细胞。由于凯氏带的存在,有效地阻止了纳米颗粒随水分等进入根的内层细胞中,纳米颗粒只有通过共质体途径穿过细胞膜进入木质部,并被转移到植物的茎叶等组织中。大部分的纳米颗粒会聚集在植物根组织的表面,只有少部分被吸收进入根细胞内部,其中又有极少部分被转移到植物组织的其他部位。

1.2.3 暴露途径与毒性效应

人们接触到纳米材料的途径主要有呼吸道、消化道、皮肤和注射这四种暴露方式,这也是纳米毒理学研究中的主要暴露方式。纳米颗粒通过不同途径进入生物体内所遇到环境会有很大的差异,所产生的生物效应也会各不相同,因此,在纳米毒理学研究中需要根据暴露途径来选择合适的评价指标和研究方法。

1. 呼吸暴露

超细纳米颗粒很容易随着空气流动扩散到大气中,因此呼吸暴露是纳米颗粒最有可能进入体内的途径,也是目前研究最多的途径。在毒理学研究中,对于可吸入大气颗粒物的毒性研究已经有很多文献报道,也有许多成熟的研究思路和方法可以用于纳米颗粒吸入毒性研究。对于大气颗粒物毒性研究的暴露方法通常有三种:模拟生理性吸入、气管滴注、鼻腔滴注。这三种暴露方法用于研究纳米颗粒物的吸入毒性均各有利弊。模拟生理性吸入是将纳米颗粒分散到气溶胶中对实验动物进行暴露。这种方法最接近真实的暴露环境,而且可以进行长期的慢性毒性研究,但是不能精确地控制暴露剂量。纳米颗粒也可以在气流中发生聚合和氧化反应,使纳米颗粒在气溶胶中的形态难以保证。气管滴注是将纳米颗粒分散到与肺泡环境相似的溶液中后以微创注射的方式灌注到气管中。这种方法虽然能检测纳米颗粒在溶液中的分散状态,也能精确控制暴露剂量,但是在暴露操作中需要麻醉的微创手术,增加了干扰,而且不适用于长期慢性毒性研究。鼻腔滴注是将纳米颗粒分散到缓冲溶液中,然后经鼻腔滴入。该方法避免了手术操作,并能对纳米颗粒形态进行监控,但是灌注体积有限,而且大部分颗粒会被呼吸道中的多种清除机制所拦阻,而使能达到肺部的纳米颗粒相当有限。正由于这三种暴露方法均存在各自缺点,目前科学家们正努力寻求一种既能控制颗粒形态,又能精确暴露剂量,还能实现长期慢性毒性研究的暴露方法。

进入呼吸道的纳米颗粒可能会有多种转运途径,这也决定了吸入的纳米颗粒可能在多个层面与生物发生相互作用,因此表面上观察到的毒性效应很可能是多种机理共同作用的结果。

2. 皮肤暴露

皮肤是人体防御外来物质入侵的最大和最重要的屏障,也是人们接触纳米材料的一个重要途径。解剖学意义上的皮肤分为三层:表皮层、真皮层、皮下组织。健康皮肤的表层是一层完整的角质层,角质细胞之间紧密结合,即使是纳米尺寸的颗粒也难以穿透表皮层。在对 C_{60} 及其水溶性衍生物的经皮肤暴露的实验中,无论对实验动物还是志愿者都未观察到毒性反应。

皮肤表皮层除了致密的角质细胞之外还存在大量的毛孔和汗腺,这可能成为纳米颗粒穿过表皮到达真皮层的通道。由于超细 TiO_2 颗粒能有效地阻挡紫外线,部分化妆品中已经添加了纳米尺寸的 TiO_2 颗粒。Bennat 等用 20 nm 的 TiO_2 颗粒作用于志愿者皮肤,持续 4 d 后,他们发现颗粒可以通过毛孔穿过表皮层进入真皮组织,但是在皮肤汗腺中没有检出纳米颗粒。Toll 等研究结果与其相似,他们利用荧光标记纳米微球研究纳米颗粒的透皮过程,并发现尺寸在 $600\sim750$ nm 范围内的纳米颗粒微球可以进入毛孔中。另外 Tinkle 等还发现,纳米颗粒也可能通过关节内侧形成的皮肤褶皱部分穿越表皮层,甚至发现小于 1 μm 的荧光颗粒能渗透进入这些褶皱部位的皮肤。

真皮组织中存在有丰富的毛细血管、毛细淋巴管和神经末梢。真皮组织中大量的巨噬细胞充当着皮肤的第二道防御屏障。在淋巴细胞的介导下,这些巨噬细胞会对入侵的外源性颗粒进行吞噬。被巨噬细胞吞噬的纳米颗粒会进入网状内皮系统(RES)。Kim 等用近红外的量子点溶液对小鼠和猪进行皮下注射,结果发现这些荧光纳米颗粒向淋巴结转运。在真皮层的纳米颗粒还可能作为抗原被免疫系统识别,引起免疫反应。Chen 等发现给小鼠皮下注射表面被连接上白蛋白和甲状腺球蛋白的 C_{60} 时,能被免疫系统识别引起过敏反应。

3. 消化道暴露

消化道是纳米颗粒进入人体的又一重要途径。纳米颗粒可能以多种形式通过消化道进入人体内,例如,误食被纳米颗粒污染的食物和饮用水;口服添加了纳米颗粒的药物或药物载体等。目前这方面的纳米毒理学研究还非常有限。

消化道内复杂的生物环境为该途径的纳米毒理学研究带来了极大的困难。由于消化道内各阶段化学环境的变化,纳米颗粒的代谢行为和生物效应存在较大的差异。

由于胃液酸性较强(pH<2),对酸敏感的纳米颗粒将在胃酸中首先发生反应。Wang 等对纳米锌颗粒进行了口服毒性研究,结果发现不同尺寸的相同化学成分锌颗粒存在较大的毒性差异,58 nm 锌颗粒的口服毒性远大于 1.1 μm 的大颗粒。口服纳米锌颗粒的小鼠均表现出消化道反应、肝功能损伤、肾炎、贫血等毒性症状,这与摄入过量锌盐的病症相似,可能是由于纳米锌在胃酸中反应大量转变成 Zn^{2+} 所致,在这种情况下,发挥毒作用的并不是纳米颗粒本身,而是其在体内的次级代谢产物。

对酸稳定的纳米颗粒则将随着胃的排空而进入小肠部分。小肠依次分为十二指肠、空肠、回肠,其化学环境也各不相同。其中十二指肠中最为复杂,存在大量胰液、胆汁、多种活性酶,对食物中的蛋白质及脂肪类物质进行充分的降解和消化。纳米颗粒在这一环节中的生物效应目前还尚无报道。经消化降解的食物随着肠蠕动进入空肠和回肠,这里有丰富的小肠绒毛会对进入的物质进行选择性吸收。这里巨大的吸收表面也为纳米颗粒的相互作用提供了空间。Szentkuti 等曾报道过纳米颗粒穿过肠上皮黏膜的行为受其尺寸大小、表面性质和表面所带电荷种类的影响。Jani 等在研究口服不同尺寸的惰性有机多聚物中也同样发现吸收行为的尺寸依赖性,吸收率随着尺寸的增大而降低。

1.2.4　国内外纳米材料安全性现状

由于纳米材料独特的性能,越来越被广泛地应用在人们的生活当中,但其潜在的危害也不容忽视。自 2000 年以来,*Science* 和 *Nature* 杂志先后多次发表探讨纳米技术的安全性及其对健康、环境不利影响的文章。2005 年 1 月专业杂志《纳米毒理学》(*Nanotoxicology*)在英国出版。2006 年,*Environmental Science & Technology*、*Environmental Health Perspectives*、*Carbon*、*Journal of Nanoparticle Research* 等一些行业权威期刊相继开辟专栏或出版专刊,探讨纳米颗粒的应用与生物和环境的安全问题。随后,一些国家的政府或科学研究部门对纳米技术的安全性表示广泛关注。纳米技术存在对生物健康和自然环境的潜在危害成为新的研究课题,美、英等国的科研机构都纷纷开展相应的研究。

美国政府要求评估纳米技术的实际意义。作为大量资金投入的一个新兴领域,美国参、众两院在 2003 年起草一系列议案,要求政府提供资金就民用纳米技术对社会、经济以及环境造成的影响展开研究,即要求政府对纳米技术的实际意义进行评估,并在为纳米技术研究投资之前加以审核。美国国家科学基金会已拨出 200 万美元资助社会学家对纳米技术的社会后果进行研究;美国环保署也得到了专项经费,用于研究纳米材料对环境的影响。

英国政府考察探索纳米技术的优点与风险。环境团体的影响力已经开始促使英国政府留意纳米技术的潜在威胁,并着手探索纳米技术的希望与风险。英国的非营利组织积极关注。2003 年,绿色和平组织、英国基因观察组织和 ETC 组织在布鲁塞尔召开讨论会,旨在唤醒公众重视纳米技术的潜在危害。该组织认为"纳米级颗粒是如此微小,它能够穿透皮肤,进入肺部,在人体内自由漫游而不会受到免疫系统的干扰"。人们应当将纳米技术对社会、民主、文化和环境的影响都加入考虑的范畴内。

日本早在 20 世纪 90 年代就开始了工程纳米材料毒理方面的研究并出台了相关支持政策。日本纳米技术政策咨询委员会于 2005 年 3 月成立,同月发表的报告上提到了纳米技术安全性的问题,指出纳米材料安全性评价问题势在必行。日本新能源产业技术综合开发机构计划在 2006 年开始一项为期 5 年的关于纳米材料安全性评价/管理的综合性研究项目,该项目的总投入资金约为 2 亿美元。目的是建立纳米材料人类健康危害的评价方法并提出安全性管理办法。2006 年 2 月,德国联邦教研部和工业界合作,在教研部的《NanoCare 计划》下,联邦教研部计划在未来 3 年内投入约 500 万欧元、企业计划投入 260 万欧元,共同开展工业化生产纳米颗粒对人体健康和环境危害的研究。2007 年 1 月,法国投资 30 万欧元对碳纳米管的毒性进行专题研究,其中"碳纳米管与环境"专题涉及碳纳米管对水环境污染研究,"碳纳米管与人体健康"专题涉及人体巨噬细胞与碳纳米管接触后引起的反应,从而以保证这种新型纳米材料的使用安全。

开展纳米技术的安全性研究,并不是要限制纳米技术的发展,而是要更科学地发展纳米技术。只有我们认真对待纳米技术的正反两面,才能真正地推动我国科学技术的进步,促进我国纳米技术产业化的健康、有序发展。我国纳米材料研究始于 20 世纪 80 年代末,国家非常重视,国家纳米科技指导协调委员会首席科学家、中国科学院常务副院长白春礼院士曾多次提到,要加强纳米技术的安全性及其带来的社会伦理问题的研究,负责任地研究和开发纳米科学与技术。2001 年 7 月,国家科学技术部、国家发展计划委员会、教育部、中国科学院、国家自然科学基金委员会联合发布了《国家纳米科技发展纲要(2001—2010)》,指导未来 5～10 年纳米科学研究与发展工作。政府将纳米材料生物安全性研究列入国家"973"重点基础研究规划项目。国家自然科学基金委员会于 2002 年也正式启动实施"纳米科技基础研究"重大科学研究计划。经过 10 年的发展,我国纳米技术的研究已经走在世界前列。2004 年

11月30日至12月2日,以"纳米尺度物质的生物效应(纳米安全性)"为主题的243次香山科学会议在北京召开。全国有关科研院所、高等院校的41名专家学者应邀参加了此次学术讨论会。会议中心议题有:①纳米物质与细胞及生物分子的相互作用及其对生命过程的影响;②纳米物质的一般生物效应与异常生物效应;③纳米生物效应实验技术,纳米物质生物负效应消除,纳米生物效应的应用;④纳米尺寸效应对生物效应的影响,大气纳米颗粒的来源、浓度、尺寸分布等;⑤纳米物质的生态环境效应,纳米物质安全性评估与纳米标准等。会议建议我们应该以"科学发展观"为指导,在发展纳米技术的同时,同步开展其安全性的研究,使纳米技术有可能成为第一个在其可能产生负面效应之前就已经过认真研究,引起广泛重视,并最终能安全造福人类的新技术。

2006年,国家纳米中心与中国科学院高能物理研究所联合成立了纳米生物效应与安全性实验室。2009年1月,中、英两国学者在北京联合召开了以"纳米监管与创新:人文社会科学的角色"为主题的跨文化学术研讨会。同年11月,大连理工大学与国家纳米中心共同举办了"纳米科学技术与伦理"的跨学科研讨会,来自各大高校和科研院所的人文社会科学家与自然科学家一起共同探讨了纳米技术中的伦理问题及其应对措施。

第2章 纳米材料的应用

虽然纳米材料出现的时间并不长,但是由于纳米材料呈现出许多不同于常规材料的特殊的优良性质,其在化工、工程材料、生物医学农业和环保等方面有着普遍应用,展现出了广阔的应用前景。

2.1 纳米材料在能源化工领域的应用

能源和环境是目前人类面临的两大全球性问题,社会的发展要求开发出高效、无污染的清洁能源,所以人类在不断地开发能源及技术,扩大能源获取途径,同时还要避免引起环境污染。纳米技术和纳米材料的出现,可以充分地利用现有能源,提高其利用率和寻找新能源的研究开发。纳米技术在纳米级上尺寸比较小,制作物品所需的资源相对来说就会减少,因此纳米材料应用的主要研究方向就是利用纳米粒子比表面积大而表面能高的特性。随着纳米科技的不断发展,纳米技术在提高能源利用效率方面起到了很大的作用。日本电气(NEc)和 JST. IRI 共同开发的用于移动终端的小型燃料电池,就采用了纳米技术。光电化学技术以其室温深度反应和可直接利用太阳能作为光源来驱动反应等独特性能,而成为一种理想的环境污染治理技术和洁净能源生产技术。其中,半导体纳米材料尤其是 TiO_2 纳米材料由于具有独特的光电化学性能、优异的热稳定性、生物惰性、无毒无害及制作简便等,使得它无论是在太阳能光电转换方面,还是在废物的降解处理方面都有很好的实际应用前景。汪东在最新的研究中证明碳纳米材料可以提供一种有效而清洁的储氢方式,因为纳米材料的超活性表面能很好地吸附氢原子,而且在常温下也能很好地储氢。

纳米材料应用于化工领域主要是由于纳米颗粒具有非常高的催化效率。由于纳米颗粒具有极大的比表面积,表面催化活性中心丰富,其催化的效率是普通催化剂的成百上千倍。将纳米颗粒用作催化剂有诸多独特的优势,如其质地均匀无细孔、组分均一、催化条件温和易达到、使用方便等。自 20 世纪 80 年代以来,人们就逐渐系统性地研究纳米材料的催化性质。自 1972 年纳米 TiO_2 被发现有极好的催化裂解水的性质以来,其正在得到越来越多的应用,其中包括裂解水、污染物降解、选择性有机物转化、减少燃料 CO_2 排放等多个领域。纳米 Ni 颗粒(直径 30 nm)催化环辛二烯加氢反应的催化效率较传统方法高数倍;某些催化剂可使反应要求的温度大大降低,使得常温下即可进行催化反应;碳纳米管催化还原 NO_x,当温度升至接近 900 K(K 为热力学温度),NO 转化率即为 100%;某些光纳米催化剂,催化裂解水的速率最高可以达到将近 170 $\mu mol/h$。利用纳米技术形成的催化剂在提高现有能源的使用效率上也有非常突出的成绩,纳米粒子作为催化剂,可大大提高反应效率,控制反应速度,优化反应路径,甚至使原本不能进行的反应也成为可能。倪星元等(2005)的研究结果发现使用粒度较细微的催化材料比使用普通的块体材料的催化效果有明显提高,为了达到或提高催化的效果,常常将纳米材料与其他材料进行复合,组成纳米催化复合材料,纳米材料的出现为化工催化提供了广阔前景。

2.2　纳米材料在工程材料领域的应用

向一种新型涂料中添加了纳米 TiO_2 颗粒之后,可以使涂料具有许多特殊性质,如杀菌、除臭以及自洁等。TiO_2 NPs、ZnO NPs 以及 SiO_2 NPs 吸收紫外线的能力极强,因而常被用于化妆品、汽车喷漆、油漆及涂料当中。紫外线可以降解环氧树脂,将纳米 SiO_2 添加到其中后,可以减缓这种降解作用,有效延长产品的使用寿命。将纳米颗粒添加到各种复合材料中后,材料的刚度以及耐热性能明显增加,同时韧性得到良好的保存。根据纳米材料比表面积大的优点,可以制备出双疏性界面材料。

2.3　纳米材料在生物工程领域的应用

纳米技术同医药学和生物技术等学科相互交叉渗透,逐渐成为纳米技术工程应用中的一个热点领域。控制释放给药体系一个重要方向为将药品粉末包埋在微粒中,从而保证药物有效成分在一定时间段内,按照均匀的速度释放药物的有效成分作用于靶器官以及特定组织,使有效成分在一定周期内保证作用浓度。生物传感器是目前常用的分析和检测多种生命和化学成分的设备之一,由生物敏感材料、换能器以及信号放大装置组成。与传统传感器相比,由纳米颗粒组成的传感器具有许多特殊性质。由金纳米粒子作为组分的生物传感器以及基于碳纳米管制作的生物传感器等具有灵敏性好、反应速度快、稳定、易重现、选择性强等优点。纳米陶瓷材料具有强度高、硬度大、韧性及超塑性好等优点,克服了传统材料结构缺陷导致的可塑性差、脆性高等缺点。由于纳米陶瓷颗粒具有生物相容性高和细胞黏附性低等优点,其已经成为一种重要的医学材料,常用的纳米陶瓷材料有羟基磷灰石、$CaCO_3$ 和 Al_2O_3。

2.4　纳米材料在医药领域的应用

研究纳米技术在生命医学上的应用,可以在纳米尺度上比较清楚地认识生物大分子的精细结构及相应功能的关系,获取生命信息和物质。随着纳米科技和纳米生物材料的不断出现和完善,纳米材料在生物医药领域已经得到了比较广泛的应用,在检测诊断、药物治疗等方面都取得了很好的发展。纳米材料在生物医药领域的应用主要有药物载体、肿瘤治疗、抗菌材料、生物传感器、口腔医学等方面。

目前在医学诊断阶段中纳米材料应用主要有三种类型:一是利用纳米材料跟踪生物体内活动,对生物体内元素的积累和排除做出判断;二是利用纳米颗粒极高的传感灵敏效应对疾病进行早期诊断;三是利用纳米材料的特性化验检测试样从而辅助治疗。例如,洪霞等合

成了一种新型的 Fe_3O_4/葡聚糖/抗体磁性纳米生物探针,用其在组装有第二抗体和抗抗体的全层析试纸上进行了层析实验,发现该探针始终保持有较高的活性,适用于快速免疫检测的要求,可以用于临床试验。纳米材料在药物治疗方面也有较多的研究,主要是由于纳米材料具有良好的生物兼容性,可生物降解、药物缓释和药物靶向作用等性质。

目前对癌症的治疗主要包括化疗等,化疗过程可以较有效地杀灭癌细胞,但是化疗会对人体其他正常的组织产生危害,而且已经杀灭的瘤细胞可能再次出现,用纳米载体可以有效地将药物送到靶细胞处,使药效能够最大程度地得到发挥,而且副作用较小,例如,Urs Hafeli 等将纳米磁性载体粒子用放射性元素[188]铼标记,进行相关的动物测试,发现实验中使用的纳米磁性载体粒子可以有效地集中在实体瘤附近,并且在未对周围正常组织产生影响的情况下有效地杀死了相应的瘤细胞。中国生物技术信息网报道了新型纳米载物系统应用于恶性肿瘤治疗。由中国科学院理化技术研究所唐芳琼研究员带领的纳米可控制备与应用研究室创新研制出高产量,可精确控制颗粒尺寸、外壳厚度、内部空腔大小,具有中空和介孔结构的"夹心二氧化硅",而后根据肿瘤治疗的需求,设计出可与药物相配伍的新型药物载体材料夹心二氧化硅,治疗恶性肿瘤安全高效,为无机纳米药物载体的设计和生物安全性研究提供了新思路。

Nam 等报道了一种基于磁性纳米粒子的生物条码(传感器)方法,用于检验 DNA。Liu 等用电沉积法直接在金电极上制备纳米颗粒,采用循环伏安法表征了 DNA 的固定与杂交,发现 DNA 的固定与杂交量大大提高,灵敏度显著改善。Lu 等采用光电化学方法,利用纳米颗粒修饰以 TiO_2 为衬底的 DNA 探针,实现了 DNA 杂交的定量检测和非互补碱基对的识别。纳米材料在口腔医学领域的应用主要是纳米羟基磷灰石(nHAP)。nHAP 微晶在形态、晶体结构、合成和晶度上与生物骨、牙组织的磷灰石相似,具有更好的生物活性。

随着中药的不断研究,目前也有纳米中药相关的研究,纳米中药是指运用纳米技术制造的,粒径小于 100 nm 的中药有效成分、有效部位、原药及其复方制剂。纳米中药与常规中药相比,更容易被人体吸收利用,功效也有一定程度的提升,而且由于纳米中药可以使细胞破壁,释放出更多的有效成分,从而拓宽了原药的适应性;由于纳米材料可以与一些部位发生特异性结合,所以具有一定的靶向性,使用纳米中药可以减少中药的用药量,节省中药资源,也可以在增强中药的原有功效的情况下,产生新的功效。

2.5 纳米材料在航空航天领域的应用

纳米材料在航空航天及其他高科技领域有着极其广泛的应用前景。例如,①纳米粉体。国外曾研究加入纳米铝粉以及金属/聚合物纳米层压材料片状粉末添加剂改性的纳米火炸药、推进剂和固体燃料,实验表明,加入纳米粉末具有加快燃烧速度,改善燃烧效率,提高性能以及防止凝结有害金属微滴等优点。Mench 等研究了 Alex 取代丁羟推进剂中常规铝粉后的燃烧特性,发现 Alex 不仅能够提高推进剂的能量,而且使推进剂燃烧速度明显提高。②纳米涂层。③纳米结构材料。尤其是纳米复合材料已经被广泛应用在航空航天飞行器中,这不但要求纳米复合材料耐高温,还要求耐磨有韧性。张淑慧等研究发现,把纳米粉末引入陶瓷基体中制成颗粒增强复合材料可极大地提高材料的强度、韧性和耐高温性能,一些材料如 Pb、Cu、Ni、Al、Ag、TiO_2 等的强度随纳米微粒尺寸的减小而提高。④纳米功能材料。纳米传感器有敏感度高、形体小、能耗低的优点,用纳米材料制作的气敏元件不仅能保持了粗晶材料的优点,而且完善了响应速度,增强了敏感度,还可以有效地降低元件的工作温度。

2.6　纳米材料在环保领域的应用

随着工业的发展以及人们生活水平的提高,人们对自己的生活环境有了更高的要求,环境污染问题也逐渐引起人们的关注。西方发达国家经济发展比较早,在环境治理方面也走得更远,目前已经比较有效地控制或者治理了他们在发展过程中造成的污染,而发展中国家经济依然处于高速发展阶段,在环境治理方面依然不足,环境污染问题尤其严重,例如,近年来我国的环境问题逐渐突显,水质污染、大气污染、土壤污染等都不断地引起人们的关注。但是传统的环境治理方法取得的效果不是很显著,作为目前的一个研究热点,纳米材料具有巨大的比表面积以及特殊的催化性能等特殊性质,将其用于环境治理方面能够取得很好的效果,目前国内及国外已经有很多相关的实验。纳米材料主要用于对有毒或有害物质的吸附利用以及减少能耗,减少废弃物的产生及排放,减少水资源消耗与浪费,治理大气及环境污染物等方面。传统的水处理方法大多存在成本高、效率低、二次污染等问题,对水污染的治理不够彻底,而纳米技术的应用和发展有效地克服了传统方法的弊端,并能进一步除掉污水中含有的多种细菌、病毒、异味污染物、有害物质等。目前多种纳米材料可被用来治理环境污染问题,其中很多已经被实际应用。大多数情况下,良好的光化学催化性能是其在污染处理领域得到普遍应用的主要原因。下面以水处理和空气污染治理为例来大致介绍纳米材料在环保领域的应用。

水处理方面,水体污染是指污染物质进入水体之后超过了水体的自净能力,使水质下降。水体污染物可分为无机物、有机物等,传统的水处理方法效率较低,且能耗较大,利用特殊的纳米材料可以有效地解决这些问题。目前主要从四个方面来研究纳米材料用于水处理的可能性,第一是利用纳米材料的吸附能力来去除水体中的污染物质,第二是利用纳米材料的催化降解能力来处理污水中的污染物质,第三是利用纳米材料的杀菌性能来处理被微生物污染的水体,第四是利用纳米材料制造一些具有特殊功能的膜,去除水体中的盐分和重金属。纳米材料具有很好的吸附性能主要是由于其具有巨大的比表面积。具有磁性的纳米材料在水处理中很受欢迎,因为具有磁性的纳米材料可以很容易从水体中分离出来。Mayo 等发现纳米级别的 Fe_3O_4 具有很好的吸附性能,可以有效地吸附水中的砷元素及其他的重金属,对其他的污染物质也有较好的吸附效果,且这种吸附作用是不可逆的。一些纳米材料具有良好的催化性能,可以用其来处理污水中的化合物。Nutt 等合成 Pd/Au 纳米材料,发现该种材料具有很好的催化性能,和单独使用纳米 Au 相比具有更高的去除效率,可以有效地使三氯乙烯脱氯,降低其毒性,这一发现为降解地下水体中的有机或者无机化合物提供了一种新的可能。生活污水,特别是医院等机构排放的污水中含有大量的活性细菌和病毒,如果不能彻底杀灭这些细菌或者病毒,它们进入水体后可能会造成一些意想不到的后果,危害水体安全,甚至会威胁人类的身体健康。目前主要使用一些化学杀菌剂来处理此类污水,但是这些杀菌剂通常会有一些残留物,这些残留物进入水体后不容易被去除,可能会进入水生生物体内,通过食物链威胁人体健康。研究发现纳米材料具有一定的杀菌作用,有研究表明特定的纳米材料可以有效地使细菌或者病毒失活,且不会有任何残留物存在。由于纳米材料的这些特性,它们可以用来去除污水中不容易去除的物质,如除草剂、残存的抗生素类物质及其他的内分泌干扰物。纳米材料也可以用来进一步处理饮用水,目前一般的自来水中都残留有一些氯,这部分氯对人体健康有一定的危害,添加特定的纳米材料后,可以有效地减少水中氯离子的量。

空气污染治理方面,大气污染是指自然产生的或者人为作用产生的污染物进入大气中,达到一定的浓度,存在了一定的时间,对人类的舒适、健康、福利及环境造成了一定的威胁。大气污染源可分为自然和人为两类,人为作用是造成目前大气污染问题的主要原因。近年来,我国大气污染问题尤其突出,全国很多大城市都笼罩在一片雾霾之中,严重危害了人们的身体健康,汽车尾气是造成雾霾的一个重要原因。传统的减排方法有降低燃油中污染物含量、采用新型燃料、改进发动机等,但是目前为止效果不是很显著,纳米材料的出现为汽车尾气处理提供了一种新的思路。由于纳米颗粒比表面积大,表面的键态和电子分布与普通的颗粒不同,而且纳米颗粒表面的原子配位不全,这些特殊的性质使纳米材料表面的活性位置比较多,从而使纳米材料具有催化性能,如用纳米材料作助燃剂,用氢电弧等离子体制备的纳米钯作为一氧化碳助燃剂,具有非常好的助燃效果,烟气中 CO 含量始终为零,减小了对大气的污染。一些纳米材料可以作为添加剂增加催化剂的催化活性,如净化汽车尾气中的一氧化碳、氮氧化物和碳氢化合物的催化剂需要加入 CeO_2 来改善性能。实验表明,加入 CeO_2 可提高催化剂的活性,达到提高毒物的净化率,提高催化剂的抗毒能力,提高催化剂的强度。杨建新等总结了纳米材料在汽车尾气净化中的应用,指出用纳米技术制造的汽车尾气催化器能够提高催化效率,减少贵金属消耗,降低生产成本,可以从根本上解决汽车尾气的问题。

2.7　纳米材料在农业领域的应用

粮食问题是目前人类面临的重要问题之一,开发新型的复合肥料,提高肥料的利用效率也是目前很多国家的研究重点之一。由于纳米材料具有巨大的比表面积,可以有效吸附土壤中的矿质元素粒子,并可将其带到植物根系,提高营养元素吸收效率,纳米材料为新型肥料的开发提供了新的思路。刘键等做了一系列实验来探究纳米材料添加到肥料里后产生的效果,在使用水稻作为实验植物时发现添加纳米碳之后,水稻的抗病能力提高,产量增加,可以减少肥料的使用量;选择已经上市的一种纳米增效肥料,用玉米和大豆作为实验植物时,发现与普通肥料相比,纳米增效肥料可以使大豆增产 780.3 kg/hm^2,纳米增效肥料的产投比为 13.48∶1.00,同时,大豆的脂肪含量在施用纳米增效肥料后有显著的增加,提高了大豆的含油量。纳米材料除了可以增加作物的产量之外,也可以减缓土壤中碱解氮、速效磷、速效钾等有效养分的下降,有利于土壤肥力的保持及提高。

由于纳米材料具有巨大的比表面积,从而具有良好的吸附性能,用其来吸附农田中的重金属元素可能有意想不到的效果。邬玉琼等以 $Fe(NO_3)_3$,$Na_2SO_4 \cdot H_2O$,$AlCl_3$,$NaSiO_2$ 为原材料,采用共沉淀法合成纳米级土壤氧化矿物,并研究了其对重金属离子的吸附情况,发现采用共沉淀法合成的新型纳米材料比表面积更大,增加了土壤对重金属离子的吸附能力,可以有效固定土壤中重金属离子,减少进入植物体内的重金属。与其他的常规去除土壤中重金属的方法相比,该方法操作比较简单,效果良好,由于他们只选择了几种比较有代表性的物质合成纳米材料,将其他物质采用相似或者改进之后的方法合成纳米材料,可能会取得更好的去除效果。一些纳米材料也可以直接为作物提供其生长所需的矿质元素,如在苹果表面喷施纳米碳酸钙可以解决苹果生长过程中缺钙的问题,同时可以改善苹果的表面硬度及光洁度,从而改善苹果的品质。作物在生长过程中需要各种各样的矿质元素,且不同时期需要的营养元素量不同,施加普通的肥料效果不是很好,由于作物对某些物质的吸收量比较少或者吸收速度比较慢,这些都导致施加的化肥利用效率不是很高,而纳米材料为我们提供了一个全新的可能,在制备纳米材料过程中添加适量的高分子黏合剂可以增加纳米材料在作物表面停留的时间,大大提高其被吸收的可能。但是也有一些问题需要注意,施加纳米材料之后作物体内可能会残留一些纳米材料,这些纳米材料进入人体之后可能会对人体健康造成一定的威胁,在大范围推广使用之前需要进行比较彻底的研究。

2.8 碳纳米材料的应用

在针对纳米材料的各种研究中,纳米材料与生态环境之间的交叉学科研究显得格外引人注目,其中纳米材料在农业领域引起的生物效应更是热点话题。目前的研究主要围绕两个方面展开,一方面是针对纳米材料与农业安全、生态安全的研究;另一方面将纳米材料作为新型高效化肥达到农业增产目的的研究。在诸多纳米材料中,碳纳米材料(CNMs)由于其独特的性质已经被广泛应用于各种领域,例如,富勒烯(C_{60})已被用于电子、能源科学和生物医学,碳纳米管(CNTs)被广泛应用于计算机、飞机机身和药物载体,而还原氧化石墨烯(RGO)广泛用于能源科学和污染物去除。随着纳米材料应用的普及,纳米材料在生产、使用、包装环节将不可避免地释放到环境中。因此,充分了解碳纳米材料和自然环境之间的相互作用显得尤为迫切。

碳纳米管最初是由日本科学家 Lijima 于 1991 年发现的,经历了 20 余年的发展,目前根据碳原子的层数,碳纳米管通常被分为单壁碳纳米管(SWCNTs),多壁碳纳米管(MWC-NTs)。因为其独特的化学、物理、电子特征,碳纳米管引起了全世界科学家的注意,其在众多消费领域均有着强大的应用潜力,如电脑、飞行器、体育器材等领域。同时也被广泛地运用于生物医学领域,如高效药物载体。而填充金属铁的碳纳米管则显示出其抗氧化特性与结构的长期稳定性,同时在生物医学、非均向磁性响应都有着极大的应用潜力,还可以作为高密度磁记录介质。填充了 Fe 与 Co 的碳纳米管更是高效微波吸收材料。正是由于其广泛的应用潜力,碳纳米材料在科研领域、生产领域、消费领域的使用都有了显著的提高。据报道在 2010 年碳纳米材料的产量是 2500 t,但是据推算 2016 年这一数值有望超过 12800 t。这一数值在短短的 6 年间增长了近 5 倍。不可避免地,倾泻到环境中的纳米材料也会相应地增加。因此,探究碳纳米材料对生态系统的影响,特别是与人类生存最为密切的农作物的植物毒理、生理效应的研究便显得格外迫切。

第 3 章 纳米材料的合成与表征

3.1 纳米材料的类型

从结构组成的角度来看,纳米颗粒可以分成有机、无机和二者杂化及生物颗粒,其中有机纳米颗粒最常见的包括碳纳米材料、有机复合纳米材料、聚合物纳米材料。按照维度分类,可将纳米颗粒分为零维纳米材料、一维纳米材料、二维纳米材料以及由一种或者几种低维材料构成的固体。材料在三个维度均小于 100 nm 则称为零维纳米材料,包括纳米微粒、原子簇(如 C_{60}、C_{70})、量子点等;材料在一个维度小于 100 nm 称为一维纳米材料,如金纳米丝、金纳米棒、碳纳米管等;二维纳米材料指有两个维度小于 100 nm,如纳米膜、石墨烯等。按物理化学性质可以将纳米材料的分为纳米半导体、磁性、光学、超导、热电、激光材料等。按用途纳米材料可分为光电子材料、生物医用材料、纳米敏感以及储能材料等。

3.2 纳米材料的合成

目前,关于纳米材料制备方法在国内外报道很多,归纳起来主要有物理法和化学法。化学法又分为液相法、气相法及固相法。其中液相法由于操作简便、颗粒可控、制备形式多样,易与原料充分混合,便于掺和,可在较低的反应温度和较温和的化学环境下制备等优点,在实验室和工业上被广泛应用。常见的液相法有溶胶-凝胶法、溶液燃烧合成法、沉淀法、水热合成法、微乳法、热解法、水解法等。

1.沉淀法

沉淀法是液相化学反应合成纳米金属氧化物颗粒的普遍方法,广泛用来合成单一或复合氧化物纳米微粒。沉淀法是指在含有一种或多种离子的可溶性盐溶液中,加入沉淀剂,或在一定温度下使盐溶液发生水解,使原料液中的阳离子形成各种形式的沉淀物从溶液中析出,再经过滤、洗涤、干燥、焙烧和热分解而得到所需氧化物或盐粉料的方法。常用的沉淀法有直接沉淀法、共沉淀法、水解沉淀法、均相沉淀法、醇盐水解法和螯合物分解法等。

2.水热合成法

水热合成法是制备超细氧化物较好的方法。水热法是指在密闭反应容器(高压釜)中,通过金属或沉淀物与溶剂介质在一定温度和压力下发生水热反应而合成化合物粉末材料。

其优点是制得的粉体材料纯度高、团聚少、结晶完好。但该方法的缺点是对设备要求高,设备昂贵,投资较大。

3. 溶胶-凝胶法

溶胶-凝胶法(sol-gel)是制备稀土纳米粒子常用的一种方法。该方法是指金属醇盐或金属有机化合物在低温的条件下通过水解、聚合等化学反应形成稳定的凝胶,经干燥热处理后得到分散性较好的粉体材料。其优点是反应温度低、组成精确、产物粒度小、粒度分布窄,但其不足在于干燥过程中,溶剂容易挥发可能影响材料的力学性能;醇盐原料污染大,成本高;反应时间长等。

4. 微乳法

微乳法又称反相胶束法,是指两种互不相溶的溶剂在表面活性剂的作用下形成热力学稳定、均匀、透明或半透明的微乳液,反应物经一系列反应形成纳米粒子的方法。该方法操作容易、产物粒径小、产物形貌可控性好,但产量小,产物分离困难,适用面较窄,不利于大规模生产。

3.3 纳米材料的表征

纳米材料的尺寸、纯度、理化特性、表面性能以及微观结构特征参数是决定纳米材料性能和应用的关键因素。这些特征参数与材料性能之间的关系为预测纳米材料在生物体内的行为以及作用方式提供了依据。因此对纳米材料的表征是非常重要的,也对认识纳米材料的特性,推动纳米材料的应用有着重要的意义。纳米材料的表征主要包括纯度、粒度分布、形状、表面积和分散状态等。

3.3.1 纯度表征方法

纳米材料的纯度是决定其性能最基本的因素。主要采用 X 射线荧光分析(XRFS)和电子探针微区分析法(EPMA)等,测定纳米材料的整体及微区的化学组成;用电感耦合等离子体质谱(ICP-MS)、电感耦合等离子体原子发射光谱(ICP-AES)、原子吸收光谱(AAS)等对纳米材料的化学成分进行定性和定量分析;X 射线光电子能谱法(XPS)可分析纳米材料的表面化学组成、原子价态、表面形貌、表面微细结构状态及表面能态分布等。

3.3.2 粒度及尺寸分布表征

纳米材料的毒性作用与其自身特殊的理化性质密切相关,尤其是纳米材料的颗粒度和尺寸分布。因而对颗粒度和尺寸分布的测量对研究纳米材料具有十分重要的意义。目前,颗粒尺寸评估方法很多,最广泛采用的是 TEM 观察法和 X 射线衍射法。电镜法是纳米材料粒度表征中最常用的方法,它不仅可以对纳米颗粒大小进行分析,也可以对颗粒大小的分布进行分析。一般采用的电镜主要有透射电子显微镜(transmission electron microscopy, TEM)、扫描电子显微镜(scanning electron microscopy, SEM)、扫描隧道电子显微镜(scanning tunneling microscopy, STM)和原子力显微镜(atomic force microscopy, AFM)。

TEM 可以研究纳米材料的微观结构结晶情况,观察纳米粒子的形貌、分散情况及测量和评估粒径大小。对于很小的颗粒,特别是仅由几个原子组成的团簇,就只能用 STM 和 AFM 来分析。X 射线衍射(XRD)是鉴定物质晶相的有效手段,可以根据特征峰的位置鉴定样品的物相。依据 XRD 图,并利用 Scherrer 公式,通过衍射峰的半高宽(FWHM)和位置可以计算纳米粒子的粒径。此外,XRD 还用于晶体结构的分析。由于其操作方便、快捷、准确和可以自动进行数据处理等特点,现在已成为晶体结构分析等工作的主要方法。X 射线小角散射(SAXS)是当前研究亚微观体系结构的一个强有力研究工具。SAXS 是指当一束极细的 X 射线照射到试样上,经颗粒内电子的散射,X 射线在原光束附近的极小角域内分散开来。当超微粒子和它们所在的分布介质有一定的电子浓度对比时,X 射线小角散射的强度和样品粒度分布密切相关。SAXS 测定颗粒尺寸的范围为 $1 \sim 300$ nm。它可以分析高聚物、生物蛋白质、纤维束、聚集体、溶胶、凝胶、超细粉末、催化剂以及多孔性的物质等。但是对于颗粒形状偏离球形太远、有微孔存在的粉末以及由不同材质的颗粒所组成的混合粉末,SAXS 并不适用。

3.3.3 比表面积表征

比表面积是单位体积或单位质量颗粒的总表面积,是用于评价它们的活性、吸附、催化等多种性能的重要物理属性。测定纳米材料比表面积的方法很多,如邓锡克隆发射法(Densichron examination)、溴化十六烷基三甲基铵吸附法(CTAB)、电子显微镜测定法(electronic microscopic examination)、着色强度法(tint strength examination)、氮吸附测定法(nitrogen surface area)等。

3.3.4 表面结构表征

目前常用表面结构分析方法有 X 射线吸收精细结构谱(X-ray absorption fine structure,XAFS)、扫描隧道显微镜(STM)、X 射线光电子能谱法(X-ray photoelectron spectroscopy,XPS)和俄歇电子能谱(Auger electron spectroscopy,AES)。X 射线吸收精细结构谱(XAFS)是一种被化学家、材料学家、生物学家和地球科学家广泛用于研究物质原子近邻结构的一种有效手段。它是由于样品中吸收原子的出射电子波受到邻近原子的散射而形成散射电子波,出射波和散射波在吸收原子处互相干涉形成吸收原子的振荡结构谱,通过分析振荡结构谱的信息来分析原子的近邻结构。由于同步辐射光源的高强度、光谱广阔平滑连续、稳定性高等特点,同步辐射光源 X 射线吸收精细结构谱学(SR-XAFS)成为研究物质中特定原子近邻结构的最有效的方法,它可以在 0.002 nm 量级内精确地提供吸收原子附近的局域结构信息。

第4章 纳米材料对植物的
毒理学效应

4.1 纳米毒理研究

4.1.1 研究内容及意义

纳米技术的发展对各行业产生了影响,涉及制造业、生物医学应用、电子、农业和可再生能源。纳米粒子的广义定义是至少有一个粒子尺寸直径在 1～100 nm。由于其独特的性质和新颖的特点,纳米粒子已广泛应用于日常生活的各个方面,包括催化剂、半导体、化妆品、药物载体和环境能源。大规模和无限制地使用纳米粒子促使研究人员考虑其对环境的影响、挑战和后果。

到目前为止,环境中纳米粒子的浓度是远低于毒性浓度的,但潜在健康和环境影响在广泛应用纳米粒子之前,需要对其进行全面商业化评估。当纳米粒子通过农业应用、大气沉积、雨水侵蚀、地表径流等途径进入土壤时,纳米粒子会在土壤中积累。随着时间的推移,纳米粒子由于其迁移能力较弱而留在土壤中。暴露模型还表明,土壤中的纳米粒子浓度高于水或空气中的纳米粒子浓度,说明土壤可能是纳米粒子进入环境的主要来源。

作为初级生产者,植物对任何营养级都是关键,它们负责将太阳能转换成有机物,以被其他营养组织利用。植物是一种潜在的运输途径,通过食物链,纳米粒子可以积累在高营养水平的消费者中。生态系统中的生物可能受到纳米粒子诱导的氧化应激。近年来,这一领域的研究一直集中在植物与纳米粒子的相互作用及纳米粒子对生态、食物链和人类健康的影响,评估纳米粒子的优缺点需要跨学科的知识。

4.1.2 研究进展

4.1.2.1 纳米粒子对植物的影响

1.纳米粒子对植物生理指标的影响

核动力源毒性效应的主要植物生理指标是发芽率、根伸长、生物量和叶数。核动力源具有显著的负面作用,如降低种子萌发和抑制植物伸长,甚至可导致植物死亡。之前的一些植物纳米毒性研究已经确定了通过暴露于纳米粒(多壁碳纳米管、单壁碳纳米管、ZnO 纳米粒子、Ag 纳米粒子和 Fe 纳米粒子)对大豆、玉米、小麦、黑麦草和大麦等植物物种的抑制作用；影响了植物生长的几个方面,包括种子萌发、茎长、生物量和基因表达。当苏云金芽孢杆菌(Bt)转基因棉花暴露于 SiO_2 纳米粒时,观察到棉花生长受到了抑制。当小麦植株在沙基质中生长时,CuO 纳米粒子抑制了它们的生长并改变了根系的结构。Shaw 和 Hossain 研究表明,CuO 纳米粒子显著降低了拟南芥幼苗的鲜重和根长,降低了水稻种子的发芽率和生物量。Ma 等发现稀土氧化物纳米粒子(CeO_2、La_2O_3、Gd_2O_3 和 Yb_2O_3)以高浓度添加到根中时对萝卜、番茄、油菜、生菜、小麦、卷心菜、黄瓜和玉米的生长有不利影响。TiO_2 纳米粒子增加了叶片中总叶绿素和过氧化氢酶(CAT)的含量,降低了叶片中抗坏血酸过氧化物酶(APX)的含量。

2.纳米粒子对植物激素的影响

植物激素是由植物代谢产生的活性有机物质,可以调节植物生长过程中的生理反应,并调节对挑战的反应。植物激素的含量和活性是衡量植物毒性的重要指标。勒凡等观察到,与对照组相比,CeO_2 纳米粒对转基因和常规棉花叶片中吲哚-3-乙酸(IAA)、脱落酸(ABA)和赤霉素(GA)的影响不显著。常规棉花暴露于 500 mg/L 的 CeO_2 纳米粒子下,叶片中转氨酶核苷(T-ZR)含量较对照组下降 25%。Gui 和 Deng 等报告称,转基因和非转基因水稻根系中 IAA 和 ABA 含量随着 γ-Fe_2O_3 的增加而增加。核动力源对植物激素的产生有显著影响。Hao 等的研究表明,水稻幼苗暴露于碳纳米管后,植物激素浓度明显降低。根据 Bleecker 和 Kende 研究结果,由于银离子抑制乙烯的生成,IAA 和乙烯之间的相互作用将大大减弱。

3.纳米粒子对作物品质的影响

之前对水培植物的研究表明,纳米粒子在环境中的积累可以显著地改变土壤中的粮食作物质量和产量。拉尼等的研究表明,与碳水化合物相比,蛋白质对 Ag 纳米粒子的刺激不敏感,蛋白质含量仅在高 Ag 纳米粒子浓度(100 mg/L)下增加。里科等的研究表明,氧化锌提高了黄瓜淀粉和蛋白质含量,降低了黄瓜中微量元素(铜和钼)的浓度。与对照组相比,$nCeO_2$ 处理后的水稻含铁、硫、脯氨酸、谷蛋白、月桂酸和戊酸以及淀粉较少,且处理后的水稻抗氧化性能减弱。里科等还发现 CeO_2 纳米粒子改变了植物中氨基酸、脂肪酸、非还原糖和酚类的含量。勒凡等还记录了核动力源对植物营养成分的影响。

4.1.2.2　影响纳米粒子植物毒性的因素

结合最近的研究和已有的知识,得出如下结论:影响核动力源对植物影响的主要因素是纳米材料本身的特性(浓度、尺寸、类别、稳定性),以及植物种子(大小、种类)、植物生长介质、植物生长阶段和纳米粒子涂层材料。下面将讨论各种因素的影响。

1.不同纳米材料对纳米粒子植物毒性的影响

Song 等证明用 Ag 纳米粒子处理番茄可减少其生物量和根长。二氧化钛纳米粒子能显著提高种子的发芽率,而散装二氧化钛对种子的发芽有抑制作用。Feizi 等也观察到了类似的结果。Hawthorne 等证实由于小材料的高反应性,核动力源通常比同样的大尺寸材料表现出更大的毒性。然而,其他研究表明,植物毒性随着纳米粒子粒径的增加而增加。例如,Yasur 和 Rani 确认,所有 Ag 纳米粒子治疗组对蓖麻生长没有影响,但在以块状形式使用

Ag 的治疗中,观察到了抑制作用。Lee 等的研究证实了这一点,在纳米粒子暴露的第 5 天,合成的银纳米粒子处理比在水葫芦中生物合成的银纳米粒子(b-Ag-纳米粒子)处理(10 和 100 mg/L)具有更高的银积累;在高浓度(100 mg/L)下,b-Ag-纳米粒子改善了植物生长。

2. 不同种子对纳米粒子植物毒性的影响

在某种程度上,不同物种的生长和抗氧化防御反应不同。有研究推测,核动力源毒性的差异可能与双叶植物种子大小、单叶和木质部结构的差异有关。在前一节中提到了不同植物种子暴露在相同纳米材料中的反应,但还必须讨论不同物种对同一核动力源的反应。在 CeO₂ 纳米粒子改性的土壤中培育了 3 个高(Ha)、中(Ma)和低(La)直链淀粉水稻品种;各处理组与对照相比,Ha 中的 Ce 含量没有显著差异,用 CeO₂ 纳米粒子处理可提高 MA 和 LA 处理中的 Ce 含量。与传统种子相比,转基因种子可能有不同的反应。

3. 不同生长介质对纳米粒子植物毒性的影响

必须在发生核动力源的特定环境中研究核动力源,因为它们的特性因环境条件的不同而差异很大。当将萝卜的生物量在粉质壤土[(2.21±0.04)% 土壤有机质]和壤土砂[(11.87±0.56)% 土壤有机质]中进行比较时,前者的根生物量显著升高,且存在 1000 mg/kg 的 CeO₂ 纳米粒子没有产生显著差异。细根和贮藏根中的铈积累表明,壤土中的生长高于粉质壤土中的生长。在低有机质土壤中,将芸豆植株暴露于 CeO₂ 纳米粒子中 52 d,其 Ce 浓度通常高于从有机质富集土壤中采集的相同组织。同样,在三种培养基(包括琼脂)培养的莴苣幼苗中也发现了由 CeO₂ 纳米粒子引起的不同程度的植物毒性。Schlich 和 Hundrinke 研究表明,盆栽混合土壤随着黏土含量和 pH 的增加,Ag 纳米粒子毒性降低,但似乎不受土壤有机碳含量的影响。

4. 不同生长阶段对纳米粒子毒性的影响

黄瓜光合参数在整个生长过程中都发生了变化,与对照相比,200 mg/L 的 CeO₂ 纳米粒子和 CuO 纳米粒子处理的幼苗叶片尺寸有所减小,但当测定成熟叶片时,处理间没有显著差异。在第 15 天时,除对照组和 500 mg/L 的 CeO₂ 纳米粒子处理组外,与第 7 天相比,根系中的 CAT 和 APX 活性显著降低。

5. 不同涂层材料对 N 的影响危害其植物毒性

涂层不仅改变了核动力源的功能,而且改变了其对土壤-植物系统的影响。涂层类型也会影响核动力源的毒性和溶解性。悬浮银纳米粒使 11 个物种中 5 个物种的发芽率增加,而暴露于镀银纳米粒(GA-Ag-纳米粒子)中只对一个物种的发芽率有显著影响。这是因为土壤中存在一种共配基,这导致了 Ag⁺ 的生物利用度和毒性的优先降低。GA-Ag-纳米粒子的毒性比 AgNO₃ 强。与无应力处理的水稻相比,添加 Fe 的碳纳米管处理的水稻的生物量产量(鲜重)没有显著差异;在 30 mg/L 和 50 mg/L 时,多壁碳纳米管和铁纳米管显著降低了生物量产量。

4.1.2.3　核动力源诱导植物的毒性和解毒机制

关于核动力源对植物的影响,最近的报告显示了模棱两可的结果。许多报告发现核动力源有积极的影响,而有些报告显示出消极的影响。植物种类、纳米粒子特性(大小、形状、类型、结构和缺陷、表面涂层等)和培养基都可能导致不同的结果。本节将对植物毒性和解

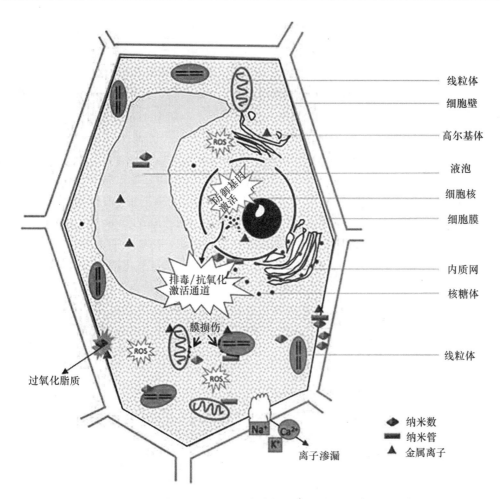

图 4-1 纳米材料暴露下细胞潜在 DNA 损伤和解毒途径示意图

毒机制进行综述。

1. 纳米粒子诱导的植物毒性机制

一般来说，活性氧（ROS）既含有自由基，如羟基自由基（·OH）和超氧化物自由基（O_2^-·），也含有非自由基分子，如单峰氧（$^1O_2$）和过氧化氢（H_2O_2）。活性氧是一种普通植物有氧代谢的产物，作为信号分子，而过量的活性氧会导致称为氧化应激的各种不良反应，当活性氧水平超过防御机制时就会出现这种不良反应（将在下一节中详细描述），并且能够造成 3 种反应。通过诱导 DNA 损伤、蛋白质氧化、电解质渗漏、脂质过氧化反应和膜损伤，最终导致细胞死亡。已发表的关于金属和金属基纳米粒子植物毒性的研究表明，纳米粒子可在许多植物物种中诱导氧化应激。为了阐明氧化锌对黑麦草的植物毒性，有人提出，颗粒依赖性的活性氧形成和脂质过氧化发生在细胞膜表面。同样，由于在为期 1 周的治疗期间，Ag 纳米粒子浓度高达 10 mg/mL 时，活细胞的减少与活性氧生成之间存在高度相关性，因此 Ag 纳米粒子的植物毒性是由活性氧生成引起的。

最近，活性氧敏感染料 DAB（3,3-二氨基联苯胺）被用于发现经 CeO_2 和 La_2O_3 纳米粒子处理的植物根系中 H_2O_2 的积累。结果表明，在核动力源的作用下产生了不溶性深棕色产物,肉眼容易观察到。同样,用 800 mg/kg 的 CeO_2 纳米粒子处理,使 H_2O_2 浓度在 35 μm 处积累,几乎是对照的 10 倍,而实验结果甚至出现氧化应激,没有发生脂质过氧化,也没有引起根或芽的离子泄漏,这意味着膜完整性完好无损。由于活性氧化物 H_2O_2 可转化为毒性更大的·OH,且不能被任何已知的酶系统解毒,因此不存在关于金属基纳米粒子暴露诱导植物中·OH 测定的相关报告,其细胞损伤是不可避免的。在所有的活性氧中,最活泼的是·O_2,它有一个不成对的电子。因此,它可以与所有生物分子相互作用,并导致随后的细胞损伤,如脂质过氧化、蛋白质损伤、膜破坏,最终导致细胞过早死亡。

如果活性氧水平超过阈值,不仅直接影响正常的细胞功能,而且通过脂质衍生自由基的产生加剧氧化应激,且可能与蛋白质和 DNA 发生反应并对其造成损害。脂质过氧化是每一个生物体内最具破坏性的过程,膜损伤通常是各种应激下脂质损伤的指标。丙二醛(MDA)是磷脂中不饱和脂肪酸过氧化的最终产物,可导致细胞膜损伤。已经证明,在暴露于各种非生物胁迫的植物中,如金属基核动力源,由于活性氧的产生,脂质过氧化增强。

一般来说,氧化应激副产物和/或活性氧可以诱导蛋白质的共价修饰,称为蛋白质氧化。过多的 ROS 生成可能导致位点特异性氨基酸的修饰、肽链的断裂、交联反应产物的聚集、电荷的改变以及蛋白质对蛋白质水解酶的敏感性增加。氧化应激损伤的组织通常含有高浓度的羰基化蛋白质,这被广泛用作蛋白质氧化的标志。含有硫的氨基酸和硫醇是极易受到活性氧攻击的部位。半胱氨酸残基中的 H 原子可被活性氧提取,形成一个硫基,该硫基与另一个硫基交联,形成一个二硫键。通过研究银纳米粒对小麦幼苗萌发的植物毒性和遗传毒性发现,10 mg/L Ag 纳米粒子可引起与细胞代谢密切相关的各种蛋白质的改变。同样,据 Mirzajani 等对水稻在 Ag 纳米粒子的暴露中导致的 28 种反应蛋白的鉴定结果,如丰度的减少/增加,这些蛋白质参与了各种重要的生理和生化过程,例如,Ca^{2+} 调节和信号传导、氧化应激耐受、细胞壁和 RNA/DNA/蛋白质直接损伤。DNA 和蛋白质降解,最终导致细胞分裂和凋亡。侯赛因等在蛋白质组水平上评价了大豆幼苗中 Al_2O_3、ZnO 和 Ag 纳米粒子的植物毒性;大豆叶片中 16 种常见蛋白质发生了显著变化,主要与蛋白质降解和光系统有关。

活性氧可导致核、叶绿体和线粒体 DNA 的氧化损伤。DNA 分子是细胞的一种遗传物质,对 DNA 的任何损伤都会引起编码蛋白质的变化,这可能导致编码蛋白的故障和/或完全失活。在暴露于各种环境压力下植物中,如金属基核动力源和碳纳米材料,观察到 DNA 降解增强。高浓度的 CeO_2 纳米粒子对 G. max 的 DNA 有负面影响。同样,洋葱根在暴露于氧化铋纳米粒子时也会受到各种负面影响,如总染色体畸变和有丝分裂指数增加。一些研究还调查了二氧化钛纳米粒对各种植物的潜在基因毒性效应。一项关于烟草和大头菜的研究发现,暴露在不同浓度的二氧化钛纳米粒(100 nm)下会产生基因毒性效应。此外,还观察到 CEPA 的染色体和微核受损,发现 DNA 剪切和断裂,从而导致根系生长减少。然而,另一项关于蓖麻籽(蓖麻)在 Ag 纳米粒子作用下的研究报道了活性氧产生的增加和相关的抗氧化防御机制:促进过氧化物酶(POD)和超氧化物歧化酶(SOD)活性,这导致了酚酸的增加。在植物中合成酚类是为了抵御病原体;因此,在这种情况下,ROS 的生成可能不会被视为完全阴性,因为 ROS 也会将根系延伸率提高到一定浓度。

由核动力源直接或间接诱导产生的活性氧在植物毒性机制中起着关键作用。活性氧的产生是基于核动力源的理化性质和试验物质。各种决定因素,如大小和形状、溶解性和颗粒溶解、金属和金属氧化物纳米粒释放的金属离子、纳米粒的生物转化、光等,都可能导致活性氧的生成和植物毒性。Zhang 和 Ma 等比较了三种 CeO_2 纳米粒子对不同种类植物的毒性。与对照组相比,7 nmol/L 的 CeO_2 使丙二醛水平显著升高,这意味着根细胞膜损伤。而对照组、25 nmol/L CeO_2 及其大剂量对照组的丙二醛水平无明显差异。其他报告也研究了核动力源的大小和形状对各种植物物种的影响。另外,Mang 和 Wang 等证明植物对 CeO_2 暴露的反应随颗粒大小和植物生长阶段而变化。

与高溶解性纳米粒(如氧化锌纳米粒和银纳米粒)相比,CeO_2 核动力源通常被认为是稳定的,无论涉及什么生物或环境系统,这些系统通常被用作研究核动力源植物毒性机制的模型材料。此外,最近的研究表明,在几种植物中,CeO_2 纳米粒子可以被生物转化为 $CePO_4$ 和 $Ce(CH_3COO)_3$。在琼脂培养基、水悬浮液和盆栽土中,从核动力源释放的 Ce^{3+} 在 CeO_2 核动力源对植物毒性中起着关键作用。本研究组的后续发现是,CeO_2 纳米粒子的转化发生在黄瓜的根表面,而不是植物组织中,并指出在纳米-生物界面的根系分泌物在 CeO_2 纳米粒子的生物转化中起着基础作用。此外,磷酸盐在植物中 CeO_2 纳米粒子的转化过程中起着至关重要的作用。众所周知,磷酸盐广泛存在于环境中,是许多毒性检测培养基的基本成分。最近的一项研究也证实了用磷酸盐在沙培养基中测定 CeO_2 纳米粒子对莴苣的植物毒性。

Lin 和 Xing 研究了氧化锌纳米粒对黑麦草的植物毒性,发现在根际溶液中浓缩的氧化锌纳米粒和吸附在根表面的氧化锌纳米粒对植物的生长有潜在影响。结果还表明,释放的 Zn^{2+} 浓度远低于植物的毒性阈值,因此,植物毒性效应不能归因于离子溶解。在一些其他研究中,代谢性核动力源的溶解毒性也排除在主要机制之外。近年来,通过微阵列分析,研究了 CuO 纳米粒对拟南芥的毒理基因组效应。研究结果也与先前的观点一致,即 CuO 核动力源释放的 Cu^{2+} 导致了 CuO 核动力源暴露期间的部分毒性。与银离子相比,银纳米粒对拟南芥根系伸长的毒性较高,但对种子萌发无影响。结果还发现,幼苗吸收了少量的 Ag^+,与 Ag 纳米粒子相比,对叶绿体结构没有影响。银纳米粒子可以改变氧化和抗氧化系统的平衡,进一步影响植物体内水分和其他小分子的稳态。植物毒性的一个潜在机制是 Ag 纳米粒子吸附在根表面,破坏类囊体膜的结构,降低叶绿素含量,从而对植物生长产生抑制作用。至于其他核动力源,氧化锌核动力源的植物毒性也可归因于其光催化活性,其在能带隙能量或以上的辐照下促进活性氧的生成水平,并诱导植物毒性。

然而,当纳米颗粒的组成、浓度、尺寸、形貌和表面涂层发生变化时,纳米颗粒的结果也会发生变化。因此,金属氧化物纳米粒(如氧化锌纳米粒和银纳米粒)的植物毒性机制可从纳米粒的物理化学性质中推导出来,从而影响种子发芽率、根系伸长等,有待进一步研究。为了加强对植物毒性机制的理解,先进的分子方法,如蛋白质组学和基因组学也必须广泛应用。

2. 纳米粒子诱导植物的解毒机理

如前所述,核动力源诱导植物的解毒机制,某些环境条件如重金属、盐胁迫、营养缺乏和不同的金属基核动力源暴露,明显影响细胞活性氧的水平,如 H_2O_2、O_2 和·OH。活性氧是一种信号分子或破坏分子,在活性氧生成和清除水平之间的微妙平衡中起着至关重要的作用。ROS 作为第二信使参与细胞间信号级联,调节植物细胞的各种反应,如向重力作用、程序性细胞死亡、气孔关闭等等。它们还通过信号传导调节许多成分的活动,包括转录因子、蛋白磷酸酶和蛋白激酶。然而,过量的活性氧可能导致核动力源暴露下的植物氧化应激。为了保护自身免受这些有毒氧中间产物的侵害,植物细胞及其细胞器,如线粒体、过氧化物酶体和叶绿体,利用抗氧化防御系统清除多余的活性氧。植物的抗氧化防御系统包含两种非酶抗氧化剂,包括硫醇、谷胱甘肽(GSH)、酚类、抗坏血酸(AA)及其他酶组分,如 CAT、SOD、愈创木酚过氧化物酶(GPOX)、APX、谷胱甘肽还原酶(GR)、单脱氢抗坏血酸还原酶、脱氢抗坏血酸还原酶(DHAR)、谷胱甘肽 S-转移酶(GST)和谷胱甘肽过氧化物酶(GPX)。

抗氧化剂防御系统的非酶制剂硫醇和 AA 是最重要的低分子量抗氧化剂。AA 是一种重要的抗氧化剂,能够抵抗由活性氧生成水平提高引起的氧化应激。由于在不同的非酶和酶反应中,AA 具有提供电子的内在能力,它能清除•OH,并从生育酚基中再生 α-生育酚,直接保护细胞膜。它还充当防御潜在外部氧化剂的第一道屏障。Shaw 和 Hossain 等研究了氧化铜纳米粒对水稻幼苗的影响。他们发现,当暴露在小于 1.0 和 1.5 mmol/L CuO 纳米粒子的环境中时,AA 活性持续增加,以确保较高的 H_2O_2 清除率。同样,Rico、Morales 等观察到,500 mg/L 的 CeO_2 纳米粒子处理改变了 AA 和游离硫醇的水平,导致嫩枝中的膜氧化损伤和光合应激增强。

谷胱甘肽是植物体内的一种基本代谢产物(低分子量的非蛋白硫醇),在细胞间抗氧化防御活性氧诱导的氧化应激中起着关键作用。在植物组织中,谷胱甘肽通常存在于所有细胞器,包括叶绿体、线粒体、液泡、胞质溶胶,以及过氧化物酶体和内质网(Foyer 和 Noctor,2003)。为了保持细胞的正常状态,谷胱甘肽在处理由活性氧引起的氧化损伤中起着至关重要的作用。作为一种抗氧化剂,谷胱甘肽在有机自由基和/或存在活性氧的情况下作为质子供体,清除活性氧并还原为二硫化物形式,即氧化谷胱甘肽(GSSG)。此外,通过 AA-GSH 循环,GSH 参与了另一种潜在水溶性抗氧化剂产品的再生,如 AA。尽管一些研究人员已经开始评估在金属和金属氧化物核动力源暴露下植物中谷胱甘肽的水平,但核动力源引起类似植物毒性的原因尚不清楚。最近,首次报道 CeO_2 和 In_2O_3 纳米粒在拟南芥中可引起硫同化基因调控和 GSH 生物合成。谷胱甘肽和/或谷胱甘肽的定量可作为评价谷胱甘肽生物合成是否在核动力源暴露下解毒过程中发挥重要作用的一种替代方法。同样,其他核动力源暴露也会导致植物中 GSSG 水平的提高,然而,GSSG 生产水平的提高与 GSH 的减少没有直接联系,后者将 H_2O_2 转化为 H_2O。

由于酚类化合物具有抗氧化性,可以通过捕获脂质烷氧基(—OCH_3)多酚来清除活性氧,螯合过渡金属离子,抑制脂质过氧化。尤其是类胡萝卜素是亲脂性抗氧化剂的一员,能解毒多种形式的活性氧。生育酚(含有 α-、β-、γ- 和 δ-生育酚)是一类亲脂性抗氧化剂,参与清除脂质过氧化自由基、氧自由基。生育酚通过与氧气发生化学反应并在叶绿体中物理淬火,可以保护脂质和其他膜成分,从而保护膜结构和 PS II。然而,关于酚类化合物、类胡萝卜素和生育酚对金属基核动力源暴露的反应的研究非常少,上述化合物对核动力源诱发的应激的作用也不清楚。了解核动力源暴露下核电站非酶防御系统的反应对于准确评估核动力源在不久的将来对核电站的潜在风险至关重要。

SOD 是细胞内最有效的金属酶,通过催化高毒性的 ROS(O)转化为毒性较小的 H_2O_2 和 O_2,在抗氧化系统中发挥着重要作用。它包含 3 种同工酶,包括铁 SOD、锰 SOD 和铜/锌

SOD,这些同工酶不仅普遍存在于有氧生物中,而且也存在于亚细胞隔室中,以防止活性氧生成水平提高的毒性效应。一些报告记录了 SOD 的促进与植物对环境压力的耐受性增加有关,如纳米粒子毒性。这意味着 SOD 可以作为研究氧化应激的间接选择标准。Faisal 等在研究番茄时,在 0~1 000 mg/L 纳米粒子暴露下,SOD 水平显著提高,而 SOD 活性下降表明抗氧化防御系统受损。Ma 等已记录到,在 250 mg/L CeO_2 纳米粒子暴露下,水稻中的 SOD 活性升高,而在高浓度处理下,酶活性没有明显变化。Rajeshwari 等还发现,在洋葱根上暴露 1 mg/L 和 100 mg/L 的 Al_2O_3 纳米粒也有类似的结果。一旦 H_2O_2 被替代的非生物胁迫或 SOD 防御系统诱导过度生产,为了避免氧化应激,如脂质过氧化,CAT、APX 和氧化 GSH 包含主要的抗氧化酶途径,将被激活以解毒 H_2O_2。在所有的抗氧化酶中,CAT 是最早被发现和表征的酶,在应激下的活性氧解毒中起着不可或缺的作用。广泛存在于含四聚血红素的酶中,并直接将 H_2O_2 转化为 O_2 和 H_2O。APX 被认为是保护高等植物最重要的活性氧清除剂,能够避免氧化应激,并在调节 AA-GSH 循环中起着重要作用。与 CAT 和 POD 相比,APX 对 H_2O_2 的亲和力更高。APX 可通过 AA 氧化将低毒 H_2O_2 转化为无毒 H_2O,转化为脱氢抗坏血酸和丙二醛。GR 作为抗氧化剂参与酶和非酶氧化-还原循环。它是一种对 GSH 氧化为 GSSG 进行催化的 NADPH 依赖性酶,能够维持细胞中 GSH/GSSG 的高比率。催化机理涉及两个步骤。最初,为了得到一个半胱氨酸和一个硫代酯阴离子,与 NADPH 和黄素的相互作用被氧化,二硫键被还原。然后,GSSG 的还原与硫醇-二硫化物交换反应有关。GPX 是一种催化剂,利用谷胱甘肽来降低植物体内的脂质氢过氧化物和有机氢过氧化物,对植物的环境胁迫具有积极的作用。里科等发现 APX 可以降低由 SOD 转化为 H_2O 形成的 H_2O_2 的水平,由于存在 DHAR,APX 再次使用再生 AA 降低 H_2O_2。同样,多种抗氧化剂酶可被许多纳米粒子激活,例如,Fe_3O_4 纳米粒子、Co_3O_4 纳米粒子和 CeO_2 纳米粒子诱导的 CAT,Au 纳米粒子、MnO_2 纳米粒子、Fe_3O_4 纳米粒子、CuO 纳米粒子和 CeO_2 纳米粒子诱导的 GPX,CeO_2 纳米粒子诱导的 SOD。Majumdar 等在对菜豆进行研究的过程中,发现植物因接触氧化铈纳米粒而产生的植物毒性干扰了抗氧化防御系统。几项研究已经证明了植物物种处于核动力源暴露下的 CAT 和 APX 的活性。在 CeO_2 纳米粒子诱导的 ROS 生成中,根系中的 CAT 活性显著降低,表明解毒途径可能参与 AA-GSH 或 GPX 循环。与对照组相比,Servin 等记录了黄瓜中二氧化钛纳米粒的影响,发现 250~750 mg/L 纳米粒可显著诱导 CAT 活性,而在 APX 活性上没有发现明显差异,除了 500 mg/L 时显著降低。一篇关于 Fe_2O_3 纳米粒及其在南瓜中的大量对应物影响的文章发现,在 100 mg/L Fe_2O_3 纳米粒子大量暴露下,不仅南瓜生长受到抑制,而且南瓜组织中的 K、Ca、Mg 和 S 水平也降低。他们还报告说,SOD 和 POD 的酶活性升高,而 CAT 和 APX 的酶活性降低,这可能是由于其他途径清除 H_2O_2 或其生物合成在过量的 H_2O_2 下受到抑制。这些证据表明,抗氧化酶反应机制可能是基于纳米粒子浓度、植物种类、培养基和纳米粒子类型。在已发表的植物和纳米材料文献中,纳米粒子可在细胞(细胞膜损伤、染色体畸变和叶绿素合成中断)和生理(生物量减少、根长抑制等)水平对植物产生大量不利影响。研究人员最近正致力于确定植物对纳米粒子诱导的氧化应激的防御机制。

尽管近年来以上研究取得了迅速的进展,但我们对活性氧依赖性损伤及其对植物的影响的认识还存在许多差距和不确定性。了解纳米粒子植物毒性和抗氧化防御系统作为植物反应机制具有重要意义。

4.1.3　未来的研究需求

科学家们对纳米材料的环境行为和生态效应已经达成了一些共识,但仍有许多争议和问题需要进一步研究。进一步了解核动力源的环境命运和机制仅仅依靠现有的植物毒性检测方法是不够的,如何正确利用核动力源的正效应,消除核动力源的负效应是研究者的研究动机和目标。一方面,在实验条件下观察到的核动力源对植物生长的剂量和时间依赖性的负面影响会导致在作物管理中更为谨慎的使用。另一方面,在应用于有毒浓度的野外环境中之前,必须充分了解核动力源的植物毒性机制,同时还需要开发一种有效地降低毒性的方法。

1.改变实验中的暴露时间、浓度和模式

不幸的是,很少有报告涉及核动力源处理的植物的生命周期,以对其长期风险和效益作出决定性评估。Lin 等进一步发现,经 C_{70} 和单壁碳纳米管处理的可溶性有机物可降低种子结实率,甚至影响下一代。因此,有必要在长期剂量暴露实验中加强对核动力源对植物的毒性和吸收的研究。同样,增加物质暴露的多样性也很重要,如将高浓度的短期暴露改为低浓度的长期暴露。

2.使实验条件更接近真实现场环境

如上所示,这些有限的数据只是基于实验室或温室研究。由于单元素在实验室的结果和纳米粒子的性质受环境介质影响较大,结果田间试验和实验室研究常常是相互矛盾的。因此,需要加强纳米粒子在土壤或模拟土壤(如石英砂)中的毒性和吸收。此外,未来应加强纳米粒子对人口和生态结构影响的研究。

3.客观地运用多学科知识分析问题

Castillo Michel 等的研究发现植物发芽率下降,但根系伸长量有所增加。在这种情况下,该如何评估核动力源对植物的影响? 通过假设在中等浓度下,根系伸长能促进植物生长,提高产量,以弥补发芽率所造成的甚至超过的损失,从而增加总产量,利用了经济学知识。此外,在分析作物质量时,还需要食品安全或食品营养知识作为支持。

4.制定一系列安全性评价和毒理学风险评价标准

目前,纳米材料毒性的标准研究方法和评价指标相对简单。形态学、解剖学、生理生化指标分析不能充分反映植物对核动力源的毒性。核动力源具有独特的物理和化学性质,因此获得的科学知识仍需进一步检验。必须制定一系列安全性评价和毒理学风险评价标准,包括接触途径、安全接触剂量等,为核动力源的应用提供科学依据。

5.其他

关于核动力源在植物中的积累,还应客观地分析这一问题。例如,如果核动力源积累在番茄叶片中,而不是可食用部分,那么核动力源不会通过食用果实进入人体,也不会影响人们的健康。在这一点上,应该集中研究环境中的核动力源,以及如何循环利用它们和减少它们的释放。黄瓜、南瓜、萝卜、生菜等食用植物的研究应以相同的理论为基础。

据悉,关于核动力源在极端条件下的作用和命运的研究很少。在农业土壤中纳米粒子的研究已经成熟到一定程度时,应扩大研究领域,如盐碱地、热带干旱、洪水等极端条件,以观察纳米粒子在极端环境中的特殊性质是否会产生特殊反应。

4.1.4　纳米毒理学的研究技术和研究方法

金属和金属氧化物纳米材料是目前应用最为广泛的纳米材料之一,对其安全性进行评价具有重要的现实意义,在常规毒理学研究方面已经开展了很多工作。生物样品中纳米材料的检测技术包括扫描电子显微镜、透射电镜、无机元素分析方法等。

1.纳米颗粒的表征

在实验前和实验后及实验过程中,监测纳米材料的尺寸和表面性质及变化情况,对生物实验数据的可重复性极其重要,透射电镜(TEM)、扫描电子显微镜(SEM)、动态光散射法(DLS)、比表面积法(BET)都是纳米颗粒尺寸分布和比表面积分析的有力工具。利用这些技术不仅能够得到纳米颗粒的尺寸大小,还可以获得纳米颗粒形状的相关信息。

DLS法之所以称为"动态",是因为样品中的颗粒不停地做布朗运动,使散射光产生多普勒频移,粒子越小,在溶液中的运动速度越大,那么频移也越明显。比表面孔径分析仪(BET)法,通常是通过气体分子物理吸附在固体表面上来计算固体表面面积的一种方法。它包括一个液氮单层被吸附在粒子表面上,然后测量氮在粒子表面蒸发的释放量。因此,BET表面代表可自由靠近的气体的表面面积。初级粒子直径(假定等价于球体直径)通过计算比表面积和粒子密度就可以得到所要数据。虽然该方法的优点在于事实上它同时提供了两个参数(大小和表面面积),但它有一个缺陷,它假定了一个大小均匀的球体的单分散系统,所以它不能说明颗粒的粒度分布,这是一个通过粒径大小评价其毒性的重要参数。

2.透射电镜法(TEM)

电镜法观察纳米材料的粒度是目前比较成熟的方法,而且能够观察纳米颗粒在细胞或组织中吸收和分布最详细的信息,它不仅能够看见纳米颗粒,如果与光谱方法结合,还能对摄入的纳米颗粒成分进行表征。张智勇等提出电子密度大的纳米材料,如金属纳米颗粒,最容易用TEM观察到。很多研究小组用TEM对细胞暴露前和暴露后的纳米颗粒分别进行了鉴定,以确保纳米颗粒的形貌和粒径在暴露和摄取后没有发生变化。然而,Marquis等提出用这种方法进行纳米颗粒摄取分析时,样品制作和图像分析需要的时间都很长,大大制约了这种方法的应用。

3.电感耦合等离子体质谱法(ICP-MS)

电感耦合等离子体质谱(ICP-MS)是利用电感耦合等离子体作为离子源的一种元素质谱分析技术,利用离子源产生的样品离子经质量分析器和检测器后得到质谱。该方法广泛应用于环境、地球化学、临床、能源科学、化学和毒理学等各个分析领域。ICP-MS技术尤其适合痕量、微量及主要元素的测定,优点包括:①多元素同步分析,适合几乎所有的元素;②高灵敏度和低本底信号,具有每升纳克水平的极低检测限;③检测和分析快速;④同位素容量可提供同位素信息等。

4.X射线荧光光谱分析方法(XRF)

XRF法是一种非破坏性的分析方法,可以对固体样品进行直接测定,因此在纳米材料成分分析中具有较大的优势。X射线荧光的能量或波长是特征性的,与元素的种类有一一对应的关系,因此,只要测出特征X射线的波长和强度,就可以知道元素的种类和相应的元素含量,这是X射线荧光定性定量分析的基础。X射线荧光光谱分析具有灵敏度高、不破坏样品、快速、需样量少和同时多元素分析等特点。汪冰等将这种技术用于带有扫描或成像功能的小光束XRF,成功地应用于动物不同器官或组织中纳米颗粒中金属元素分布的成像研究,如暴露TiO_2、ZnO或Fe_2O_3等纳米颗粒的生物机体中纳米颗粒的成像研究。

检测生物样品中的纳米材料的方法很多,在实验研究中要根据所要求的参数选择适合测定的仪器,以提高实验结果的准确性,使实验结果更有说服力。

4.1.5　纳米颗粒对植物的影响

植物是生态系统的重要组成部分,是NMs运输和生物积累进入食物链的潜在途径。然而,已有的工作已经探究了NMs的植物毒性,其中很少关于植物吸收、转运和转化的报道。Cañas等观察到碳纳米管被吸附到几种作物的根表面上,但没有明显碳纳米管吸收。然而,Lin等观察到水稻(*Oryza sativa* L.)中碳纳米材料的吸收和转运。在绿豆(*Phaseolus radistus*)和小麦(*Triticum aestivum*)的根细胞中发现Cu NPs以单个纳米颗粒和聚集体形式存在,随着纳米颗粒浓度的增加,生物积累量逐渐增加。Lin等也观察到ZnO NPs富集在黑麦草(*Lolium perenne*)根表面上,并证实了纳米颗粒在内皮层和木质部细胞中的存在,表明纳米颗粒可被植物吸收。另有研究发现南瓜种子从水培溶液中吸收、转移并积聚Fe_3O_4 NPs再分布及整个植物组织(根、茎和叶),并且在沙土中生长的南瓜(*Curcubita maxima*)中的纳米颗粒的吸收和积累显著低于水培溶液中,并且在土壤中生长的南瓜植物中未检测到,可能是由于土壤和/或颗粒聚集对纳米颗粒的吸附。植物对Fe_3O_4 NPs的吸收与植物品种和环境条件有关。

显然,植物和NMs之间的相互作用,受不同植物品种的吸收潜力、植物生长培养基条件的影响,摄取和转移的机制以及颗粒和植物组织在细胞和分子水平上的相互作用,需要进一步深入研究。这些研究将帮助我们了解NMs作为一种潜在的运输和暴露途径以及其在通过食物链进行生物富集中的作用。

4.1.6　碳纳米管的植物毒理学研究进展

最新的研究显示,碳纳米管对植物体的生物效应很可能由于植物种类的不同而发生变化,这样的生理效应甚至可能是截然相反的。例如,紫花苜蓿和小麦可以承受较高浓度的工业纯的碳纳米管,甚至其根际的生长还因为高浓度碳纳米材料的刺激而产生正效应。类似的现象还出现在其他学者的研究工作中,多壁碳纳米管对小麦和油菜的生长并没有产生明显的差异,进一步研究显示在小麦和油菜籽中的积聚量小于暴露实验所用剂量的0.0005%。这一数据表明,通过农作物进入食物链,这一条途径可能引入的纳米材料非常少。另外一项研究表明玉米、大麦、大豆的种子在经过多壁碳纳米材料处理之后,其种子萌发率均有了显著的提升,之后的植物生长过程也没有产生任何负效应。多壁碳纳米管对烟草的生长也起到了促进作用,该作用是通过活化输水通道而实现的,进一步研究发现多壁碳纳米管还通过调控基因促进了烟草细胞分裂与生长。水溶性碳纳米管对于鹰嘴豆的生长也起到促进的作用,这一正效应是通过提升水分的吸收与保留而实现的。在加入碳纳米管的土培条件下,番茄所结花与果实的数量达到了空白对照组的 2 倍。

与之相反的是,另外一些研究发现碳纳米管对植物体具有负效应。例如,多壁碳纳米管对植物形态的影响,Zhai 研究发现多壁碳纳米管抑制了大豆的生长。单壁碳纳米管能够对水稻和拟南芥的原生质体产生负效应,进而造成程序化的细胞死亡。另外的一项研究显示单壁碳纳米管阻碍了玉米根毛的生长,这一效应主要是由于与根际生长相关的基因表达被抑制而造成的。多壁碳纳米管对于洋葱细胞的破坏效应主要集中在其对根部细胞形态、膜完整性、线粒体的影响。

4.1.7 纳米材料对植物种子萌发生长的影响

最近许多研究都显示出植物种子在萌发时期对纳米材料的生理反应,但是这样的生理反应却因为纳米材料的不同、植物种类的不同而呈现出不同的趋势。例如,有研究表明纳米氧化钛可以显著提升茴香种子的萌发率,与之相反的是二氧化钛大颗粒抑制了茴香种子的萌发。氧化锌纳米颗粒显著地提升了黄瓜种子的萌发率,特别是在 $400\sim1600\ \mathrm{mg/L}$ 这一浓度范围内。Lahiani 等研究发现多壁碳纳米管促进了玉米、大豆、大麦这些农作物种子的生长。与之相反的是,氧化铜纳米颗粒显著地降低了水稻种子的萌发率,同时也降低了水稻地上部、根部的生物量。锌纳米颗粒、氧化锌纳米颗粒均显著地降低了油菜、萝卜、黑麦草种子的萌发率,同时也抑制了这些植物萌发之后幼苗根部的生长,然而纳米氧化锌对玉米的生长并没有产生明显的生理效应。另外的一项研究表明,碳纳米管可以显著地抑制水芹菜在污泥中的萌发率。银纳米颗粒可以抑制番茄与玉米种子的萌发与根系生长,但是却提升了珍珠粟种子的萌发率。

更多的研究发现,纳米材料对于种子的萌发率并没有显著的影响,但是却有可能影响植物的生长。例如,低浓度石墨烯对于小麦种子的萌发没有明显的促进/抑制效应,却在 $200\ \mathrm{mg/L}$ 的浓度条件下抑制了小麦根数量。多壁碳纳米管在水培条件下对于小麦种子、油菜籽的萌发没有任何生理效应,同时也对其根际生长、干重、蒸腾作用未产生明显的影响。氧化锌与二氧化铈纳米颗粒未能影响大豆的生长。氧化铜纳米颗粒不影响玉米种子的萌发,但抑制了其根部的生长。与之类似的,Aubert 等指出钼八面体纳米簇不影响油菜籽的萌发,但是显著抑制了其根系的生长。银纳米颗粒与氧化石墨烯同样对拟南芥没有显著的影响。

4.2 Ag NPs 对小麦幼苗生长影响

纳米 Ag 材料具有极有效的抗细菌、真菌、病毒作用,目前已广泛应用于各种工业产品当中,包括绷带、袜子及其他纺织品、空气过滤器、牙膏以及婴儿产品等等。到目前为止,对纳米 Ag 对生态系统的影响主要集中于其对动物以及水生生物的毒性作用,而对纳米 Ag 材料对植物的毒性效应的研究还十分欠缺。基于之前的一些研究,纳米 Ag 材料在低浓度下就可以影响种子的萌发。Lee 等研究发现在琼脂培养基中纳米 Ag 显著抑制绿豆及高粱幼苗的生长,然而在土壤中纳米 Ag 对绿豆幼苗的生长没有显著的影响,对高粱幼苗生长的影响也十分有限。进行本次研究的目的是提供关于纳米材料对植物生长发育毒性作用的更多信息。

4.2.1　主要实验试剂

实验中用到的主要试剂见表 4-1,其他用到的试剂均为分析纯,购自国药集团化学试剂有限公司。

表 4-1　主要实验试剂

试剂名称	纯度	生产厂家
Ag NPs	>99.99%	上海沪正纳米科技有限公司
H_2O_2	30%	国药集团化学试剂有限公司
HNO_3	UP 级	苏州品瑞化学有限公司
H_2O_2	UP 级	苏州品瑞化学有限公司
超纯水	电阻率>18.2 MΩ	自制

4.2.2　主要实验仪器

实验中用到的主要仪器见表 4-2。

表 4-2　主要实验仪器

仪器名称	型号	生产厂家
TEM(透射电子显微镜)	Teenai G2 20 S-TWIN	美国 FEI 公司
人工智能培养箱	GZP-250B	上海恒宇有限公司
电子天平	万分之一	瑞士 Mettler-Toledo 公司
电子天平	CP225D 型(0.001 mg)	德国 SARTORIUS 公司
烘箱	UN	德国 Memmert 公司
微波消解系统	Ultra WAVE	意大利 Milestone 公司
电感耦合等离子体质谱 ICP-MS	7700x	美国 Agilent 公司
离心机	LDZS-2	北京京立离心机有限公司
酶联免疫检测仪	FC	美国 Thermo Fisherr 公司
冰箱	BCD-215WDGC	青岛海尔股份有限公司

4.2.3　生物试材

本实验所选用的小麦品种为中麦 11,购自中国农业科学院。

4.2.4　实验方法

4.2.4.1　实验培养液的制备

用于实验的培养液为 Hoagland 培养液。培养液中各营养成分的含量见表 4-3,用万分之一电子天平称取定量试剂,溶解后用去离子水定容,于 4℃冷藏备用。

表 4-3 Hoagland 培养液中各组分的含量

试剂名称	含量/(mmol/L)
$Ca(NO_3)_2 \cdot 4H_2O$	2.00
KH_2PO_4	0.100
$MgSO_4 \cdot 7H_2O$	0.500
KCl	0.100
K_2SO_4	0.700
H_3BO_3	10.0×10^{-3}
$MnSO_4 \cdot H_2O$	0.200×10^{-3}
$CuSO_4 \cdot 5H_2O$	0.010×10^{-3}
Fe-EDTA	100×10^{-3}

4.2.4.2 Ag NPs 悬浮液的制备

实验用 Ag NPs 外观呈灰色粉末,平均粒径 20 nm。准确称取 Ag NPs,加入 Hoagland 培养液中,充分搅拌保证混合均匀,然后超声振荡 30 min,用 Hoagland 培养液定容,制备得到均匀的悬浮液,为避免储存过程中 Ag NPs 产生沉淀对实验结果产生的影响,悬浮液在每次使用时需要重新制备。

4.2.4.3 Ag NPs 的表征

取微量 Ag NPs,加入少量乙醇进行分散,超声处理,取几滴滴在铜网上,待乙醇自然挥发,在透射电镜(TEM)上观察。

4.2.4.4 小麦幼苗培养

种子萌发。随机挑选颗粒饱满、外观一致、完整的种子,浸入 10% H_2O_2 溶液 10 min 消毒。之后先用自来水彻底冲洗消毒后的种子,然后用去离子水冲洗去除掉残留的 H_2O_2。培养皿中(220 mm×15 mm)中放入两张滤纸,加入 5 mL 去离子水使滤纸润湿(萌发过程保持滤纸湿润),把 60 粒种子均匀排列在培养皿中,于培养箱中萌发,温度设置 25℃,空气相对湿度 75% 左右,整个过程保持避光。萌发时间 48 h。萌发结束,挑选长势一致、健壮的小麦幼苗转入 50 mL 离心管中进行培养,每个离心管放置 10 株小麦幼苗。实验设 4 个浓度处理,Ag NPs 浓度分别为 10 mg/L、50 mg/L、200 mg/L、1000 mg/L,同时设不含 Ag NPs 的空白对照。每个处理设置 3 个重复。定期向离心管中补充 Hoagland 营养液用以弥补溶液挥发损失,每 3 d 更新 Ag NPs 溶液。实验周期 18 d。实验地点位于中国农业大学资源与环境学院科学园温室。

4.2.4.5 小麦生长指标的测定

收获后小麦苗分为地上、地下两部分,先分别用自来水冲洗,之后用去离子水彻底清洗,最后滤纸吸干水分。从每个处理挑选 10 株幼苗分别测量根长、株高,从每个处理挑选 9 株植株分别测定两部分的鲜重;一部分放于 4℃ 冰箱备测酶或植物激素等活性成分,其余放入烘箱杀青 30 min,杀青温度 105℃,之后 65℃ 烘干 48 h,测量地上、地下部分的干重。

4.2.4.6　小麦幼苗地上及地下部分 Ag 含量测定

采用 ICP-MS 测定植物组织中 Ag 元素含量。准确称取样品,加入 HNO_3、H_2O_2,体积比 6∶1,微波消解,以纯水定容。消解液稀释 5 倍后,测定。粉碎的幼苗采用 Ultra WAVE 微波消解系统进行样品消解,工作参数为时间:5 min—5 min—20 min;温度:室温-160℃;160~200℃;200~200℃;功率:1300 W;加压:40 bar;消解试剂:HNO_3∶H_2O_2=6∶1。消解液的测定采用 ICP-MS,工作参数为载气流量:1.0 L/min;He 气流量:4.5 mL/min;RF 功率:1550 W;积分时间:300 ms;扫描方式:3 points。

4.2.4.7　植物激素含量的测定

植物激素对植物生长发育意义重大。作为发现最早的植物激素之一,生长素(吲哚乙酸,IAA)对细胞伸长、形成层细胞分裂、维管组织分化、叶片和花的脱落、顶端优势等方面具有十分重要的作用。而吲哚丙酸则对根的伸长十分重要。油菜素内酯则在植物茎伸长及细胞分化过程中扮演着重要角色。细胞分裂素对植物同样十分重要,玉米素核苷以及二氢玉米素核苷是其中最重要的两种,能有效调控细胞生长、防止衰老。赤霉素同样是一种重要的植物激素,可有效调控细胞伸长及植物生长,到目前为止发现的赤霉素有 100 多种,但是只有少数几种如 GA_3、GA_4 具有生物活性。与其他激素不同,脱落酸则可以抑制植物生长,从而帮助植物应对极端环境的胁迫。茉莉酸是重要的脂溶性信号分子,有助于促进植物生长发育以及应对环境胁迫。参考 He 和 Nhan 方法测定小麦幼苗中 8 种激素 IAA(吲哚乙酸)、GA_3(赤霉酸)、ABA(脱落酸)、JA(茉莉酸)、DHZR(二氢玉米素核苷)、BR(油菜素内酯)、ZR(玉米素核苷)、IPA(吲哚丙酸)的含量。实验用试剂的制备见表 4-4。

表 4-4　测定所用试剂的制备

试剂名称	制备方法
包被缓冲液	称取 1.5 g Na_2CO_3,2.93 g $NaHCO_3$,0.2 g NaN_3,用量筒加 1000 mL 蒸馏水,pH 为 9.6
磷酸盐缓冲液(PBS)	称取 8.0 g $NaCl_2$,0.2 g KH_2PO_4,2.96 g $Na_2HPO_4·12H_2O$,用量筒加 1000 mL 蒸馏水,pH 为 7.5
样品稀释液	500 mL PBS 中加 0.5 mL Tween-20,0.5 g 明胶(稍加热溶解)
底物缓冲液	称取 5.10 g $C_6H_8O_7·H_2O$(柠檬酸),18.43 g $Na_2HPO_4·12H_2O$,用量筒加 1000 mL 蒸馏水溶解,再加 1 mL Tween-20,pH 为 5.0
洗涤液	1000 mL PBS 加 1 mL Tween-20
终止液	2 mol/L 硫酸
提取液	80%甲醇,其中抗氧化剂为 1 mmol/L BHT(二叔丁基对甲苯酚)

注:试剂制备好后于 4℃冷藏。

(1)样品中激素的提取:称取 0.5 g 新鲜植物材料,加入 2 mL 提取液,冰浴条件下研磨,转移到试管中,摇匀后 4℃冰箱中保存;在 4℃下提取 4 h,1000g 离心 15 min(4000 r/min),取上清液。向沉淀中加入 1 mL 提取液后,采用相同方法再次提取上清液,两次获得的上清液混合后,测量体积。合并后的上清液采用 C18 固相萃取柱进行萃取操作。

（2）萃取步骤如下：先用80％甲醇平衡萃取柱，然后上样，收集样品，之后用100％甲醇（5 mL）和100％乙醚（5 mL）反复洗柱。收集后样品转入离心管中，除去提取液中的甲醇，样品稀释液定容。

（3）样品的测定：包被。向包被缓冲液中加入包被抗原并充分混匀，之后酶标板的每孔中加入100 μL缓冲液，将酶标板放置于带盖瓷盘内，瓷盘内铺湿纱布保证湿度，于37℃下放置3 h，完成包被。洗板：将酶标板取出，在常温下完全平衡后，移除包被液，将洗涤液均匀加到板上，放置约30 s，再次移除洗涤液。重复操作3～5次，用吸水纸吸干剩余洗涤液。竞争，即先后分别加入标准样品、待测样品以及抗体各50 μL。

（4）加标样及待测样：取样品稀释液0.98 mL，内加20 μL激素的标样试剂（100 μg/mL），即为2000 ng/mL标准液，然后再依次稀释到1000 ng/mL，500 ng/mL，250 ng/mL，125 ng/mL，62.5 ng/mL，31.25 ng/mL，15.625 ng/mL，0 ng/mL，将标准样、待测样分别加入酶标板中，每孔加入50 μL，均重复3次。

（5）加抗体：向样品稀释液中加入抗体并混匀，取50 μL加入酶标板，然后于湿盒内竞争，约37℃，时间接近30 min。

（6）洗板：方法同包被之后的洗板。注意防止各孔的相互干扰。加二抗：向10 mL样品稀释液中加入定量二抗，混匀后，向每孔加100 μL，湿盒37℃放置30 min。

（7）洗板：方法同上，清洗3～5次。加底物显色。称取适量邻苯二胺于底物缓冲液中溶解，加入2～4 μL 30％ H_2O_2溶液混匀，避光条件下，每孔加入100 μL溶液，放入湿盒内，显色适当后，加入2 mol/L硫酸终止反应。

（8）比色：酶联免疫分光光度计测定标样、待测样492 nm处的吸光值。

（9）结果与计算：标准曲线。用于ELISA结果计算最方便的是Logit曲线。以标样浓度（ng/mL）的自然对数作为横坐标，以吸光值Logit值为纵坐标。计算方法如下。

$$\text{Logit} \frac{B}{B_0} = \ln\left[\frac{\frac{B}{B_0}}{\left(1 - \frac{B}{B_0}\right)}\right] = \ln\left(\frac{B}{B_0 - B}\right)$$

其中，B_0是0 ng/mL孔的显色值，B是其他浓度的显色值。

待测样品中植物激素含量（ng/g鲜重）计算方法如下。

$$A = \frac{N \cdot V_2 \cdot V_3 \cdot B}{V_1 \cdot W}$$

其中，A表示激素的含量（ng/g鲜重）；V_2：上清液初始体积；V_1：干燥后上清液体积；V_3：样品稀释液定容体积；W：样品鲜重；N：样品中激素的浓度（ng/mL）；B：样品稀释倍数。

4.2.4.8　数据处理

数据用SPSS18.0进行分析。不同数据之间采用单因素方差分析（One-way ANOVA）进行比较，$P < 0.05$，代表有显著差异。

4.2.5　结果分析

4.2.5.1　Ag NPs 表征

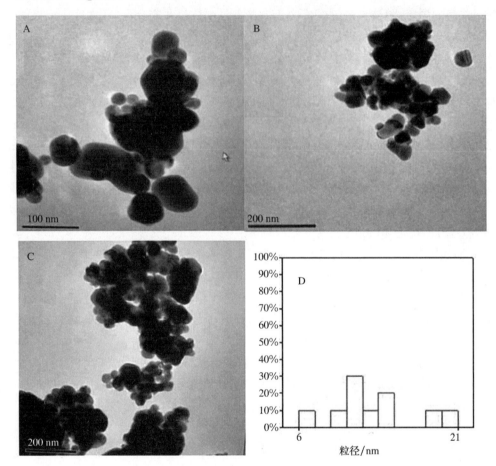

图 4-2　Ag NPs TEM 图片及粒径分布

如图 4-2 TEM 图片所示，纳米颗粒呈卵圆形，并且十分容易聚合。通过粒径分析，Ag NPs 粒径分布介于 6.95～20.83 nm，平均粒径 13.11 nm。

4.2.5.2　Ag NPs 对小麦幼苗生物量、根长、株高的影响

如图 4-3 所示，实验结束时，与空白对照组相比，不同 Ag NPs 处理组的小麦幼苗，生长状况并无显著差异，小麦植株生长状况良好。

图 4-4A 表明，Ag NPs 对幼苗根长、株高均无显著抑制。图 4-4B 和图 4-4C，与空白处理相比，随 Ag NPs 浓度增加，小麦地上、地下部分的鲜重、干重没有显著的变化趋势。

综上研究表明，Ag NPs 对植物的生长发育与纳米颗粒的粒径、培养介质、培养条件以及植物种类等因素息息相关。Yin 等研究发现，粒径更小的 Ag NPs（6 nm）与大粒径 Ag 颗粒相比，对黑麦草（*Lolium multiflorum*）生长发育的毒性作用更大。而另一些研究如 Barren 指出，Ag NPs 对黄瓜（*Cucumis sativus*）以及莴苣（*Lactuca sativa*）的生长发育无显著的毒性作用。

图 4-3　Ag NPs 对小麦幼苗生长的影响

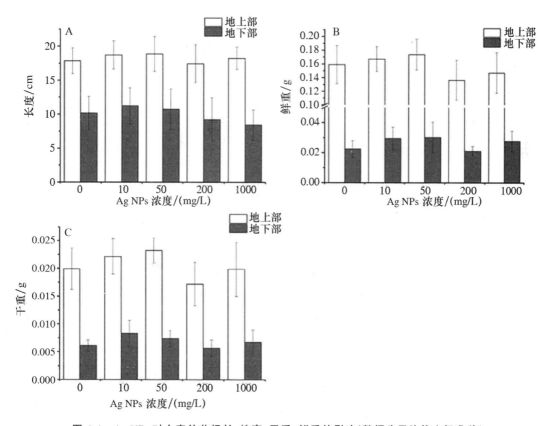

图 4-4　Ag NPs 对小麦幼苗根长、株高、干重、鲜重的影响(数据为平均值±标准差)

4.2.5.3   Ag NPs 对小麦幼苗激素含量的影响

植物激素对植物的生长发育有十分关键的作用。实验测定了不同浓度的 Ag NPs 对植物激素含量的影响,本实验选取了常见的 8 种植物激素:ABA、IAA、ZR、GA₃、BR、JA、IPA、DHZR,采用 ELISA 方法测定。

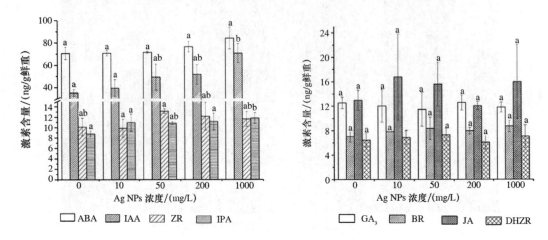

图 4-5   Ag NPs 对植物激素含量的影响

数据为平均值±标准差,不同字母代表显著性差异($P<0.05$)

如图 4-5 所示,IAA、IPA 含量随 Ag NPs 浓度增大而显著增加,而 Ag NPs 处理组另外 6 种激素 ZR、ABA、GA₃、BR、JA、DHZR 含量,与空白对照组相比,则无显著差异。

4.2.5.4   小麦幼苗各组织中 Ag 含量

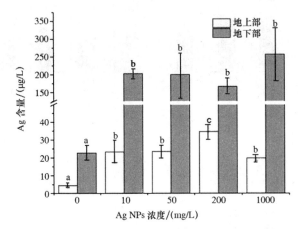

图 4-6   小麦幼苗地上部分及地下部分中 Ag 含量

数据为平均值±标准差,不同字母代表显著性差异($P<0.05$)

图 4-6 给出了不同 Ag NPs 浓度下小麦幼苗地上、地下部分 Ag 含量。与空白处理相比,各浓度处理组(10、50、200、1000 mg/L),小麦幼苗地上及地下部分 Ag 含量明显增加。Ag NPs 浓度为 1000 mg/L 时,地上部分 Ag 含量要比空白处理高 4.4 倍,地下部分 Ag 含量要比空白对照高 11.3 倍。比较 Ag NPs 的不同处理组可以发现,地上部分在不同处理组

之间并没有显著的差异,对地下部分而言也是同样的情况。相同浓度 Ag NPs 处理组中,地下部分 Ag 含量明显高于地上部分。Ag NPs 浓度为 1000 mg/L 时,地下部分 Ag 含量是地上部分的 12.9 倍。

4.2.6 结论

水培条件下,在培养期间 Ag NPs 对小麦幼苗的生长发育有一定影响。随 Ag NPs 浓度增加,小麦幼苗生物量呈先增加后降低的趋势,IAA 含量随着 Ag NPs 浓度增加显著增加,ZR 的含量先增加后减少,其余 6 种激素 ABA、GA$_3$、BR、JA、IPA、DHZR 含量与空白对照组相比,无明显差异。地下部分的 Ag 含量远高于地上部分,Ag NPs 可以吸附于根组织表面,少量的 Ag NPs 进入根细胞内部,其中又有极少部分可以转移到植物组织的其他部分。

4.3 不同 CO_2 条件下 TiO_2 NPs 对小麦幼苗生长影响

难溶性的 TiO_2 NPs 广泛应用于染料、塑料、化妆品以及催化剂等当中。到目前为止,TiO_2 NPs 对植物生长发育的影响已经引起了诸多关注,许多研究探索了 TiO_2 NPs 对植物生长发育的影响。之前的研究表明,TiO_2 NPs 对植物的生长发育既有有利的一面,又有有害的一面。相比较于大颗粒的 TiO_2,TiO_2 NPs 可以明显增加菠菜(*Spinacia oleracea*)叶片的生物量、总氮、叶绿素以及蛋白质的含量。同样的,TiO_2 NPs 可以促进植物的光合作用 TiO_2 可以通过与 D1/D2/cyt b559 复合物的结合促进电子的分离、转移以及能量的转换。然而,同样有研究发现,TiO_2 NPs 在高浓度时可以抑制豌豆(*Vicia narbonensis* L.)、玉米(*Zea mays* L.)的萌发、降低有丝分裂指数、抑制根的伸长。随着人类活动的增加以及化石燃料的大量燃烧,空气中 CO_2 的含量持续增加,目前已经超过了 400 mg/L。当外界条件改变时,纳米材料对植物的影响会与正常状况条件下有何不同,目前关于这方面的研究还十分有限。本部分拟改变空气条件中 CO_2 的浓度,研究纳米材料对植物的生长会有怎样的影响。

4.3.1 主要实验试剂

实验中用到的主要试剂同表 4-1。TiO_2 NPs 来源于美国 Sigma-Aldrich 公司,纯度>99.5%。

4.3.2 主要实验仪器

实验中用到的主要仪器见表 4-5。

表 4-5　主要实验仪器

仪器名称	型号	生产厂家
TEM(投射电子显微镜)	JEM-200	日本电子株式会社
人工智能培养箱	GZP-250B	上海恒宇有限公司
CELSS CIEP (受控生态生保系统集成实验平台)		中国航天员科研训练中心
电子天平	万分之一	瑞士 Mettler-Toledo 公司
电子天平	CP225D 型(0.001 mg)	德国 SARTORIUS 公司
烘箱	UN	德国 Memmert 公司
微波消解系统	Ultra WAVE	意大利 Milestone 公司
电感耦合等离子体质谱 ICP-MS	7700x	美国 Agilent 公司
离心机	LDZS-2	北京京立离心机有限公司
酶联免疫检测仪	FC	美国 Thermo Fisherr 公司
冰箱	BCD-215WDGC	青岛海尔股份有限公司

4.3.3　生物试材

实验采用的小麦品种为中麦 11,购自中国农业科学院。

4.3.4　实验方法

4.3.4.1　实验培养液的制备

用于实验的培养液为 Hoagland 培养液。配制方式同 4.2.4.1。

4.3.4.2　TiO_2 NPs 悬浮液的制备

实验采用的 TiO_2 NPs 为锐钛型,白色粉末,平均粒径 20 nm。准确称取一定量 TiO_2 NPs,加到 Hoagland 营养液中,充分搅拌,混合均匀,之后超声振荡 30 min,用 Hoagland 培养液定容,制备得到均匀的悬浮液,为避免 TiO_2 NPs 悬浮液储存过程中产生沉淀影响实验结果,TiO_2 NPs 悬浮液每次使用时需要重新制备。

4.3.4.3　TiO_2 NPs 的表征

取少量 TiO_2 NPs,加入少量乙醇进行分散,超声处理,取几滴滴在铜网上,待乙醇自然挥发,在透射电镜(TEM)上进行分析。

4.3.4.4　小麦幼苗培养

种子萌发。操作方法与之前相同。随机挑选合适的小麦种子,消毒处理。之后先用自来水彻底冲洗消毒,然后用去离子水冲洗去除掉残留的 H_2O_2。在培养皿中(220 mm×15 mm)中放入两张滤纸,加入 5 mL 去离子水使滤纸润湿(萌发过程保持滤纸湿润),在每个培养皿中均匀排列 60 粒小麦种子,放入培养箱中发芽,培养箱温度设置为 25℃,空气相对湿度保持在 75% 左右,萌发过程保持避光。萌发 48 h。萌发结束,挑选长势一致、健壮的小麦幼苗转入 50 mL 离心管中进行培养,每个离心管放置 10 株小麦幼苗。实验设置两种 CO_2 条件,CO_2 浓度分别为正常空气中 CO_2 浓度以及为 5000 mg/L(其余条件相同)。每种 CO_2 条件下设置 3 个 TiO$_2$ NPs 浓度处理,TiO$_2$ NPs 的浓度分别为 10 mg/L、100 mg/L、1000 mg/L,并设置不含 TiO$_2$ NPs 的空白对照。每个处理 3 个平行。正常大气条件下的实验在人工智能培养箱中进行,高浓度 CO$_2$ 条件下实验在受控生态生保系统集成实验平台上进行,实验温度 24℃,光暗比 12 h∶12 h,光照强度为 15000 lx,相对湿度 55%。每天向离心管中补充去离子水,以弥补水分蒸发造成的损失,在实验第 5 天及第 10 天,彻底更换实验溶液。实验周期为 14 d。

4.3.4.5 生物量测定

将收获后的小麦幼苗分成地上、地下两部分,分别先用自来水冲洗,之后用去离子水彻底清洗,擦干水分。每个处理随机挑选 4 株幼苗测定根长、株高,从每个处理挑选 4 株幼苗测量别测定地上及地下部分鲜重,从每个处理挑选 4 株幼苗,统计侧根数目。

4.3.4.6 植物激素含量的测定

植物激素包括 IAA(吲哚乙酸)、GA$_3$ 及 GA$_4$(赤霉素)、ABA(脱落酸)、JA(茉莉酸)、DHZR(二氢玉米素核苷)、BR(油菜素内酯)、ZR(玉米素核苷)以及 IPA(吲哚丙酸)含量测定方法与 4.2.4.7 相同。

4.3.4.7 小麦幼苗地上及地下部分 Ti 含量测定

采用 ICP-MS 测定植物组织中 Ti 元素的含量,方法与 4.2.4.6 相同。

4.3.4.8 数据处理

数据用 SPSS18.0 进行分析。不同数据之间采用单因素方差分析法(One-way ANO-VA)进行分析比较,$P < 0.05$,代表有显著差异。

4.3.5 结论

这项研究有助于帮助我们理解在不同的 CO$_2$ 条件下,TiO$_2$ NPs 对植物的影响。当植物幼苗暴露于含有纳米颗粒的环境中时,大部分的纳米颗粒会聚集在植物根的表面,从而导致渗透系数以及水分利用率的降低,并进一步影响植物的蒸腾作用,最终影响植物的生长发育。参考之前的研究,很多研究同样表明,TiO$_2$ NPs 对植物生长发育没有明显的抑制作用。与正常 CO$_2$ 条件相比,高浓度 CO$_2$ 条件下的小麦幼苗地下部分的生物量以及侧根的数目都有了明显增加。不同 TiO$_2$ NPs 浓度以及 CO$_2$ 条件对植物激素的影响作用并不相同。两种 CO$_2$ 条件下,随 TiO$_2$ NPs 浓度的增加,ABA 含量均有所增加。然而,不同 CO$_2$ 条件下,ABA 含量无明显差异。高浓度 CO$_2$ 及高浓度 TiO$_2$ NPs 的联合作用导致了 BR、ZR、GA$_3$ 含量的降低,然而单独的高浓度 CO$_2$ 或者高浓度 TiO$_2$ NPs 对这三种激素的含量并无明显影响。IPA 以及 JA 含量在极端 CO$_2$ 条件下比正常条件下低,JA 含量随 TiO$_2$ NPs 浓度增大而升高。小麦地上及地下部分组织中 Ti 元素含量跟暴露于 TiO$_2$ NPs 中浓度呈正相关。同时 CO$_2$ 的存在在一定程度上可以影响 Ti 在植物组织中的积累。

4.4 不同纳米颗粒对小麦生长及籽粒品质的影响

目前关于纳米材料对植物生长发育的研究主要集中在种子萌发或者幼苗阶段,实验周期相对较短,而关于纳米材料对植物整个生长周期影响的研究仍然十分欠缺。本部分拟分别研究 TiO_2 NPs、Fe_2O_3 NPs、CuO NPs 对小麦生长发育直至产生籽粒整个过程的影响,并分析其对籽粒品质的影响。为进一步评价纳米材料对植物生长发育的影响提供借鉴。

4.4.1   主要实验试剂

实验中用到的主要试剂见表 4-6,其他用到的试剂均为分析纯,购自国药集团化学试剂有限公司。

表 4-6   主要实验试剂

试剂名称	纯度	生产厂家
TiO_2 NPs	>99.5%	美国 Sigma-Aldrich 公司
Fe_2O_3 NPs	>99.5%	上海攀田粉体材料有限公司
CuO NPs	>99.5%	上海攀田粉体材料有限公司
HNO_3	UP 级	苏州品瑞化学有限公司
H_2O_2	UP 级	苏州品瑞化学有限公司
超纯水	电阻率>18.2 MΩ	自制

4.4.2   主要实验仪器

实验中用到的主要仪器见表 4-7。

表 4-7   主要实验仪器

仪器名称	型号	生产厂家
TEM(投射电子显微镜)	JEM-200	日本电子株式会社
分光光度计	岛津 UV1800	日本岛津制作所
电子天平	万分之一	瑞士 Mettler-Toledo 公司
电子天平	CP2250 型(0.001 mg)	德国 SARTORIUS 公司
烘箱	UN	德国 Memmert 公司
微波消解系统	Ultra WAVE	意大利 Milestone 公司
电感耦合等离子体质谱 ICP-MS	7700x	美国 Agilent 公司
离心机	LDZ5-2	北京京立离心机有限公司
球磨仪	MM400	德国 RETSCH 公司
冰箱	BCD-215WDGC	青岛海尔股份有限公司

4.4.3   生物试材

实验采用的小麦品种为中麦 11,购自中国农业科学院。

4.4.4   实验方法

4.4.4.1 TiO_2 NPs、Fe_2O_3 NPs、CuO NPs 的表征

实验用 TiO_2 NPs 为锐钛型,外观呈白色粉末,粒径 20 nm;Fe_2O_3 NPs 为 γ 型红褐色粉

末,粒径为 30 nm;CuO 为灰色粉末,粒径 40 nm。取少量 NPs,分散在乙醇中,超声处理使其分散均匀,取几滴滴在铜网上,待溶剂自然挥发后,在透射电子显微镜(TEM)上进行分析测试。

4.4.4.2 实验用土

实验用土采自中国农业大学上庄实验站,采用五点取样法采集土壤样品,采集深度 0~15 cm,土壤质地为沙壤土,土样自然风干后过 2 mm 筛,测定有机质、总氮、矿物质氮、氨态氮、硝态氮、有效磷、速效钾、pH。实验用土为采集土与沙按重量比 3:1 混合,一次性施足底肥,其中磷含量为 0.47 g/kg(土+沙),氮含量为 0.40 g/kg(土+沙),钾含量为 0.38 g/kg(土+沙)。

4.4.4.3 实验处理

纳米材料与实验用土充分混合后,分装入花盆中(花盆尺寸 18 cm×21 cm),每个花盆装土 3 kg。实验采用了三种纳米材料,分别为:TiO_2 NPs、Fe_2O_3 NPs、CuO NPs。每种纳米材料设置 2 个浓度,分别为 50 mg/kg、500 mg/kg,并设置空白对照处理组。每个浓度设置 9 个重复(盆),各处理组随机排列。每个花盆中均匀栽种 4 株植株,生长过程中管理良好,盆钵之间保持一致的田间持水量,为 80%~85%。

4.4.4.4 生物量测定

小麦成熟前 1 个月,分别从各个处理组挑选 3 个重复(盆),测定地上部分高度,之后剪去地上部分,封装后带回实验室马上测定地上部分的鲜重,之后于 -18℃ 保存。对于地下部分,将花盆完全浸入水中,采用流动水冲洗掉根部附着的土壤,然后用去离子水彻底冲洗干净后,滤纸擦干根组织表面的水分,然后分别测定根长以及鲜重,之后 -18℃ 保存。小麦组织地上部分以及地下部分分别先于 105℃ 杀青 30 min,之后 65℃ 烘干 48 h 直至恒重,万分之一天平分别测定干重。

4.4.4.5 小麦穗粒数、粒重测定

小麦成熟后,每个处理随机挑选 3 个重复(盆),统计每株小麦麦穗粒数目,每盆小麦单独收获,然后随机挑选 100 粒种子测定质量。

4.4.4.6 小麦地下部分以及地上部分纳米元素含量测定

采用 ICP-MS 分别测定植物组织中 Ti、Fe、Cu 元素的含量,方法与 4.2.4.6 相同。

4.4.4.7 小麦籽粒中矿质元素含量的测定

随机称取小麦籽粒 1.0 g,用球磨仪粉碎。之后采用 ICP-MS 方法测定 Fe、Zn、Ti、Cu 元素的含量,方法与 4.2.4.6 相同。

4.4.4.8 小麦籽粒中氨基酸含量的测定

(1)磷酸缓冲液(pH=6.8)配制。称取一定量 KH_2PO_4,用蒸馏水定容,配制 0.2 mol/L KH_2PO_4 溶液;称取定量 NaOH,蒸馏水溶解并定容,得到 0.2 mol/L NaOH 溶液。取 25 mL KH_2PO_4 溶液,加入 0.2 mol/L 11.8 mL NaOH 溶液,最后加入 100 mL 蒸馏水,调解缓冲液 pH 为 6.80,即得 pH=6.8 磷酸盐缓冲液。

（2）2%茚三酮溶液的配制。准确称取一定量茚三酮加入乙醇溶解。

（3）氨基酸标准曲线绘制。准确称取氨基酸标准品 0.1 g（精确至 0.00001 g），用蒸馏水溶解，定容至 100 mL，得到 1.0 mg/mL 标准液。分别配制 0.20、0.40、0.60、0.80、1.00、1.50 μg/mL 的标准溶液。向 5 mL 标准溶液中加入 1.0 mL 5 mg/mL 茚三酮溶液，沸水浴 15 min，加水定容，测定 $OD_{570\,nm}$，绘制标准曲线。

（4）样品测定。准确称取 2.0 g 小麦籽粒，仔细研磨后用 70%乙醇进行回流提取，提取温度 100℃，提取 2 次，每次提取时间 120 min，溶液过滤之后即得待测的样品溶液。

（5）氨基酸样品测定。取样品溶液 1 mL，先加入 1 mL 缓冲液，之后加入 1 mL 茚三酮显色液，混匀后于沸水浴 15 min，自来水冷却。冷却后加水定容至 10 mL，摇匀后测定 $OD_{570\,nm}$。样品中氨基酸含量计算如下。

$$氨基酸(mmol/L) = \frac{OD_{570\,nm}}{1000}$$

4.4.4.9　数据处理

数据用 SPSS18.0 进行分析。不同处理数据采用单因素方差分析法（One-way ANOVA）伴随 LSD 进行差异性比较分析，$P<0.05$ 代表有显著差异。

4.4.5　结论

（1）TiO_2 NPs 处理组对小麦生长的发育无明显影响。Fe_2O_3 NPs 处理组，小麦存在明显早熟的现象，但是植株的生长状况良好。CuO NPs 处理组存在发育延迟现象，CuO NPs 浓度为 500 mg/L 时，延迟现象更加明显。

（2）TiO_2 NPs、Fe_2O_3 NPs、CuO NPs 处理条件下，小麦籽粒的生长情况正常，而 Fe_2O_3 NPs 处理组籽粒有些干瘪、不饱满，粒重明显降低，这可能与 Fe_2O_3 NPs 使小麦发育早熟，生长周期缩短有关。TiO_2 NPs、Fe_2O_3 NPs 对小麦生长发育过程中籽粒的数目没有明显影响，而 CuO NPs 的存在抑制了小麦籽粒的生成。

（3）纳米元素在地下部分的含量要远高于地上部分，同时不同的纳米元素在地上及地下部分的积累也有极大的不同。TiO_2 NPs 处理组，植株地下部分 Ti 含量随纳米颗粒浓度的增加而显著升高，但根对纳米颗粒的吸附量与纳米颗粒浓度之间并不存在简单的线性关系。Fe_2O_3 NPs 浓度达到 500 mg/kg 时，地下部分 Fe 含量明显增加，而地上部分中 Fe 含量没有明显变化。CuO NPs 处理组，地下部分 50 mg/kg 处理组、500 mg/kg 处理组中，地上部分 Cu 含量分别只有地下部分的 10%、0.7%。绝大部分的纳米颗粒是无法经由植物组织的转运转移到植物的其他组织的。

（4）TiO_2 NPs、Fe_2O_3 NPs 处理条件下，Fe、Zn、Cu 含量无明显变化，而在 CuO NPs 处理后，籽粒中的 Fe、Zn 含量则随 CuO NPs 浓度的增加而呈现明显的降低，Cu 含量则有一定程度上升。

（5）TiO_2 NPs 处理组中各种氨基酸以及蛋白质含量均没有明显的改变；Fe_2O_3 NPs 处理组中，Asp 在高浓度时有所减少，Tyr 在低浓度及高浓度时含量明显增加，Cys 含量的变化趋势与 Tyr 相似；CuO NPs 处理组，低浓度时，Thr 含量无明显变化，而高浓度时，Thr 含量明显降低,His 变化趋势与 Thr 类似,Cys 含量则在低浓度时有明显升高,当浓度升高时则再次降低,Pro 含量在大量 CuO NPs 存在的条件下,含量也呈现明显下降的趋势。

4.5　Ag NPs 对小麦生长及籽粒品质的影响

本部分研究拟分析 Ag NPs 对小麦生长发育的影响。实验包括小麦发育的整个周期,通过对生物量、矿质元素含量以及籽粒品质的分析,研究 Ag NPs 对植物的生物学效应。

4.5.1　主要实验试剂

实验中用到的主要试剂见表 4-8,实验用到的其他试剂均为分析纯,来自国药集团化学试剂有限公司。

表 4-8　主要实验试剂

试剂名称	纯度	生产厂家
Ag NPs	>99.5%	上海攀田粉体材料有限公司
HNO_3	UP 级	苏州品瑞化学有限公司
H_2O_2	UP 级	苏州品瑞化学有限公司
超纯水	电阻率>18.2 MΩ	自制

4.5.2　主要实验仪器

实验中用到的主要仪器见表 4-9。

表 4-9　主要实验仪器

仪器名称	型号	生产厂家
电子天平	CP225D 型(0.001 mg)	德国 SARTORIUS 公司
TEM(投射电子显微镜)	JEM-200	日本电子株式会社
分光光度计	岛津 UV1800	日本岛津制作所
电子天平	万分之一	瑞士 Mettler-Toledo 公司
烘箱	UN	德国 Memmert 公司
微波消解系统	Ultra WAVE	意大利 Milestone 公司
电感耦合等离子体质谱 ICP-MS	7700x	美国 Agilent 公司
离心机	LDZ5-2	北京京立离心机有限公司
球磨仪	MM400	德国 RETSCH 公司
冰箱	BCD-215WDGC	青岛海尔股份有限公司

4.5.3　生物试材

实验采用的小麦品种为中麦 11,购自中国农业科学院。

4.5.4   实验方法

4.5.4.1   Ag NPs 的表征

实验用 Ag NPs 外观呈黑色粉末,粒径 20 nm。取少量 NPs,分散在乙醇中,超声处理使其分散均匀,取几滴滴在铜网上,待溶剂自然挥发后,在透射电镜(TEM)上进行分析测试。

4.5.4.2   实验用土

实验用土同样采自中国农业大学上庄实验站,按 4.4.4.2 方法进行处理。

4.5.4.3   实验处理

Ag NPs 与实验用土充分混合后,分装入花盆中(花盆尺寸 18 cm×21 cm),每个花盆装土 3 kg。实验设置 3 个处理浓度,分别为 20、200、2000 mg/kg,并设置空白对照处理组。每个浓度设置 9 个重复(盆),随机排列。每个花盆中均匀栽种 4 株植株,生长过程中管理良好,盆钵之间保持一致的田间持水量,为 80%~85%。

4.5.4.4   生物量测定

参照 4.4.4.4 方法测定生物量。

4.5.4.5   小麦穗粒数、粒重测定

小麦成熟后,每个处理随机挑选 3 个重复(盆),统计每株小麦麦穗粒数目,每盆小麦单独收获,然后随机挑选 100 粒种子测定质量。

4.5.4.6   小麦地下部分以及地上部分纳米元素含量测定

采用 ICP-MS 分别测定植物组织中银元素的含量,方法与 4.2.4.6 相同。

4.5.4.7   小麦籽粒中矿质元素含量的测定

随机称取小麦籽粒 1.0 g,用球磨仪粉碎。之后采用 ICP-MS 方法测定 Fe、Zn、Ti、Cu 元素的含量,方法与 4.2.4.6 相同。

4.5.4.8   小麦籽粒中氨基酸以及总蛋白质含量的测定

采用 4.4.4.8 测定小麦籽粒中氨基酸以及总蛋白质含量。

4.5.4.9   数据处理

数据处理方法同 4.4.4.9。

4.5.5   结论

(1)Ag NPs 低浓度(20 mg/kg)时,对小麦生长发育影响不明显,随着 Ag NPs 浓度的升高,对植株生长的抑制作用明显增强,植株矮小,麦穗也更小,并且生长周期变长。比较每个麦穗产生的籽粒数目,与空白对照相比,各 Ag NPs 处理组均有不同程度的降低,籽粒同样降低明显。

(2)根中 Ag 含量远高于茎叶中,而籽粒中 Ag 含量最低,这与之前的实验结果一致。大部分的 NPs 会聚集在根的表面,只有极少量的 NPs 会被转移进入根组织当中,然后其中的少部分再次被转移到植物组织的其他部分当中。各 Ag NPs 浓度处理组中,根中 Ag 含量明

显高于其他空白处理组,但是在不同浓度之间并没出现明显差异。茎叶组织中,Ag 含量随 Ag NPs 浓度升高而显著增加。

(3)Ag NPs 对小麦籽粒中矿质元素含量有十分明显的影响。低浓度处理组 Fe、Cu、Zn 含量与空白对照相比,并没有明显差异,随着 Ag NPs 浓度的升高,籽粒中 Fe、Zn、Cu 含量均有不同程度的降低。200 mg/kg 处理组、2000 mg/kg 处理组中 Fe 的含量分别比空白对照降低了 17.5%、47.4%。Cu 含量的变化趋势与 Fe 相似,200 mg/kg 处理组、2000 mg/kg 处理组中 Cu 含量分别比空白组降低了 15.85%、48.58%。籽粒中 Zn 含量也比较丰富,200 mg/kg 处理组中 Zn 含量减少了 32.7%,而最高浓度组 Zn 含量降低了多达 60%。

(4)Ag NPs 在一定程度上可以抑制多种氨基酸的形成。Ser、Gly、Tyr、Val、Met、Cys 含量在各浓度组以及空白处理之间没有显著差异,Thr、Glu、Leu、Phe、Lys、Arg、Ala、Ile 含量在 Ag NPs 浓度为 20 mg/kg、200 mg/kg 无明显变化,但当浓度增加至 2000 mg/kg 时,这 8 种氨基酸的含量明显降低。Asp、His 以及总蛋白质含量在浓度为 200 mg/kg、2000 mg/kg 时均有不同程度的降低。

4.6 纳米 CeO_2 和 Ce^{3+} 离子对黄瓜生理生化指标影响

4.6.1 引言

作为生产者,植物是生态系统的重要组成部分。NPs 可以直接作用于植物,也可以通过植物进入食物链。研究 NPs 对陆生植物生命周期的影响具有重要意义。前期研究发现金属 NPs 可能在植物可食部分中积累。例如,Zhao 等利用 ICP-MS 分析了经纳米 CeO_2 或 ZnO NPs 处理的黄瓜植株,发现在黄瓜果实中铈和锌存在生物积累,表明将离子/纳米粒子引入食物链的可能性。此外,Rui 等发现银纳米颗粒改变了在沙质土壤中培育的花生谷物中脂肪酸的含量。在本实验中,黄瓜(*Cucumis sativus* L.)作为模式植物。黄瓜植株土培实验中,分别设置 1000 mg/kg 纳米 CeO_2 组和 Ce^{3+} 离子暴露组,模拟高剂量的纳米材料释放到自然环境中的情形。经过 21 d 的暴露实验,对黄瓜植株作物品质进行测定,以评估 CeO_2 NPs 和 Ce^{3+} 离子对植物产生的影响。

4.6.2 材料与方法

4.6.2.1 土壤准备

土壤为中国农业大学上庄试验站玉米-小麦轮作的农耕土。为了使空间变异性最小化,随机收集 10 个 2 kg 土壤样品并混合以形成一个复合样品。除去可见的岩石、根和新鲜的枯枝落叶后,收集上层土壤(0~20 cm),放入密封的无菌自封袋中,并在冰上运输至实验室。待完全风干后,使土壤通过 2 mm 的筛子,留在筛上的土块再倒在牛皮纸上重新研磨。如此步骤重复多次,直到土壤全部通过为止。石砾切勿压碎且不要抛弃或遗漏。筛子上的石砾拣出称重并保存,在石砾称重计算时用。同时筛的土样需要进行称重,并计算石砾质量分数。风干土在 4℃冰箱中保存备用。

4.6.2.2　CeO₂ NPs 合成

称取 0.4 g NaOH 于烧杯中,加入 128 mL 二次水置于磁力搅拌器上搅拌,再称取 1.736 g Ce(NO₃)₃·6H₂O 倒入,室温搅拌 48 h。静置过夜。弃上清液,转速为 10000 r/min 的条件下离心 15 min;弃上清液,加入二次水离心,超声 10 min 使其均匀分散,10800 r/min,重复上述过程分别离心 30、40、50 min。

4.6.2.3　CeO₂ NPs 悬浮液的配制

编号 10 个 500 L 离心管,称量重量并记录,此时重量记为 W_1。将制备好的 CeO₂ NPs 母液超声 10 min,分别吸取 200 L 加入已编号的离心管中,置于烘箱中 60℃条件下烘干至恒重,称量离心管重量,记为 W_2。$C_{母液浓度} = (W_2 - W_1)/200$(mg/kg)。根据得到的母液浓度与目标浓度之间的关系,取得一定量的 CeO₂ NPs,加入二次水,超声分散喷洒到土壤中,使土壤中铈含量为 1000 mg/kg。同时,根据文献中以前关于含金属纳米颗粒释放的金属离子生物有效性更强、毒性更大的研究结果,将金属盐的浓度定为纳米材料中铈元素含量的 10%。本实验中选择使用 CeCl₃,试验用浓度为 216 mg/kg。

4.6.2.4　植物培养和实验处理

实验中所用植物为黄瓜(*Cucumis sativus* L.),品种为中农 16 号,选育单位为中国农业科学院蔬菜花卉研究所,购于中国农业科学研究院。种子萌发前先用自来水浮选去掉瘪粒,将新买的次氯酸钠溶液与去离子水按比例 1:10 进行稀释,种子在稀释后的次氯酸钠溶液中浸泡 15 min 左右,种子浸泡后用去离子洗涤约 10 次,直到闻不到次氯酸的味道为止。圆形滤纸用大张滤纸剪成适合的尺寸,一个培养皿底部放置一张滤纸,均匀地将浸泡好的种子摆放在滤纸上,之后用封口膜将培养皿封住以避免水分蒸发,在人工气候箱中进行培养观察。气候箱条件设置为:温度 25℃,湿度 50%,无光照。萌发 3～4 d。将萌发好的种子按照尺寸大小分成 5 组,均匀分到每组处理。称取 60 g 添加材料的土壤加入聚乙烯塑料穴盘中(盆的尺寸是直径 12 cm,高 10.8 cm),将分好的植物移栽到穴盘中,此穴盘中土壤视作根际土,另一半没有植入植物的土壤为非根际土,没有加材料的穴盘作为对照组。移植当天称为暴露实验的第 0 天。根据蒸发情况,每天浇灌一定体积的 Hoagland 溶液。在 16 h 光照[光强为 1.76×10^4 μmol/(m²·s)],25℃/18℃昼夜温度和湿度 50%/70%日照/夜间培养 21 d。

4.6.2.5　植物和土壤收集

将植物浸泡在 0.5 mmol/L CaCl₂ 溶液 5 min,用自然水清洗后,再用二次水冲洗数次,然后分离植株的根、茎、叶,用吸水纸擦干表面水分,进行称重。分离后的根系存于 -80℃冰箱(Thermo,USA)中保存。另一部分在 105℃烘箱中进行杀青 30 min,然后在 60℃烘干至恒重,称重,保存在自封袋中密封待用。

4.6.2.6　黄瓜植株无机矿质中元素含量的测定

将分好的地上部与地下部放入 60℃烘箱烘干至恒重,称取一定质量的干燥样品加到 25 mL 锥形瓶中,加入浓 HNO₃ 和 H₂O₂(体积比 4:1)进行预消解,然后在电热板上消解。电热板低温消解(100℃)1 h,之后高温消解 2 h,中间补充 H₂O₂ 2～3 次,直至溶液澄清透明,最后赶酸至剩余液体 1 mL 左右,停止消解。将残留液体倒入离心管中,二次水定容至

10 mL,消解到剩余 1～2 mL 后用二次水稀释定容,称量质量。用 ICP-MS(Thermo,USA)测定 Cu、Zn、Mn 及 Ce 含量。相同的方法处理,用电感耦合等离子体发射光谱仪(ICP-OES)测定 P、S、K、Fe、Na、Ca、Mg 含量。

4.6.2.7　叶绿素的测定

黄瓜样品收获前,用 SPAD 仪选取相同位置对叶片中叶绿素含量进行测量,每片叶子测定 5 处位置取平均值。

4.6.2.8　硝态氮测定方法

在有浓硫酸的条件下 NO_3^- 可与水杨酸生成硝基水杨酸。在碱性条件下,硝基水杨酸(pH>12)呈现黄色,在 410 nm 处有最大吸收峰,在一定范围内,其颜色的深浅与含量成正比,可直接比色测定。

硝基水杨酸比色法(苏州科铭生物技术有限公司植物硝态氮试剂盒)样品液的制备:按照质量(g):二次水体积(mL)为 1:(5～10)的比例加入二次水,室温匀浆后置于 90℃恒温水浴锅中浸提 30 min,其间不断晃动或者置于 90℃恒温摇床中震荡提取 30 min,待冷却后于 25℃,12000g 离心 15 min,取上清液待测。上清液中硝态氮的测定:根据说明书要求配制试剂,试剂使用量与其保持一致。

表 4-10　硝态氮测定步骤表

	空白管	测定管
样本/μL		30
二次水/μL	30	
试剂一/μL	60	60
充分混匀,25℃静置 30 min		
试剂二/μL	1425	1425

混匀,涡旋振荡,使出现的沉淀充分溶解,取 1 mL 于 1 mL 玻璃比色皿中测定 410 nm 处吸光度值 A,$\Delta A = A_{测定管} - A_{空白管}$。

计算公式如下。

标准曲线:$y = 0.0156x + 0.0073$,$R^2 = 0.997$

硝态氮 N 含量(mg/kg 鲜重)= $(\Delta A - 0.0073) \div 0.0156 \div (W \div V_{样总})$

4.6.2.9　可溶性糖

1. 实验原理

糖类遇浓硫酸可脱水生成糖醛或其衍生物,糠醛或羟甲基糠醛进一步与蒽酮试剂缩合产生蓝绿色物质,其在可见光区 620 nm 波长处有最大吸收,且其光吸收值在一定范围内与糖的含量成正比例关系。

2. 测定方法

葡萄糖标准曲线的制作:取 20 mL 具塞试管 6 支,进行编号,精密移取 0.1 g/L 的葡萄糖标准液,剂量分别为 0 mL、0.05 mL、0.10 mL、0.2 mL、0.4 mL、0.8 mL。分别在每管中加入 0.5 mL 蒽酮试剂,再慢慢加入 5 mL 浓 H_2SO_4,摇匀后,打开试管塞,放置在沸水浴中煮沸 10 min,取出后冷却至室温,在 620 nm 波长下测定,以标准葡萄糖含量为横坐标,光密度值为纵坐标,绘制标准曲线。

可溶性糖的提取:称取 1 g 叶片,剪碎,置于石英研钵中,加入少许二次水,研磨成匀浆,然后转移至 20 mL 刻度试管中,用 10 mL 二次水分几次洗涤研钵,清洗液也转入刻度试管中。置 95℃ 水中加盖煮沸 10 min,冷却到室温后过滤,滤液收集于 100 mL 容量瓶中,用二次水定容至刻度,摇匀待测。

糖含量的测定:用移液枪吸收 1 mL 提取液于 20 mL 具塞刻度试管中,加入 1 mL 水和 0.5 mL 蒽酮试剂。再缓慢加入 5 mL 浓 H_2SO_4,盖上试管塞后,轻轻摇匀,再置 95℃ 水中 10 min(比色空白用 2 mL 二次水与 0.5 mL 蒽酮试剂混合,并一同于沸水浴保温 10 min)。冷却至室温后,在波长 620 nm 处比色,记录光密度值。根据标准曲线上可得对应的葡萄糖含量(μg)。

结果计算如下。

样品含糖量(g/100 g 鲜重)= 查表所得糖含量(μg)×稀释倍数 ×100 样品重(g)×10⁶

4.6.3 实验结果

4.6.3.1 纳米 CeO_2 对黄瓜生物量的影响

根据图 4-7 的结果可以看出,当 CeO_2 NPs 浓度为 1000 mg/kg 时,黄瓜根的新鲜生物量显著增加,而 Ce^{3+} 离子处理组和对照组相比较,与 NPs 处理组效应相同,且在根部表现出极显著。Ce^{3+} 离子暴露下,根、茎、叶三部分是三种处理中鲜重和干重中质量最重的。相比于新鲜生物量,干生物量的变化趋势是一致的,黄瓜根的干重显著增加,同时对茎与叶具有促进作用但没有表现出显著性,在一定程度上说明 CeO_2 NPs 促进了黄瓜的生长。

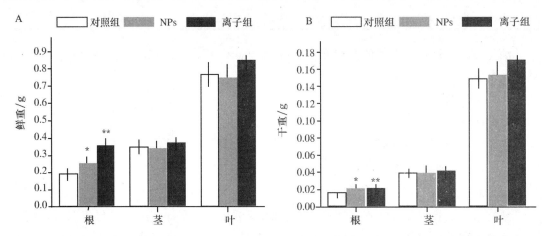

图 4-7 CeO_2 NPs 和 Ce^{3+} 离子处理组,21 d 收获时黄瓜根、茎、叶的鲜重(A)和干重(B),所有实验均设 5 个重复,＊表示在 $P < 0.05$ 时有显著性差异,$n = 5$

4.6.3.2 纳米 CeO_2 对黄瓜中常量元素的影响

从表 4-11 中可以看出,纳米 CeO_2 和 Ce^{3+} 离子施加后对大量元素的含量均产生了不同程度的影响,且根受影响最大,茎最小,主要原因是根直接暴露于纳米 CeO_2 和 Ce^{3+} 离子中,其可直接影响根部对元素的吸收。纳米 CeO_2 和 Ce^{3+} 离子都有降低植物中 P 含量的趋势,只在 Ce^{3+} 离子处理的叶中表现出显著性,相对于对照组来说降低了 8.6%。S 在根和叶中并未表现出显著性,而在茎中,Ce^{3+} 离子对 S 含量有显著性升高的趋势,S 是唯一一个在植物茎中发生显著性变化的大量元素。纳米 CeO_2 和 Ce^{3+} 离子都提高了黄瓜根中 K、Mg 的含量。相对于对照,K 含量被纳米 CeO_2 提高了 44.6%;离子组的提升作用虽未表现出显著性,但也有 27.9%的提高。同时,对于 Mg,纳米 CeO_2 和 Ce^{3+} 离子分别提高其 25.5% 和 34.5%。Ca 是大量元素中唯一一个多部位受影响的元素。在叶和根中,纳米 Ca 在 CeO_2 和 Ce^{3+} 离子影响下都有了下降的趋势。在根中,含量由 13854.48 mg/kg 分别降到了 10527.71 mg/kg 和 10887.73 mg/kg,幅度为 39.5%~35.3%。

表 4-11　黄瓜植株中 P、S、K、Mg、Ca 的元素含量　　　　　　　　mg/kg

	项目	P	S	K	Mg	Ca
叶	对照组	1401.97	2438.33	10589.95	5772.27	18244.67
	NPs	1347.07	2513.50	10844.37	5956.67	15868.71*
	离子组	1281.62*	2334.24	10832.09	5418.53	17054.38
茎	对照组	1740.85	2535.31	18412.46	5676.56	11597.91
	NPs	1619.26	2558.14	18630.08	5968.03	10334.86
	离子组	1714.27	2863.83*	19031.59	6005.23	11609.83
根	对照组	2355.84	3246.63	23358.38	8403.55	13854.48
	NPs	2152.10	2981.90	33781.07*	10549.24*	10527.71*
	离子组	2305.31	3436.77	29870.18	11305.36*	10887.73*

注:$n=5$,* 表示在 $P<0.05$ 时有显著性差异。

4.6.3.3 纳米 CeO_2 对黄瓜中微量元素的影响

从表 4-12 中可以看出,外源性物质纳米 CeO_2 和 Ce^{3+} 离子施加后对微量元素的含量均产生了不同程度的影响,除了 Fe 以外,其他元素均表现出显著性。Zn 是测定的元素中表现最敏感的,在根、茎、叶三部分都表现出了显著性。纳米 CeO_2 和 Ce^{3+} 离子都降低了 Zn 在根中的积累,下降趋势分别为 49.3%、48.2%。Mn 是少有的在根中无影响,而在地上部有影响的元素。Ce^{3+} 离子处理提高了 Mn 在地上部的积累。对于 Cu 来说,纳米材料和离子都降低了在根中的含量,分别为 16.35 mg/kg、20.52 mg/kg。

表 4-12　黄瓜植株中 Zn、Mn、Cu、Fe 的元素含量　　　　　　　　mg/kg

	项目	Zn	Mn	Cu	Fe
叶	对照组	50.30	30.48	4.67	120.67
	NPs	35.65	31.30	4.11	82.42
	离子组	31.36*	41.16*	3.78*	144.87
茎	对照组	37.40	12.96	5.09	198.29
	NPs	27.08	13.19	4.76	154.80

续表 4-12

项目		Zn	Mn	Cu	Fe
根	离子组	35.18	16.98*	5.02	188.15
	对照组	188.93	152.76	39.54	7092.09
	NPs	95.64*	145.71	16.35*	6929.43
	离子组	97.77	158.68	20.52*	7712.15

注:$n=5$,*表示在 $P<0.05$ 时有显著性差异。

4.6.3.4 纳米 CeO_2 对黄瓜中铈元素的影响

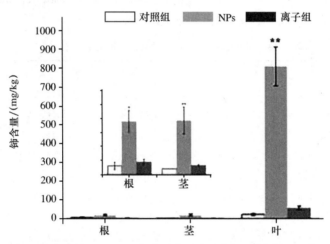

图 4-8 CeO_2 NPs 和 Ce^{3+} 离子处理组,21 d 收获时黄瓜植株中 Ce 的含量。* 表示在 $P<0.05$ 时有显著性差异,$n=5$

如图 4-8 所示,在 3 组处理中,纳米 CeO_2 处理的植株中 Ce 含量是最高的,在根、茎、叶中分别是对照组的 2.7、4.7、35.2 倍。说明纳米 CeO_2 施加后,植物对其吸收程度很大,对于在食物链的积累和对植物品质的影响应引起我们的重视。

4.6.3.5 纳米 CeO_2 对黄瓜叶片 SPAD 值的影响

SPAD 值与叶绿素含量有着极显著水平的相关性,所以可以用 SPAD 值来代表叶绿素的含量。图 4-9 中,和对照组相比,CeO_2 NPs 处理组在收获期对黄瓜的叶绿素含量具有促进作用,但并无显著性差异,不过 Ce^{3+} 离子处理组低于对照组 7.1%。

4.6.3.6 纳米 CeO_2 对黄瓜叶片硝态氮和可溶性糖含量的影响

由图 4-10 可知,和对照组相比,CeO_2 NPs 和 Ce^{3+} 离子处理组对黄瓜叶片硝态氮和可溶性糖的影响均无显著性。对于硝酸盐含量来说,两组均有促进趋势,离子处理组增加的最多,为 9.2%;而可溶性糖含量,则是在两种处理组中出现了降低趋势,纳米颗粒组降低得最多,为 19.0%。

4.6.4 讨论

稀土元素对植物生长具有两面性,表现出"低促高抑"的现象。研究表明铈(Ce)是一种

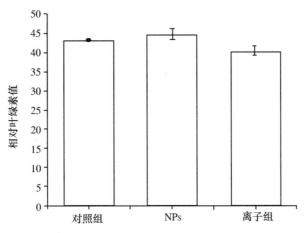

图 4-9 CeO₂ NPs 和 Ce³⁺ 离子处理组,21 d 收获时,叶片的叶绿素含量。$n=5$

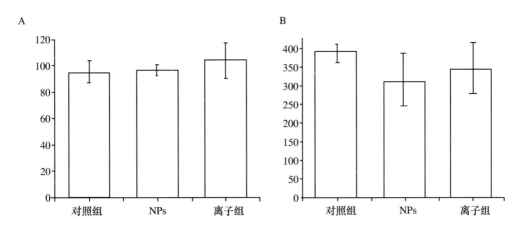

图 4-10 CeO₂ NPs 和 Ce³⁺ 离子对黄瓜叶片硝态氮含量(A)和可溶性糖含量(B)的影响。$n=5$

镧系元素,可刺激根系生长和其他植物功能。例如,Yuan 等报道,含有 50.2% Ce 的"长乐"可促进水稻($Oryza\ sativa$)幼苗的根系生长。在豇豆($Vigna\ unguiculata$)植株中,低浓度的 Ce($0.713\sim17.841\ \mu mol/L$)与叶片氯含量、干物质产量和硝酸还原酶活性呈正相关。无机矿质元素是植物正常生长和发育所必需的,这些元素含量的下降会导致作物品质和产量下降。作为同族元素的镧也被报道,可影响植物根、芽中 Ca、Mg、K、Cu、Zn 等元素的含量。Rico 等发现 CeO₂ 纳米颗粒处理的稻米中 Fe 和 S 的含量低于对照。类似地,Ag 和 CeO₂ 纳米颗粒也分别导致番茄果实和棉花的营养转移。以前的研究也表明 NPs 可能积累在植物根系的表面,并直接或间接地阻断水通道蛋白和金属运输的通道,这二者都决定了植物中矿物质营养物的含量。在 250 和 500 mg/kg ZnO NPs 中生长的豆芽,Cu 含量分别降低 32% 和 40%。据报道,Zn 和 Cu 具有相同的转运蛋白,由于拮抗作用,高水平的 Zn 可以降低 Cu 的吸收。Dimkpa 等报道由于 Zn 的生物利用度增加,ZnO NPs 改变了豆类中 Fe 和 Mn 的吸收;此外,编码金属离子转运蛋白或特定酶活性的基因的转录水平在 ZnO NPs 暴露时发生改变。在 500 mg/kg 的 CeO₂ 纳米颗粒暴露下,籽粒中的 Ce 含量比大豆豆荚高大约 14.4 倍。在琼脂、盆栽混合物和沙子中生长的莴苣幼苗中 Ce 会有不同程度的积累。金属基纳米可通过物理损伤、内吞作用、水或离子通道进入植物细胞,与载体蛋白或根分泌物发生作用,等等。但由于实验之间在材料选取、植物培养方式、生长周期等其他因素上均有不同会造成结果大相径庭,故而在往后的研究应具有针对性。

4.6.5   小结

本实验中,我们研究了纳米 CeO_2 和 Ce^{3+} 离子黄瓜幼苗的效应。结果表明,纳米 CeO_2 和 Ce^{3+} 离子可显著促进黄瓜根部鲜重和干重,并在不同程度上影响植株不同部位常量元素和微量元素的积累。虽会影响 SPAD、硝态氮、可溶性糖的含量,但由于暴露时间较短,未产生显著性,但为我们了解食品安全提供了研究基础。

未来工作中可继续研究关于根际对胁迫效应的缓解作用,并对其具体机理做进一步研究,展开机理机制的探索,弥补专业空白。另一方面,对植株生理生化的研究仅局限于幼苗期,周期短而浓度过高,并不足以阐明纳米材料的毒性效应,应设计更多低浓度、长时间的观察试验,更加系统地进行研究。

4.7   稀土 CeO_2 纳米材料的应用与研究进展

稀土元素(REEs)是一系列有相似化学和物理特性的元素,稀土氧化物纳米颗粒物通常有电磁性、催化作用和光学特性,稀土元素是非常典型的金属元素,金属活性仅次于碱金属和碱土金属,易于和氧结合形成氧化物,目前稀土单质以及氧化物已经被广泛应用在钢铁、有色金属、石油化工、医药卫生和农林牧业中,产生了巨大的经济效益。大多数 REEs,如镧(La)、钆(Ga)、镱(Yb)以三价态存在,但是铈(Ce)还存在四价态,它很可能在氧化还原反应中交换价态。我国的稀土资源十分丰富,到目前为止,稀土的储量、生产和出口均位世界首位。

CeO_2 作为一种典型的稀土氧化物,在整个稀土材料的应用中占据举足轻重的地位,已被广泛用于发光材料、电子陶瓷、玻璃抛光等。CeO_2 因其独特的储放氧功能及高温快速氧空位扩散能力而被广泛应用于催化领域中,成为极具有应用前景的催化材料、固体氧化物燃料电池用电极材料、pH 传感材料、高温氧敏材料、电化学池中膜反应器材料以及化学机械抛光研磨材料等。纳米 CeO_2 集稀土特性和纳米特性于一身,具备更加优良的特性,应用也更为广泛,因此对其引起的生物效应及环境效应已引起了人们越来越多的关注。

4.7.1   稀土 Ce 的应用

4.7.1.1   稀土 Ce 在农业中的应用

我国学者钱崇澍早在 1917 年就和美国学者 W. J. Ostenhout 合作研究了钡、锶和铈对水绵的特殊生理作用。而对稀土植物生理效应的大规模研究开始于 20 世纪 70 年代,稀土在农业中的应用是我国科学家独立自主开发的成果,先后被列入国家"六五"和"七五"科技攻关计划。稀土元素作为微量元素用于农业主要有两个优点:一是作为植物的生长、生理调节剂,使农作物具有高产量、优品质和抗逆性三大特性;二是稀土属低毒、非致畸、非致癌物质,合理使用对人畜无害、对环境无污染。《无机化学》(第 4 版)下册(2003)中提到如添加稀土元素的硝酸盐化合物作为微量元素化肥施用于农作物可起到生物化学酶或辅助酶的生物功效,具有增产的效果。但是熊炳昆等提出小剂量的单一稀土或者混合的稀土都表现出相当有效的类似微量元素肥料的作用,能够提高作物产量,或者改善某些品质,而大剂量施用稀土对农作物具有明显的抑制作用。有研究表明,铈能促进植物的光合作用,储钟稀等应用在黑暗条件下生长的黄化植物幼苗,证实 $CeCl_3$ 在黄化苗叶绿素转化反应中具有能促进黄化苗转绿的作用,实验中黄化苗叶绿素形成量与对照组比增加了 24%。

4.7.1.2 稀土 Ce 在冶金工业中的应用

李树江将稀土在铸铁中的应用分为 3 个阶段:一是从 20 世纪 60 年代开始,稀土元素(如 Ce、La、Y)作为球化剂、精炼剂和脱硫剂加到铁水中以制取球磨铸铁;二是从 20 世纪 70 年代开始,稀土作为蠕化剂加入铁水中以制取蠕虫状石墨铸铁;三是从 20 世纪 80 年代开始,用稀土合金孕育剂对灰铁铁水进行处理,以获得优质灰铸铁。在有色金属冶炼中,稀土可以提高合金的强度和高温抗氧化性,改善材料的工艺性能。赵凡等研究表明,稀土存在于 Al-Zn-Mg 合金的晶界处能改善合金的晶粒尺寸因素和晶粒取向因素,从而增强合金的超塑性效应,提高耐腐蚀性。稀土中铈组氧化物有较好的稳定性,因而铈组稀土是较好的脱氧剂。此外,稀土还应用在玻璃工业中作为添加剂、脱色剂、着色剂和澄清剂等。邵庄等提出在玻璃原料中加入 CeO_2,它不仅能与 Fe_2O_3 等杂质形成高熔点盐类,浮到熔融玻璃表面除去杂质,起澄清剂的作用,还能使 Fe^{2+} 变为 Fe^{3+},起到脱色的作用。

4.7.1.3 新材料领域中的稀土 Ce 材料

稀土在新材料领域中的应用主要是以稀土高纯化合物为纽带,利用各种稀土功能材料制作成相关器具件,其特点是稀土在功能材料中既是主材料又是制成的器具件的核心部分,能使器具件性能更为优异又环保。Ce 在新材料领域中发挥着重要作用,如稀土超磁致伸缩材料(简称 GMM 材料),李淑英等研发出的 GMM 材料主要有两类:一是不同稀土元素和铁不同比例的化合物,如 $Sm_{0.85}Dy_{0.15}Fe_2$、$Tb_{0.3}Dy_{0.7}Fe_2$、$Pr_{0.15}Ce_{0.85}Fe_2$ 等;二是尝试用 Ce、Pr、Nd 等轻稀土元素替代铽镝铁磁致伸缩合金(Tb-Dy-Fe 合金)中的部分 Tb 或 Dy,或者用 Co、Ni、Mn 等替换 Fe。此外 Ce 还被用于稀土储氢材料的制作中,1969 年由荷兰飞利浦公司发现的 $LaNi_5$ 是非常优良的储氢合金,具有活化容易、分解氢压适中、吸收氢平衡压差小、动力学性能优良、不易中毒等优点,但存在吸氢后易膨胀和易粉碎等不足,后来人们尝试采用混合稀土如 La、Ce、Nd 和 Pr 等代替 $LaNi_5$ 中的 La,开发出的合金稀土成本得到降低,很好地控制了氢的分解压过高问题,应用前景可观。

4.7.1.4 稀土 Ce 的其他功用

Ce 在汽车尾气的净化装置中也发挥着至关重要的作用,以前的催化剂通常采用 Pt、Rh 等贵金属材料,但存在储量小且催化剂容易中毒等缺点。稀土尾气催化材料中采用的就有 La、Ce 等稀土的化合物,因为 Ce 具有储氧功能,La 在铂基催化剂中可替代钯以降低成本。Hedges 等研究证明,CeO_2/Al_2O_3 催化剂用于汽车尾气净化时能脱除烟气中的 SO_2 和 NO_x,脱氮脱硫效率都大于 90%。此外,我国从 20 世纪 50 年代开始研制的稀土抛光粉,主要生产的是铈系稀土抛光粉材料,其主要成分就是 CeO_2,另外还含有 La_2O_3、Nd_2O_3、Pr_6O_{11} 等混合稀土氧化物。

4.7.2 稀土 CeO_2 纳米材料的国内外研究现状

纳米生物效应及其安全性研究,是一个典型的综合性强的交叉学科,需要纳米技术与物理、化学、生物、毒理、医学等学科的知识与实验技术相融合,才能有效地完成纳米生物效应的研究,它是纳米产业健康可持续发展的基础和重要保证。欧盟委员会(2010)公布了 14 种原材料的清表,包括 12 种材料(锑、铍、钴、萤石、镓、铟、锗、石墨、镁、铌、钽、钨)和两组其他元素:铂族金属(包括铱、锇、钯、铂、铑和钌)和稀土元素(REEs)。目前,各国对纳米材料及其技术都进行了大量的基础性研究,经过数年的积累与发展,现已进入生物体的行为机制研究,关注其对环境和生物体的影响。

4.7.2.1 CeO_2 纳米材料合成的研究进展

二氧化铈是一种重要的稀土氧化物,由于它们的广泛应用,关于 CeO_2 的纳米颗粒的合成和功能性的研究在不同的领域成为一个热门话题。合成有一定粒径和性能纳米 CeO_2 颗粒的方法众多,如水热法、反胶束法、超声合成、高温裂解、均相沉淀等。水浴或者水热法处理是制备形貌控制常用的合成方法。Chen 等提出在这些方法中,沉淀法由于操作过程简单、利于扩大规模且成本较低被人们广泛应用。

气相热解的原理为在真空或惰性气体下用各种高温源将反应区加热到所需温度,然后导入气体反应物或将反应物溶液以喷雾法导入,溶液在高温条件下挥发后发生热分解反应,生成纳米氧化物。Guillou 等在高真空、高温环境下采用气相热解法制备了 3～4 nm 的 CeO_2 颗粒,并用 TEM、XRD 进行了表征,所得产品粒径较小但产量很低。Suzuki 等介绍了用气相法制备 CeO_2 纳米晶体的过程。在超高真空容器中放入 CeO_2 前驱体,抽真空到 10 Pa 以下,再充入惰性气体,此时前驱体以气体形式挥发出来,与惰性气体分子碰撞并被冷却而产生 CeO_2 粒子结晶。该方法制备的 CeO_2 的平均粒径为 5～15 nm。

均相沉淀的特点是形成的沉淀组成均匀,容易清洗,避免了杂质的共沉淀,由于反应初期沉淀均匀地在溶液中生成,易得到单分散的粒子,但随着反应的进行,粒子由于没有定向力(如瞬间偶极子),粒子间会形成难以再分散的团聚体,所以制得的 CeO_2 粉体粒径都比较大。一般的沉淀过程处于不平衡状态,但如果控制溶液中沉淀剂的浓度,使之慢慢地增加,则溶液中的沉淀处于平衡状态,且沉淀能够在溶液中均匀出现,这种方法称为均相沉淀法。Yuan 等应用均相沉淀法,以硝酸铈为原料制得的纳米 CeO_2 颗粒为萤石立方结构,BET 比表面积为 101 m²/g,平均粒径为 10 nm。

水热法是指在特制的密闭反应器中,采用水或溶剂作为分散介质,通过对反应体系加热、加压制造一个相对高温高压的反应环境,使难溶或不溶的物质溶解,然后重结晶来进行无机合成与材料处理。Tok 等分别采用氢氧化铈、草酸铈为前驱体,主要控制反应时间以及 pH 环境,进行 CeO_2 纳米颗粒的水热合成,分别制备了粒径为 5～6 nm 和 10～15 nm 的 CeO_2 产物。与其他制备方法相比,水热法的原料成本相对较低,所得到的粉体纯度高、分散性好、晶型好且大小可控。该方法的缺点是对设备要求苛刻,设备昂贵,投资较大。随着科学生产对特种结构与性能材料的要求,水热法将是今后规模化制备纳米 CeO_2 一种比较优越的方法。

4.7.2.2 CeO₂纳米材料的毒理学研究进展

由于CeO_2的广泛应用,它的毒性和环境影响的研究受到了众多领域的关注。但是有关纳米CeO_2的毒理学还存在很大争议。据Korsvik等报道,纳米CeO_2有SOD模拟活性,其催化速率常数超过了SOD酶。其他文献还表明,纳米CeO_2在生物系统中有神经保护、心血管预防、辐射防护作用。

Silva的研究中纳米CeO_2都被报道呈现积极作用,并被看作一个在生物医学应用中有前途的生物材料。另外,NPs还被有意地加到土壤中促进土壤和地下水修复。但仍有一些文献提出纳米CeO_2暴露会导致氧化胁迫和DNA损伤,尽管在某种情况下其机制仍未明确。

纳米物质的负面效应主要来自两个方面:一是纳米物质化学成分本身所固有的性质。如量子点纳米晶体(quantum dots nanocrystals),暴露在空气中或经紫外照射后,其无毒的表面涂层很快就被销蚀掉,然后表现出很强的细胞毒性。由于量子点的主要成分是硒化镉(CdSe),于是人们自然地就联想到量子点的毒性与镉的相关性。二是来自纳米物质在纳米尺度上的纳米效应。如纳米材料粒径的减小,表面积的增加,表面原子(或分子)数的增多,同时也提供了更多的反应位点,从而导致纳米材料本身的反应活性远远大于与其相对应的物质的活性。Thill等发现由于7 nm的CeO_2易吸附在大肠杆菌细胞膜表面而对大肠杆菌存在细胞毒性效应,Lin等通过实验证明20 nm CeO_2在一定的剂量和时间效应下会引起人体的肺癌细胞产生氧化应激效应而存在毒性。然而,2～5 nm的CeO_2对正常的乳腺上皮细胞没有毒性影响,只对乳癌细胞存在轻度影响,相比没有CeO_2保护的乳腺癌细胞,在CeO_2保护下的正常上皮细胞能够免受辐射。

胡勤海等研究了稀土元素La、Ce、Pr、Nd及其混合物对蛋白核小球藻生长的影响后发现这些稀土元素都会影响小球藻的生长,但是其毒性不大,依次是Nd>Ce>Pr>La>混合稀土元素。钟秋等通过实验研究了纳米CeO_2对斜生栅藻的毒性效应。结果显示,当纳米二氧化铈浓度为5、10 mg/L时,对斜生栅藻的生长有促进作用($P<0.01$),其促进作用随着浓度增大而减小;至浓度为50 mg/L时,开始变为抑制效应;当浓度达到100、200 mg/L时,表现出显著的抑制作用($P<0.01$),且抑制作用随着浓度增大而增大。光镜拍照和藻细胞直径的变化表现出,随着处理浓度的增大,细胞有小型化的趋势。

关于纳米二氧化铈对藻的毒性效应,Hoecke等提出了5个假设:①纳米二氧化铈的聚集导致藻细胞聚集,造成仪器测量到细胞数下降的假象;②纳米二氧化铈颗粒能够进入藻细胞,或者其吸附在藻细胞表面,对藻细胞产生了不利影响;③从纳米CeO_2中解离出Ce^{3+},从而对藻细胞产生毒性效应;④纳米CeO_2吸附培养液中的铵盐和磷酸盐造成藻类的营养缺失;⑤纳米CeO_2的遮光效应抑制了藻类的光合反应。对应这5个假设,Hoecke等分别设计相应的实验加以验证,结果否定了假设①②④,假设⑤的毒性效应也可忽略,而假设③可能是致毒原因之一。

有关NPs在水中和土壤中转化的研究也很有限,植物作为生态系统的重要组成部分,很有可能为NPs的运输提供潜在途径并通过生物积累进入食物链的途径,它们有可能通过食物链被生物积累,最终累积在高级生物体内。Dietz等认为,可以通过记录下NPs在环境中的行为与特性,评价未来对毒理学效应研究的必要性。植物纳米毒理学作为一种探索NPs 对植物的作用和毒性机制的学科被引进的,包括运输、表面相互作用和特有材料反应。美国环境保护署提出植物纳米毒理学的研究通常集中在:①NPs 特性描述;②分析 NPs 的转化与相互作用的过程;③阐明环境归趋与运输;④评价人类的感染途径;⑤生态效应的研究;⑥调查对人体健康的影响;⑦检测 NPs 的寿命周期。目前关于 NPs 对高等植物影响的研究还不是很多。纳米颗粒对植物既有正面的影响,也有负面的影响。毒性效应与 NPs 的种类和植物的种属有关。Ma 等研究证明稀土氧化物纳米颗粒对不同种类的植物的根系伸长率的影响差别很大,他们在实验中对比了 2000 mg/L 纳米 CeO_2 对小萝卜、生菜、水稻、番茄、小麦、圆白菜和黄瓜 7 种不同植物根系生长的影响,结果表明纳米 CeO_2 除了对生菜的根系伸长率有影响外,对其他 6 种植物没有影响。可见,纳米 CeO_2 的毒性与种属有关,但机理尚不明确。

纳米 CeO_2 被认为是一种不易解离的模式材料,其毒性效应也常被认为是由于颗粒特性所引起,但对其生物转化却关注的非常少。Zhang 等通过透射电镜(TEM)和同步辐射技术,首次证实了纳米 CeO_2 在植物体内能发生转化。纳米 CeO_2 首先吸附在黄瓜根表皮,并在根系分泌物有机酸或还原物质的作用下先转化为 Ce^{3+},释放出的 Ce^{3+} 和磷酸根结合后形成沉淀吸附在根表皮,在植物体内运输过程中还会与羧基化合物形成络合物。这是到目前为止第一篇比较深入地研究了 CeO_2 在植物体内生物转化和生物迁移过程的文章。为促进纳米技术的可持续发展,必须对纳米材料潜在的环境、健康效应进行危险评估。为了评估 NPs 的环境风险,需要更好地了解纳米材料在环境中的迁移转化,以便深入地理解纳米材料的毒性机制。

4.8　磷酸盐对 25 nm CeO_2 在植物体内吸收、转移的影响

植物在生态系统中的物质、生物和化学循环过程中起着关键作用,它可能是运输纳米材料的一种潜在途径。植物在大气和土壤环境中暴露巨大的界面,因此,纳米材料被吸附在植物表面,通过植物纳米级或微米级尺度的缺口被植物吸收并在植物体内转移,被植物固定的纳米材料和植物一起进入人类食物链。因此纳米材料与植物之间相互作用的过程逐渐受到人们重视。此外,工程纳米材料(ENPs)对植物的影响变化很大,主要取决于纳米颗粒的组成、浓度、大小以及其他比较重要的物理化学性质和植物种类。虽然有很多关于研究 ENPs 的行为和去向的文章发表,但是很少有研究调查 ENPs 危害植物的毒性机制,所以为了更进一步地了解 ENPs 和植物的相互作用,需要进一步调查在高等植物系统中 ENPs 在生物体内的积累程度、生物利用度和行为。

纳米 CeO_2 材料是被 OECD 列为立即检测优先级的 13 种工程纳米材料之一。纳米 CeO_2 材料被广泛用作玻璃制品、陶瓷制品、燃料电池材料、农产品和汽车制造行业的抛光材料和添加剂。有报告显示,纳米 CeO_2 材料对不同的有机体,如细菌、线虫、鱼和大豆是有毒的。只有少数文献是关于纳米 CeO_2 材料的植物毒害性,从目前国内外研究现状来看,此前

的研究只是通过与植物生长相关的参数,如发芽率、根伸长与生物量来评价其植物毒害性,大多只关注了纳米 CeO_2 材料的毒性效应和吸收,有关纳米 CeO_2 材料的转化研究非常少。为了更好地了解纳米 CeO_2 材料的生物效应以及作用机制,需要深入研究其进入生物体内或在环境中的迁移转化等行为。

纳米 CeO_2 材料在生物体内的毒性和行为与诸多因素有关,如植物种类、培养环境、生长阶段等,此外因为 REE 的磷酸盐溶解度极低,磷又是植物生长发育不可缺少的营养元素之一,所以土壤介质中磷酸盐含量的高低也很有可能对纳米 CeO_2 材料的迁移转化造成影响。本实验旨在研究磷酸盐对 25 nm CeO_2 材料在 4 种不同物种植物中的迁移和生物转化的影响。

4.8.1 实验材料与方法

4.8.1.1 试剂与仪器

1. 25 nm CeO_2 的合成

25 nm CeO_2 的合成采用沉淀法,即首先配制 100 mL 0.05 mol/L 的六亚甲基四胺(HMT)和 100 mL 0.0375 mol/L 的 $Ce(NO_3)_3 \cdot 6H_2O$ 溶液,分别搅拌 30 min,然后将两种溶液在 75℃水浴中混合搅拌 3 h,冷却沉淀后将沉淀物转移到 50 mL 离心管中在最大离心力为 10000g 下离心分离 10 min,再用去离子水洗 3 遍即可得到 25 nm CeO_2,将得到的 CeO_2 水溶液定容到一定体积,从中取 100 μL,在 75℃的鼓风干燥机中烘至恒重,称取烘干后的 CeO_2 粉末的质量,从而计算出配制的 CeO_2 的浓度,并估算此次配制的 CeO_2 的质量。配制的 CeO_2 材料利用透射电子显微镜的方法观察其形貌和粒径,利用 X 射线衍射法(XRD)分析 CeO_2 纳米材料的晶体结构,并采用 Nicomp™380 ZLS Zeta potential/Particle system 仪器测定 CeO_2(20 mg/L 的悬浮液)的粒子大小和电动电势。本实验中设定的 CeO_2 浓度为 2000 mg/L,根据美国环保署(US EPA 1996)指出,如果纳米材料在这样的高浓度下不会影响测试物种,可以认为该种纳米材料对所测试物种存在最小毒性。

2. 营养液的配制

营养液采用改进的四分之一强度的 Hoagland 溶液,包含 2.5 mmol/L $Ca(NO_3)_2$、2.5 mmol/L KNO_3、0.5 mmol/L KH_2PO_4、25 mmol/L H_3BO_3、0.5 mmol/L $MgSO_4$、2.25 mmol/L $MnCl_2$、1.9 mmol/L $ZnSO_4$、0.15 mmol/L $CuSO_4$、0.05 mmol/L $(NH_4)_6Mo_7O_{24}$ 和 5 mmol/L FeEDTA,称取相应质量的试剂后加入 4 L 去离子水,搅拌至盐完全溶解后,将 pH 调至 5.5,即配得+P 营养液,实验中做对照的实验组采用−P 营养液,−P 营养液是将配制+P 营养液中的 0.5 mmol/L KH_2PO_4 替换成 0.25 mmol/L KCl 配制而成。将配制好的营养液装入塑料桶中以备实验使用。

3. 实验仪器

电感耦合等离子体质谱(ICP-MS),美国热电 X7 型;红外分光仪(Tensor27,Bruker,Germany);透射电子显微镜(TEM);Milli—Q 纯水系统,Millipore 公司产品;X 射线衍射仪(XRD);Nicomp™380 电位/粒径分析仪(PSS Nicomp,Santa Barbara,CA,USA)。

4.8.1.2　实验方法

1.植物的育苗

大豆、黄瓜和玉米种子购自中国农业科学院,黑麦草种子购自北京鑫农丰农业技术研究所,使用前将种子保存在冰箱(4℃)中,育苗前为了缩短发芽时间先将这些种子沉浸在 10% NaClO 水溶液中 10 min,用去离子水冲洗干净,确保表面无菌,在去离子水中浸泡约 2 h。提前在培养皿中铺上滤纸,在滤纸上注入 5 mL 去离子水保证滤纸潮湿,每盘培养皿排列 10 粒种子,每粒种子之间的距离保持 1 cm 或更大的距离。种子排列均匀后,将培养皿用封口胶封口,整齐排放在纸盒中置于人工气候室中,25℃条件下黑暗培养 3 d。挑选萌发大小均一的幼苗,将其固定在挖好洞的塑料泡沫上,转移到盛有 100 mL 培养液的 250 mL 烧杯中,烧杯裹上黑色塑料薄膜以模拟土壤黑暗环境。

培养箱条件设为:昼夜温度为 27℃/18℃,昼夜湿度在 50%/70%,光周期(光强为 1.76×10^4 lx),白天/黑夜为 16 h/8 h 的人工培养箱(PRX-450C,Saifu,China)。培养 10 d 后,将幼苗分成 4 个处理:控制组Ⅰ(−P 培养液中不含 CeO_2 颗粒);实验组Ⅰ(−P 培养液中 CeO_2 浓度为 2000 mg/L);控制组Ⅱ(+P 培养液中不含 CeO_2 颗粒);实验组Ⅱ(+P 培养液中 CeO_2 浓度为 2000 mg/L)。培养液中加入纳米 CeO_2 悬浮液需要超声分散 15 min 后,再将幼苗移至烧杯中。

每种处理分别挑选 6 棵幼苗在人工培养箱中继续培养 3 周,每隔一天将烧杯中的培养液添至 100 mL 的恒定体积,为了确保−P 培养液中的植物正常生长,还要每隔一天就往叶片上喷施磷肥即 1 mmol/L KH_2PO_4 溶液。

2.透射电子显微镜(TEM)的观察

植物培养 21 d 后,将植物的根用流动的水冲洗 2 min,再用去离子水冲洗 3 遍,切取根尖 2 mm 左右放入 2.5% 的戊二醛溶液中保存,然后将根尖在甲级丙酮中脱水,嵌入 Spurr 树脂中,用带有金刚钻刀的 UC6i 超微切片机(Leica,Austria)获得 90 nm 的超薄切片,将超薄切片的截面用乙酸双氧铀和柠檬酸铅着色后放到铜网上,用 JEM-1230(JEOL,Japan)仪器观察。实验主要采集植物根尖表皮、根尖细胞间隙和细胞内的 TEM 图,通过照相形式采集具有代表性的图片,TEM 要求在 80 kV 电压下运行。

3.植物样品的准备并采用 ICP-MS 测定植物体内 Ce 的含量

生长期结束后,将幼苗收样,并先后用流动的自来水和去离子水将幼苗冲洗干净,将根、苗分开在 75℃的烘箱中烘至恒重后称量幼苗的生物量,然后用玛瑙研钵将干样研磨成细粉,将根、苗的粉末样品分别装入不同的 5 mL 离心管中储存。

消解前每个样品称 10 mg 根样,20 mg 苗样,放在 25 mL 锥形瓶中,加入 6 mL HNO_3 浸泡过夜,加热消解前加入 2 mL H_2O_2 浸泡 1~2 h 后再转移到电热板上加热消解,温度先控制在 100℃以下,待 H_2O_2 沸腾后再将温度调高至 160℃左右加热 1 h 至消解液还剩 1 mL 左右,加入 2 mL HNO_3 继续消解,直至最后剩余 1 mL 左右的消解液后将锥形瓶取下冷却后转移到 15 mL 离心管中,用去离子水溶解,定容到 10 mL,放在冰箱中冷藏保存以待 ICP-MS

分析测定。此外,为了得到消化过程的本底值,每批样品有 3 个过程空白,过程空白样品的实验流程和植物样品的完全相同。

在进行 ICP-MS 实验前先配制 Ce 的标准曲线样品,测试实验样品前也需先测量 Ce 的标准样品,以绘制 Ce 的标准曲线,测得的 Ce 的标准曲线的回归系数大于 0.9999。在整个实验过程中,在线的加入 In 内标溶液,以达到校正样品的基体效应的目的,In 的回收率控制在 80%~120%。用 ICP-MS 测定消解液中 Ce 的含量后,比较不同培养液条件下植物组织中 Ce 的含量。

4. 结果分析

结果采用平均值±标准偏差(SD)的形式表示,采用 Tukey's HSD(处理个数相同)或者事后检验(处理个数不同)进行独立样本 t-text 来检验统计学均值的显著性差异,$P<0.05$ 时表示有显著性差异,所有的统计分析都用 SPSS 15.0 进行。

4.8.2 实验结果与讨论

4.8.2.1 25 nm CeO_2 颗粒的特性描述

为了描述沉淀法合成的 CeO_2 纳米材料的粒径和晶型,通过透射电子显微镜观察合成的 CeO_2 纳米材料的形貌和粒径,利用 X 射线衍射法(XRD)分析合成 CeO_2 的晶体结构,如图 4-11 所示。从图 4-11 的 TEM 图中测算出沉淀法合成的 CeO_2 纳米材料的粒径平均大小是 (25.2 ± 2.5) nm,XRD 图分析出合成的 CeO_2 纳米材料是纯萤石立方结构。

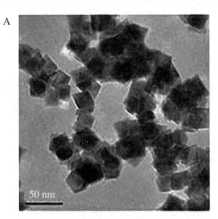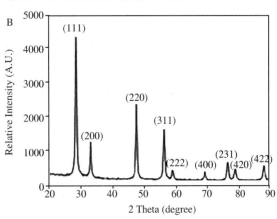

图 4-11 CeO_2 纳米材料的 TEM (A) 图 和 XRD 图 (B)

25 nm CeO_2 材料在去离子水和营养液中的水动力学尺寸和电动电势的结果如表 4-13 所示,纳米 CeO_2 在营养液中的动力学直径明显大于在纯水中,电位由正值变为负值,这是因为营养液中的高离子强度能够压缩颗粒表面的双电层,导致颗粒电位发生改变,继而发生团聚。Kim 等在研究中提出 Au 纳米颗粒与植物根表皮的多糖类物质可以形成强烈的静电吸引力,所以带有正电荷的 Au 的纳米颗粒更容易被吸附并累积在植物的根表皮细胞上。Wang 等证明正电粒子更容易被活细胞吸收和解离,而负电粒子更容易快速地分散在培养液中。因此 CeO_2 纳米颗粒的表面电荷也可能会影响其与周围环境的相互作用。本次实验中,在取样过程中,将根从营养液中提出后能看到大量白色的 Ce 颗粒吸附在植物的根表皮。

表 4-13   CeO₂ 颗粒的理化性质

	水动力平均直径/nm	电动电势/mV
超纯水	122.6±20.9	34.3±5.1
＋P 培养液	1484.5±254.5	−8.0±3.2
−P 培养液	1870.8±393.4	−10.2±3.9

4.8.2.2   植物的生物量

本实验分为＋P 处理和−P 处理,每种处理分为控制组和处理组;−P 组采取叶面喷施 P 肥的方式给植物提供生命必需的营养,因此需要证明营养液中−P 对植物生物量是否存在显著性影响,通过对比＋P 控制组中和−P 控制组中生长的植物的生物量,能够证明植物在−P 培养液中是否能够正常生长。图 4-12 是植物在−P 控制组和＋P 控制组中生物量的响应曲线,图 4-12A 是植物根的干重,图 4-12B 是植物苗的干重,植物的生物量是在烘箱中干燥至恒重后称量的干重。

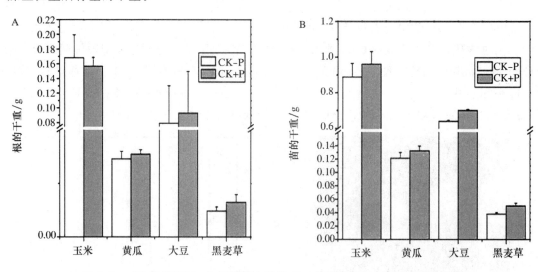

图 4-12   ＋P 培养液和−P 培养液中培养 21 d 的植物根(A)、苗(B)的生物量

图 4-12A 中,−P 营养液中种植的黄瓜、大豆、玉米和黑麦草的根重与＋P 营养液中相比没有显著性差异,图 4-12B 中,−P 营养液中种植的黄瓜、大豆、玉米和黑麦草的苗重与＋P 营养液中相比没有显著性差异,而且在整个实验周期内−P 条件下植物的生长状况良好,说明实验中对−P 培养液中培养的植物组采取叶面喷施 P 肥能够确保植物的正常生长,对植物的生物量没有显著性影响,可以在此基础上对比＋P 实验组和−P 实验组的生物量。

图 4-13 是 25 nm CeO₂ 对生长在−P 培养液和＋P 培养液中的不同物种生物量的响应曲线。图 4-13A 中,实验组黄瓜的根重和苗重相比控制组有显著性增加;图 4-13B 中,实验组大豆的根重相比控制组有显著性增加,苗重没有显著性差异;图 4-13C 中,实验组玉米的根重和苗重相比控制组没有显著性差异;图 4-13D 中,＋P 实验组黑麦草的苗重相比控制组有显著性降低。根据 US EPA 报告指示,在 2000 mg/L 的高浓度作用下,25 nm CeO₂ 对黄瓜、大豆和玉米的生物量没有毒性作用,反而对其生物量的增长有促进作用,说明 25 nm CeO₂ 对

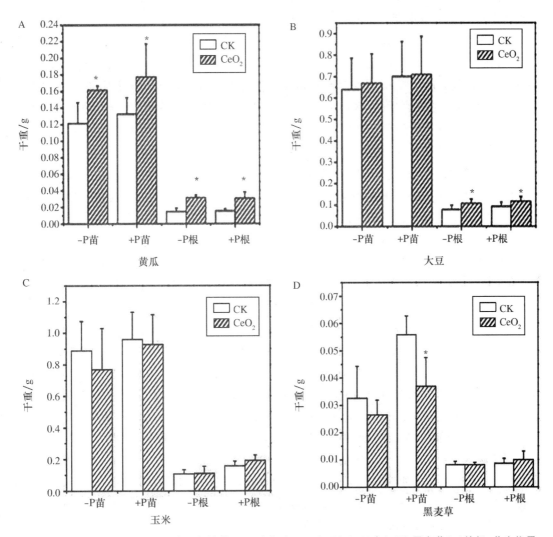

图 4-13　2000 mg/L 的 CeO_2 纳米材料培养 21 d 后黄瓜(A)、大豆(B)、玉米(C)和黑麦草(D)的根、苗生物量

实验所用植物的毒性最小。Ma 等通过实验对比了 2000 mg/L 25 nm CeO_2 对萝卜、油菜、番茄、生菜、小麦、白菜、黄瓜 7 种植物根系生长的影响,实验结果发现,25 nm CeO_2 除了对生菜的根系生长有抑制作用外,对其他 6 种植物的根系生长没有毒性作用。本次实验中得出的 25 nm CeO_2 对黑麦草的抑制作用也仅表现在 +P 营养液中对苗的生长有一定抑制。但是,实验组的植物在 -P 培养液中的生物量明显低于 +P 培养液中植物的生物量,这初步证明了本实验的推论,即在 -P 培养液中纳米 CeO_2 的转移、转化与在 +P 培养液中不同,因此对植物生物量的影响作用也会发生改变。此外,通过本次实验对比纳米 CeO_2 对 4 种植物生物量的影响,在本次实验中四种植物表现出了种属差异性和相似性。本实验中选取的 4 种植物所属的物种是不同的,黄瓜和大豆是双子叶植物,而玉米和黑麦草是单子叶植物,因此通过本实验发现纳米 CeO_2 对植物生物量的影响也受植物种类的影响。

4.8.2.3　磷酸盐对植物组织中 Ce 含量的影响

CeO_2 在植物各组织中的浓度能更加清楚其在植物体内以及在生态系统中的最终去向,

因此本实验测定了植物苗中和根中 Ce 的浓度。如图 4-14 是 2000 mg/L 25 nm CeO₂ 材料的处理的培养液中种植的植物体内 Ce 含量的柱状图，Zhang 等的研究中，已经证实大部分的 Ce 积累在黄瓜的根中。本次实验中得到了相同的结论，即 4 种植物的根部积累了大量 Ce。不同的是，如图 4-14A 所示，种植在－P 培养液中的玉米和黑麦草的根部 Ce 的含量明显比在＋P 培养液中 Ce 的含量高，PO₄³⁻ 影响了玉米和黑麦草对 Ce 的吸收，分析原因可能是由于＋P 营养液中和－P 营养液中纳米 CeO₂ 颗粒都带负电荷，更易于分散在植物根系周围，被植物根系分泌的有机酸或者还原物质还原成 Ce³⁺，在＋P 培养液中，Ce³⁺ 与 PO₄³⁻ 形成沉淀物吸附在植物根表皮，由于 CePO₄ 粒径较大，不利于 Ce 进入植物体内，而在－P 培养液中，CeO₂ 被植物根系分泌的有机酸或还原物质还原成 Ce³⁺ 后伴随其他离子随着植物对水分的吸收更容易进入植物体内。而－P 和＋P 条件下，Ce 在大豆和黄瓜根中的含量没有显著性差异，这有可能是大豆、黄瓜和黑麦草、玉米之间种属差异、根系差异导致的，黄瓜和大豆的根，既有主根又有侧根，根系很发达，所以能够吸附更多的 Ce 颗粒在根表皮。而玉米和黑麦草的根只有须根，吸附能力很弱，所以玉米和黑麦草体内的大部分 Ce 都是因为吸收作用进入的。

图 4-14B 是 4 种植物苗中 Ce 含量的柱状图，从图中可以看出在－P 培养液中种植的 4 种植物苗部的 Ce 含量都比在＋P 培养液中的含量高。从图 4-14A 中已经得出－P 培养液中植物根内 Ce 的含量就比在＋P 培养液中高，而且我们推断－P 培养液中 Ce 更容易进入植物体内，进入到植物体内的植物随着水分和养分的转移也会向地上部转移，所以在－P 培养液中 4 种植物苗部 Ce 的含量理应比在＋P 培养液中的含量高。此外，从图 4-14B 中，能够看到 4 种植物苗部 Ce 的含量差异较大，我们认为可能是由于种属间差异而使得植物茎部的构造不同，导致了 Ce 向上运输的能力不同，实验中我们看到大豆和玉米的植株很高大，尤其是大豆，叶子之间的距离很大，所以当 Ce 要在植物体内运输时，很容易就被—COOH 复合或者被 PO₄³⁻ 沉淀，这就使 Ce 很难向上运输。而黄瓜的叶子之间距离短，且叶片肥大，蒸腾作用很强，增强了黄瓜对 Ce 的吸收和运输。

为了验证 Ce 在植物体内从根部向顶部转移的能力，通过比较＋P 培养液中和－P 培养液中生长的植物对 Ce 的转移因子（TF 定义为苗中 Ce 的含量与根中 Ce 的含量的比值）可以更清晰地看到植物在不同培养液中对 Ce 的转移能力。如图 4-15 所示，能够很明显地看出黄瓜、大豆和黑麦草在－P 培养液中和＋P 培养液中生长对 Ce 的 TF 有明显差异，尤其是黑麦草，虽然黑麦草植株很小，但是对 Ce 的转移能力很强，Zhu 等曾经有过类似的报道：水稻和黑麦草的 TF 值（3%～50%）明显高于萝卜和南瓜的 TF 值（<1%）。这无疑证明了本次实验最初的假设，即 PO₄³⁻ 对纳米 CeO₂ 在植物体内的运输和转移有影响。

4.8.2.4　Ce 在植物根部的分布

TEM 法是定位组织中纳米颗粒的常用技术，相对周围的植物组织来讲，纳米颗粒具有高电子密度，所以很容易观察到。图 4-16 是经过 2000 mg/L CeO₂ 纳米材料处理 21 d 后大豆根尖横截面的透射电镜图，从图 4-16B 和图 4-16D 中可以看到在大豆的根表皮吸附有大量的 CeO₂ 纳米颗粒的凝聚体，在植物根尖取样前，用流动的自来水冲洗了 2 min，并用去离子水冲洗了 3 遍。以前得到的实验结论中，用＋P 培养液种植的黄瓜的根表皮发现了纳米

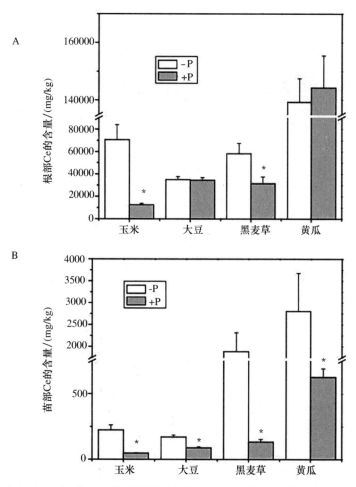

图 4-14　在 2000 mg/L 的 CeO₂ 纳米材料中培养 21 d 后植物根（A）和苗（B）中 Ce 的含量

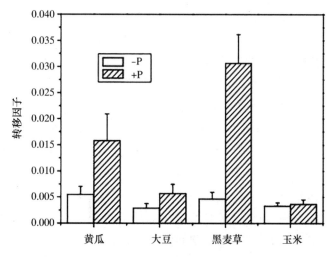

图 4-15　2000 mg/L CeO₂ 纳米材料中培养 21 d 后植物对 Ce 的转移因子

CeO₂颗粒,并且有针状物存在,在本次实验中,发现生长在＋P培养液中的大豆在根表皮吸

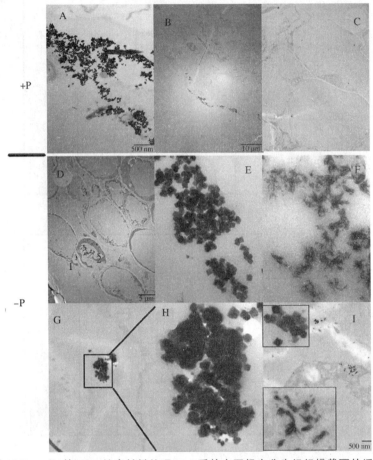

图 4-16　经过 2000 mg/L 的 CeO₂ 纳米材料处理 21 d 后的大豆根尖分生组织横截面的透射电镜图。上面是＋P 处理,下面是－P 处理。A,B 为根表皮;C 为内层细胞。E、F、G 分别为 D 中 1、2、3 处高倍 TEM 图,H、I 是 G 突出部分的高倍 TEM 图

附大量纳米 CeO₂ 颗粒(图 4-16B),并且有和黄瓜根部外表皮类似的针状物存在(图 4-16A),但是没有在细胞间隙和细胞内部发现纳米 CeO₂ 及其转化物的存在(图 4-13C)。图 4-16D 是在－P 培养液中种植的大豆根尖横截面的 TEM 图,图 4-16E 是图 4-16D 中 1 处的高倍 TEM 图,这是大豆根表皮细胞外发现的纳米 CeO₂ 颗粒的放大图,从图 4-16E 中没有发现类似的针状物,从以前的实验结论可以推断在－P 培养液中,纳米 CeO₂ 在根的外表皮没有发生转化,而图 4-16D 中 2 和 3 处的放大图图 4-16F 和图 4-16G 表明,在－P 培养液中种植的大豆在根尖的细胞间隙发现了 CeO₂ 纳米颗粒的凝聚体,通过放大图图 4-16G 中突出部位的纳米 CeO₂ 的凝聚体可以看到,CeO₂ 纳米颗粒的形貌与原始 CeO₂ 颗粒不同,发生了破碎和溶解,并且存在针状物,这是自研究纳米 CeO₂ 材料的植物毒理学研究以来,第一次在根细胞内发现了 CeO₂ 纳米颗粒,并发现了其在细胞间隙内的转化,而这种现象发生的前提是培养液中不存在 PO_4^{3-},由此研究得出 PO_4^{3-} 会影响纳米 CeO₂ 颗粒在大豆体内的生物转移和转化。

图 4-17 是经过 2000 mg/L CeO₂ 纳米材料处理 21 d 后黄瓜根尖横截面的透射电镜图。

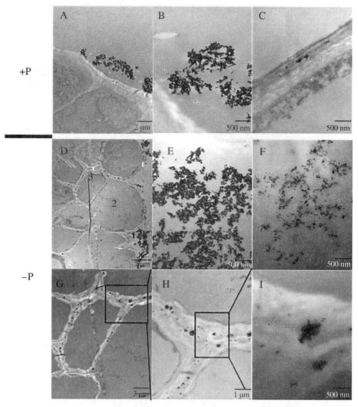

图4-17　经过 2000 mg/L 的 25 nm CeO$_2$ 处理后的黄瓜根尖分生组织横截面的电镜图。上面是＋P 处理，下面是－P 处理。A,B 为根表皮；C 为细胞间隙。E、F、G 分别为 D 中 1、2、3 处高倍 TEM 图,H 是 G 突出部分的高倍 TEM 图,I 是 H 突出部分的高倍 TEM 图

图 4-17A,图 4-17B 都是黄瓜根尖表皮的 TEM 图,图 4-17A 中有大量的 CeO$_2$ 颗粒吸附在黄瓜根尖的表皮,图 4-17B 中能看到针状物,说明 CeO$_2$ 在＋P 营养液中在植物根表皮发生转化,并与培养液中的 PO$_4^{3-}$ 形成 CePO$_4$ 沉淀物,而且在黄瓜的根尖表皮细胞间隙也发现了少量的 Ce 颗粒(图 4-17C)。图 4-17E、图 4-17F、图 4-17G 分别是图 4-17D 中标记的 1、2、3 处的高倍电镜图,图 4-18E 是根尖表皮的电镜图,能看到大量的 Ce 颗粒积累在根表皮,而且没有针状物存在,图 4-17F 是根尖细胞内部的电镜图,图中发现的颗粒有 CeO$_2$ 的转化物,图 4-17G 是黄瓜根尖细胞间隙的电镜图,图 4-17H、图 4-17I 分别是细胞间隙发现的 Ce 颗粒的高倍电镜图,从图 4-17G 中能看到 Ce 颗粒分布在细胞间隙,通过放大倍数的电镜图 4-15I 中可以看到这些 Ce 的颗粒形貌与原始 CeO$_2$ 颗粒不同,发生了破碎和溶解,说明 CeO$_2$ 在黄瓜根尖的细胞间隙发生了化学转化。通过＋P 培养液和－P 培养液的对比,确定了 PO$_4^{3-}$ 对纳米 CeO$_2$ 颗粒在黄瓜体内的生物转移和转化有明显影响。

图 4-18 是经过 2000 mg/L CeO$_2$ 纳米材料处理 21 d 后黑麦草根尖横截面的透射电镜图。图 4-16A、图 4-16B 是黑麦草根尖表皮的 TEM 图,图 4-16A 中有大量的 CeO$_2$ 颗粒吸附在黑麦草根尖的表皮,图 4-18C 是图 4-18B 中突出部分的高倍电镜图,通过放大图 4-18B 中的纳米 CeO$_2$ 颗粒,发现其形貌与原始的 CeO$_2$ 颗粒有所不同,发生了溶解,说明 CeO$_2$ 在＋P 营养液中在黑麦草的根表皮发生转化。图 4-18D、图 4-18E、图 4-18F 分别是生在－P 营养液

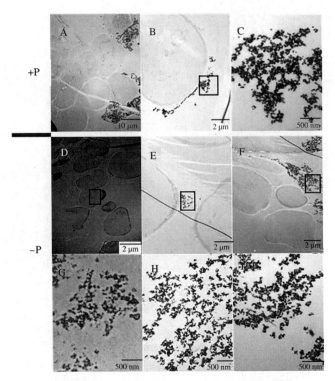

图 4-18　经过 2000 mg/L 的 25 nm CeO_2 处理后的黑麦草根尖分生组织横截面的电镜图。上面是＋P 处理，下面是－P 处理。A,B 为根表皮；C 为 B 中突出部分的高倍 TEM 图。D、E、F 分别为细胞内、细胞间隙和根表皮的 TEM 图，G、H、I 分别为图 D、E、F 中突出部分的高倍 TEM 图

中的黑麦草根尖细胞内、细胞间隙和根尖外表皮的电镜图，图 4-18G、图 4-18H、图 4-18I 分别是图 4-18D、图 4-18E、图 4-18F 中突出部分的高倍电镜图，从图 4-18G、图 4-18H、图 4-18I 中看到这些 Ce 的颗粒形貌与原始 CeO_2 颗粒不同，发生了破碎和溶解，存在针状物，说明在 －P 培养液中纳米 CeO_2 颗粒在黑麦草根尖的细胞内、细胞间隙和根尖表皮发生了化学转化。通过＋P 培养液和－P 培养液的对比，确定了 PO_4^{3-} 对纳米 CeO_2 颗粒在黑麦草体内的生物转移和转化有明显影响。

　　图 4-19 是经过 2000 mg/L CeO_2 纳米材料处理 21 d 后玉米根尖横截面的透射电镜图。图 4-19A 是＋P 营养液中培养的玉米根尖表皮发现的 CeO_2 颗粒的 TEM 图，图中没有发现针状物，图 4-19B、图 4-19D 是＋P 营养液中培养的玉米根尖细胞内发现的 CeO_2 颗粒的 TEM 图，通过放大图 4-19B 中的突出部分，即图 4-19C，能看到 CeO_2 颗粒的形貌与原始 CeO_2 颗粒不同，发生了破碎和溶解，通过放大图 4-19D 即图 4-19E、图 4-19F，同样发现了 CeO_2 颗粒在细胞内的破碎与溶解，说明 CeO_2 在＋P 营养液中在玉米植物根表皮没有发生转化，而是在进入玉米根尖细胞内才发生了一定的破碎和溶解。图 4-19G 是＋P 营养液中培养的玉米根尖细胞横截面的电镜图，图 4-19H 是图 4-19G 中一个玉米根尖细胞的高倍电镜图，从图 4-19G、图 4-19H 中没有在细胞间隙和细胞内发现 CeO_2 颗粒，图 4-19I 是玉米根尖外表皮的电镜图，只看到部分 CeO_2 颗粒吸附在玉米根表皮，说明在－P 条件下 CeO_2 没有进入到玉米体内，相反是在＋P 条件下在玉米的根尖细胞内和细胞间隙发现了 CeO_2 的颗粒，与黄瓜、大豆体内 CeO_2 的转移和转化情况相反，这可能是由于玉米和黄瓜、大豆物种不同所造成的。

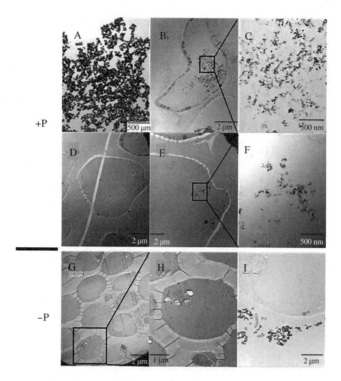

图4-19 经过 2000 mg/L 的 25 nm CeO_2 处理后的玉米根尖分生组织横截面的电镜图。上面是＋P 处理,下面是－P 处理。A 为根表皮吸附的 CeO_2 颗粒;B、D、E 为玉米根细胞的 TEM 图;C、F 分别为 B、E 中突出部分的高倍 TEM 图;G 是根尖细胞的 TEM 图,H 是 G 图中突出部分的高倍 TEM 图;I 是根表皮的 TEM 图

4.8.3 实验结论

为了证明磷酸盐对 CeO_2 在植物体内吸收、转移的影响,本次实验中配制了两种营养液,一种是＋P 培养液,即平时水培植物所用的全营养液,另一种－P 培养液中用 KCl 替代了 KH_2PO_4,用两种不同的培养液种植了黄瓜、大豆、玉米、黑麦草 4 种植物,植物种植 21 d 后比较了 4 种不同植物在＋P 培养液和－P 培养液中生长的生物量、各组织中 Ce 的含量和 Ce 颗粒在植物根部的分布,并得出以下结论。

(1)通过生物量的比较,首先说明了在－P 培养液中通过叶面喷施 P 肥对植物的正常生长没有影响,然后对比了＋P 培养液和－P 培养液中 CeO_2 对植物生物量的影响,结果发现相对于控制组来讲,实验组大豆和黄瓜根部、苗部的生物量都有所增加,而玉米不论苗部还是根部,植物的生物量都受到了一定的抑制,推断原因可能是由于大豆和黄瓜是双子叶植物,而玉米和黑麦草是单子叶植物所致,由于植物种类繁多,相关不同物种间的生态差异的知识比较欠缺,所以纳米 CeO_2 颗粒对不同物种的毒理学研究还需要更加深入。

(2)通过比较植物组织中 Ce 的含量,发现 Ce 大部分都分布在根部,向上转移的量很少,通过比较在＋P 培养液和－P 培养液中植物对 Ce 的吸附和累积,发现在－P 培养液中 Ce 更容易进入植物根部,而在＋P 培养液中种植的植物根部 Ce 含量相对较低,推测其原因如下:即＋P 营养液中和－P 营养液中纳米 CeO_2 颗粒带负电荷,更易于分散在植物根系周围,被植

物根系分泌的有机酸或者还原物质还原成 Ce^{3+}，在＋P 培养液中，Ce^{3+} 与 PO_4^{3-} 形成沉淀物吸附在植物根表皮，由于 $CePO_4$ 粒径较大，不利于 Ce 进入植物体内，而在－P 培养液中，CeO_2 被植物根系分泌的有机酸或还原物质还原成 Ce^{3+} 后伴随其他离子随着植物对水分的吸收更容易进入植物体内。

（3）通过比较 Ce 在植物体内的 TF 值，不难发现在－P 培养液中 Ce 从根部向苗部转移的能力更强，说明磷酸盐的存在会影响 Ce 在植物体内的转移。

（4）通过 TEM 观察，在＋P 培养液中种植的大豆和黄瓜，只在根细胞外表皮上发现了吸附大量的 CeO_2 颗粒，并且存在针状物，这说明在＋P 培养液中 Ce 在植物体外就发生了形态的转变；在－P 培养液培养的大豆和黄瓜根细胞内和细胞间隙发现了 CeO_2 的颗粒，并且发现 Ce 的形态发生了改变，而吸附在根细胞外表皮的 CeO_2 颗粒没有形成针状物，因此通过本实验推断在－P 培养液中 Ce 在进入植物体内后发生了形态的转化。

（5）通过 TEM 观察，在＋P 培养液中种植的黑麦草只在根尖细胞外表皮发现了 CeO_2 颗粒，且 CeO_2 的形态发生了溶解和破裂，玉米则在根尖细胞内找到了残碎的 CeO_2 颗粒；在－P 培养液中种植的黑麦草在根尖细胞内、细胞间隙和细胞外表皮都发现了破碎的 CeO_2 颗粒，而玉米体内没有发现 CeO_2 颗粒，目前尚不清楚玉米特殊性的原因。

4.9　25 nm CeO_2 生物转化的模拟实验

影响纳米 CeO_2 材料在生物系统中转化的因素很复杂，不仅化学因素还有生物因素都可能改变纳米颗粒在环境中的行为和毒性，周围环境的氧化还原电位对那些有可变电位的 NPs 的转化起着很重要的作用，此外植物可以产生还原物质，如还原性糖和酚类，都会产生氧化还原反应。本实验中用的 Ce 就可以从 Ce^{4+} 转化到 Ce^{3+}，所以理应考虑到还原剂是影响 Ce 转化的关键因素。此外，纳米材料的溶解也是影响 Ce 转化的重要环节，能够促进纳米材料溶解的因素无疑也能促进纳米材料的转化。生物有机酸被认为是一种能够促进纳米材料在植物体内转化的重要因素。植物在根周围形成的一个称为根际的微环境，能够分泌大量的物质，其中就包括有机酸。所以我们推测，纳米 CeO_2 材料可能在还原物质和有机酸的作用下先还原产生了 Ce^{3+}，然后 Ce^{3+} 再与 PO_4^{3-} 沉淀，或者与其他的羧化物反应。基于以上的推论，本实验测定了在不同水介质中 Ce 转化的情况。

4.9.1　实验方法

模拟实验一共设定 2 组，一组加了 1 mmol/L KH_2PO_4 模拟＋P 培养环境，另一组不加 KH_2PO_4 模拟－P 培养环境，每组包含 4 个反应溶液的处理，分别由 Citric acid（Cit）＋Catechol（Cat），Citric acid＋Ascorbic acid（维生素 C），EDTA＋Ascorbic acid 和 EDTA＋Catechol 组成。准备好 4 个 500 mL 的烧杯，分别称量 0.5 mmol/L 以上所需的试剂后加入 500 mL 去离子水，组分的最终浓度都设为 1 mmol/L，待试剂溶解完全后将 pH 调到 5.5，和培养液的 pH 保持一致，将模拟的培养液配制完毕后待用。将 25 nm CeO_2 材料用超声波超声搅拌 30 min 保证纳米 CeO_2 材料浓度均匀后取一定体积的纳米材料加到 50 mL 离心管中，再加入模拟水溶液至 50 mL，使纳米 CeO_2 材料的浓度为 2000 mg/L。将混合好的模拟液放在黑暗中经过 21 d 的静态孵化后,提取 2 mL 上清液,用离心机离心 20 min,再用过滤器过滤后装入 2 mL 离心管中,取 100 μL 的过滤液,用 2% 的 HNO_3 稀释到 4 mL,用 ICP-MS 测定 Ce 含量。剩余的悬浮液用离心机离心清洗 3 遍,离心后得到的物块在 $-50\,^{\circ}C$ 下冻干,和 KBr 以一定的数量比混合,压成透明的片,用红外分光仪得出红外光谱数据,波值范围为 $400 \sim 4000\ cm^{-1}$。

4.9.2 实验结果

4.9.2.1 上清液中 Ce 的含量

通过测量孵育 21 d 的 25 nm CeO_2 材料的不同培养液的上清液中 Ce 的含量,能够比较不同的还原剂和有机酸对 25 nm CeO_2 的解离作用。表 4-14 列出了 25 nm CeO_2 材料在不同培养液中孵育 21 d 后上清液中 Ce 的含量,在 $-P$ 培养液中解离出的 Ce 离子明显高于在 $+P$ 培养液中,在有其他有机酸和还原剂的作用下所解离出来的 Ce 离子更多,且在不同的氧化剂和还原剂作用下 25 nm CeO_2 溶解到培养液中的程度有很大区别,在没有 EDTA 的络合作用下,没有 PO_4^{3-} 的存在,CeO_2 被有机酸和还原剂还原成 Ce^{3+} 后溶于水中,而在有 PO_4^{3-} 存在的条件下,被还原的 Ce^{3+} 和 PO_4^{3-} 沉淀,所以在 PO_4^{3-} 存在的培养液中悬浮在上清液中的 Ce 含量比较低,可见 PO_4^{3-} 的存在对 CeO_2 的溶解与转化起着决定性的作用;相反,在 EDTA 络合剂的存在条件下,在没有 PO_4^{3-} 的培养液中,被还原的 Ce^{3+} 更容易被络合剂络合。为了解释这种现象,本次实验又测量了 25 nm CeO_2 材料孵化 21 d 后不同培养液的 pH,如表 4-15 所示,25 nm+EDTA+Cat 和 25 nm+EDTA+维生素 C 两种培养液的 pH,$-P$ 组明显低于 $+P$ 组,由于 EDTA 是胺羧类螯合剂,在不同的 pH 下解离的方式不同,与金属形成的络合物的稳定性也不相同,在酸性条件下,EDTA 不断与溶解出的 Ce^{3+} 络合,使得溶液中析出的 Ce^{3+} 含量不断降低,所以 25 nm CeO_2 在 $-P$ 培养液孵化 21 d 后上清液中 Ce 的含量低于在 $+P$ 培养液中孵化 21 d 后上清液中 Ce 的含量。

表 4-14 25 nm CeO_2 在不同培养液中孵育 21 d 后上清液中 Ce 的含量

	25 nm CeO_2	25 nm + Cit + Cat	25 nm+Cit+维生素 C	25 nm + EDTA +Cat	25 nm + EDTA +维生素 C
$-P$ 培养液	60.28	3559.6±63.2	10354±182.0	6258±182.0	11764±440.0
$+P$ 培养液	34.28	3395±721.0	74±11.0	55860±620.0	67540±1620.0

表 4-15 25 nm CeO_2 在不同培养液中孵育 21 d 后上清液 pH

	25 nm CeO_2	25 nm + Cit + Cat	25 nm+Cit+维生素 C	25 nm + EDTA +Cat	25 nm + EDTA +维生素 C
$-P$ 培养液	5.85±0.033	6.26±0.020	6.11±0.014	5.55±0.020	5.47±0.012
$+P$ 培养液	4.45±0.024	6.05±0.009	7.04±0.032	6.42±0.017	6.22±0.088

4.9.2.2 红外光谱实验

为了验证在模拟实验中 25 nm CeO_2 发生了化学形态的转化,本实验进行了红外光谱实验,结果如图 4-20 所示,A、B、C、D 4 幅图中光谱在 490 cm^{-1} 处都有明显的宽峰,这一段峰属于 CeO$_2$,由此可知,在 4 种不同的模拟溶液中纳米 CeO$_2$ 材料都没有完全被还原成离子状态。图 4-20A 和图 4-20B 分别是 25 nm CeO$_2$ 在 Cit+Catechol 和 Cit+维生素 C 培养液中孵化 21 d 后的红外光谱图,两图的+P 培养液中会在 1043 cm^{-1} 处出现峰,此处的峰代表 CePO$_4$,这和之前推测的结论一致,即在 PO$_4^{3-}$ 存在的条件下,CeO$_2$ 被有机酸或者还原剂还原成的 Ce^{3+},并与溶液中的 PO$_4^{3-}$ 形成 CePO$_4$ 沉淀。通过本次实验确定了在植物系统中,纳米 CeO$_2$ 颗粒在营养液中会被植物根部分泌出的有机酸或者还原物质还原成 Ce^{3+},在没有 PO$_4^{3-}$ 存在的条件下,Ce^{3+} 更容易被植物所吸收,且在植物体内的转移因子也高于在+P 营养液,因此在-P 培养液种植的大豆和黄瓜根部的表皮细胞内和细胞间隙发现了 Ce 的颗粒,而在+P 培养液中,Ce^{3+} 和 PO$_4^{3-}$ 形成沉淀,CePO$_4$ 粒径较大,不利于向植物体内转移,只能吸附在植物根的外表皮。此外,纳米 CeO$_2$ 颗粒的转化程度与还原剂的强弱有关,如图 4-20B 在维生素 C 存在的条件下形成的 CePO$_4$ 的峰比 Catechol 存在条件下形成的 CePO$_4$ 的峰更强,更尖锐。

图 4-20C 和图 4-20D 分别是 25 nm CeO$_2$ 在 EDTA+Cat 和 EDTA+维生素 C 培养液中孵化 21 d 后的红外光谱图。两图中光谱只在 490 cm^{-1} 处有明显的宽峰,在 1043 cm^{-1} 处没有出现峰,说明在有 PO$_4^{3-}$ 存在的条件下在 EDTA+Catechol 和 EDTA+维生素 C 两种培养液中 CeO$_2$ 没能转化成 CePO$_4$。这是因为以 EDTA 作为有机酸时,EDTA 和 PO$_4^{3-}$ 共同竞争与 Ce^{3+} 结合,尤其是在 pH 5.5 时,EDTA 的络合能力更强,因此大部分 Ce^{3+} 形成了 EDTA 络合物,而非 CePO$_4$,因此没有 CePO$_4$ 形成。可见不同的有机酸和还原物质对纳米 CeO$_2$ 材料的还原作用不同,这可以说明不同物种的植物根系分泌物不同,所以不同物种的植物对 25 nm CeO$_2$ 的生物转移和转化能力不同。

4.9.3　实验结论

通过模拟 25 nm CeO$_2$ 在植物系统中的生物转化情况,得出了以下结论。

(1)在-P 营养液中孵育 21 d 的 25 nm CeO$_2$ 材料能够解离出更多的 Ce^{3+},而在+P 营业液中解离出的 Ce^{3+} 很少。

(2)在 Cit、Cat 和维生素 C 的作用下,纳米 CeO$_2$ 材料发生了价态的转化,生成了 Ce^{3+}。CeO$_2$ 纳米颗粒在-P 培养液中能够解离出更多的 Ce^{3+},这是因为在 PO$_4^{3-}$ 存在的条件下,Ce^{3+} 被 PO$_4^{3-}$ 沉淀,因此上清液中 Ce 的含量降低;而在 EDTA 存在的条件下,在+P 培养液中解离出更多的 Ce^{3+},通过测定孵育 21 d 后培养液的 pH,-P 培养液的 pH 低于+P 培养液的 pH,低 pH 的条件,更有利于 EDTA 的络合作用,因此在-P 培养液中 Ce^{3+} 优先和 EDTA 发生了络合反应,上清液中的 Ce 的含量降低。

(3)为了验证模拟实验中 CeO$_2$ 发生了价态的变化,本实验通过红外光谱法分析了孵育 21 d 后的 CeO$_2$ 纳米材料的成分,通过红外光谱实验,在 Cit+Cat,Cit+维生素 C 的作用下,CeO$_2$ 发生了形态的变化,而且在有 PO$_4^{3-}$ 存在的条件下发生了沉淀反应,生成 CePO$_4$。而在 EDTA 存在的条件下,没有发现 CePO$_4$ 的存在,推断其原因可能是以 EDTA 作为有机酸时,EDTA 和 PO$_4^{3-}$ 共同竞争与 Ce^{3+} 结合,尤其是在 pH 5.5 时,EDTA 的络合能力更强,因此大

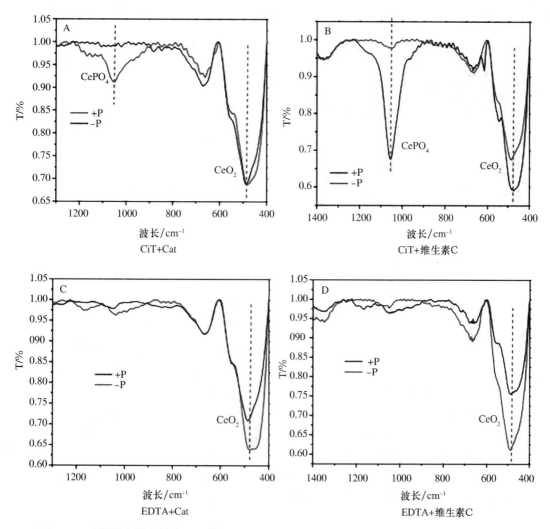

图 4-20　在不同介质中孵化 21 d 的 25 nm CeO_2 红外光谱数据 60 mm×45 mm（300×300 DPI）

部分 Ce^{3+} 形成了 EDTA 络合物，而非 $CePO_4$。

通过 25 nm CeO_2 生物转化的模拟实验，确定了 25 nm CeO_2 在植物系统中的转化模式，即纳米 CeO_2 材料在植物系统中首先也是在植物根部分泌出的有机酸和还原剂的作用下还原为 Ce^{3+}，如果在＋P 培养液中就会和 PO_4^{3-} 发生沉淀反应生成的 $CePO_4$ 被植物的根吸附在外表皮，由于 $CePO_4$ 的粒径变大，因此进入植物体内的难度也变大，如果在－P 培养液中，Ce^{3+} 则更有利于进入根表皮细胞内和细胞间隙，并被根细胞内和细胞间隙的存在的 PO_4^{3-} 沉淀或者与其他物质络合。

4.10　纳米 SiO_2 和普通 SiO_2 对水稻幼苗的生长影响

4.10.1　引言

在诸多纳米材料中，纳米 SiO_2 是一种常被用于种子处理剂，促进种子的萌发，缩短农作物成熟的时间,提高蔬菜和作物的产量。纳米 SiO_2 是一种白色、松散、无定形、无毒、无味、无嗅、无污染的非金属氧化物,它在生物体内可以作为 DNA 运输载体,另外它在农业中的应用十分广泛,可应用于农业杀虫剂和食品包装袋,有效地控制和防止有害生物的产生,显著提高对水果、蔬菜等的保鲜作用。虽然二氧化硅在日常生活、生产等诸多方面有着广泛的应用,但是,一些情况下二氧化硅也会对人体造成一定的危害。二氧化硅的粉尘非常细,可以悬浮在空气中,非常容易被人吸入,如果一个人长期吸入含有二氧化硅的粉尘,容易患上硅肺病。

低浓度的纳米二氧化硅能够促进番茄种子的萌发。关于纳米 SiO_2 能够促进种子萌发的原因,有研究发现是由于纳米二氧化硅通过调节培养基中的 pH 和电导率提高营养元素的有效性,从而促进玉米种子的萌发。邢宝山研究组的人员发现将外源性物质纳米二氧化硅作用于长白松的种子,能够促进幼苗的生长和品质的提高,如平均株高、根截面直径、主根长以及叶绿素的合成都受到了促进作用。此外,在非生物应激条件下,纳米二氧化硅可以抵御外界环境变化,提高种子的萌发率。例如,在 NaCl 的胁迫下,加入纳米二氧化硅,能够刺激番茄幼苗和南瓜幼苗抗氧化系统的防御,促进种子的萌发。同样在盐胁迫下,纳米二氧化硅能够增加叶片的鲜重和干重,促进叶绿素以及脯氨酸的合成。随着脯氨酸的不断增加,自由氨基酸、营养元素和抗氧化酶的活性都随之提高,因此纳米二氧化硅可以有效帮助植物抵抗来自外界的胁迫。外源性添加纳米二氧化硅材料,能促进大豆种子的萌发,主要是因为增加了硝酸还原酶的活性,同时提高了种子吸收水分和营养元素的能力。

植物表皮细胞和细胞壁总的硅主要以二氧化硅胶($SiO_2 \cdot nH_2O$)的无机物形态存在,植物体硅的含量在不同物种间差异很大,植物主要以单硅酸形式吸收硅,不同植物吸收硅的能力不同。水稻是一种典型的喜硅植物,具有主动吸收和积累硅的能力,它是我国主要的粮食作物,在饮食结构中占据重要的地位,事关粮食安全。因此通过比较纳米 SiO_2 和普通 SiO_2 对水稻的生长发育是否有所不同,为评价纳米 SiO_2 的植物效应提供基础数据。

4.10.2　材料与方法

4.10.2.1　纳米 SiO_2 材料的表征

SiO_2 NPs 购自 Sigma 公司,纯度 99.9%,粒径小于 30 nm。比表面积为 600 m^2/g,密度是 2.2 g/cm^3。取少量的纳米 SiO_2 材料加到无水乙醇中,超声分散 15 min,取一滴加在超薄铜网上,用 SEM(S—4800,日本)进行观察,拍照。配制 2 mg/L 的纳米 SiO_2 材料水悬浮液,超声分散 15 min 后,倒入比色皿中,用动态光散射粒度分析仪(Zetasizer NanoZS,Malvern)测量其水动力学直径和 zeta 电位。

4.10.2.2　植物培养

供试植物为水稻(*Oryza sativa* L.),品种为准两优 608,为南方超级稻品种,该品种属于籼稻两系杂交水稻,由湖南省农业科学院提供。先用自来水浮选去掉瘪粒的水稻种子,采用 30% H_2O_2 消毒 15 min,洗净后放入饱和 $CaSO_4$ 溶液中浸泡过夜。待种子吸涨后,置于 0.5 mmol/L $CaCl_2$ 溶液中漂浮的网格上,使种子半浸入溶液。当叶子完全展开时,挑选大小一致的幼苗洗净,移至营养液中培养。水稻采用 1/2 Kimura 溶液,营养液组成为(mmol/L):

KNO_3 0.091、$Ca(NO_3)_2 \cdot 4H_2O$ 0.183、$MgSO_4 \cdot 7H_2O$ 0.274、KH_2PO_4 0.1、$(NH_4)_2SO_4$ 0.183、$MnSO_4 \cdot H_2O$ 1×10^{-3}、H_3BO_3 3×10^{-3}、$(NH_4)_6Mo_7O_{24} \cdot 5H_2O$ 1×10^{-3}、$ZnSO_4 \cdot 7H_2O$ 1×10^{-3}、$CuSO_4 \cdot 5H_2O$ 2×10^{-4}、$Fe(\mathrm{III})$-EDDHA 6×10^{-2}，用 MES 缓冲溶液保持营养液 pH 在 5.5 左右。

植物生长在 25℃/14 h 光照和 20℃/10 h 黑暗条件下、相对湿度为 60%～70%、光照强度为 240 $\mu mol/(m^2 \cdot s)$ 的人工生长室中。培养 3 周后收获。

纳米氧化硅和普通氧化硅浓度均设置成 50、250、1000 mg/L，共 7 个处理，每处理设 4 个重复，每盆 2 株，所有处理随机排列。

4.10.2.3　生物量和叶绿素测定

利用软尺测量水稻根长、茎围、地上部和地下部分别烘干至恒重，用电子天平测量其干重。用 SPAD 测水稻叶片相对叶绿素值。

4.10.2.4　根组织透射电镜观察

分别将对照组和 1000 mg/L 浓度 SiO_2 处理组新鲜的根用自来水和二次水充分洗涤之后，取主根根尖（约 5 mm），置于 2.5% 戊二醛磷酸缓冲液溶液（50 mmol/L PBS，pH 7.2）中预固定。之后，用 PBS 洗 3 次，再用 1% 四氧化锇溶液固定 1 h，再经过丙酮梯度脱水后，包埋于 Spurr 树脂中。比较结果的差异。包埋之后的树脂块，用超薄切片机切片。超薄横切切片（90 nm）置于铜网上，用于 TEM 观察。

4.10.2.5　IAA 和 ABA 的测定

酶联免疫法（ELISA）测定内源植物激素，准确称取 0.5 g 鲜重的植物样品，置于事先预冷的研钵中，加入 1 mL 80% 的甲醇（内含 10 mg/L 的丁羟甲苯 BHT）研磨成匀浆，静置片刻后取上清液吸入离心管，残渣再加 1 mL 甲醇研磨一次，然后一并倒入离心管，加入 1 mL 甲醇液洗涤研钵后倒入离心管，离心（5000g，10 min，4℃）取出上清液于 −20℃ 保存。以上操作过程在弱光下进行。植物激素 ELISA 试剂盒由南京农业大学提供，内附用于 ELISA 测定的全套试剂，根据说明书实验步骤完成测定。计算公式为：样品中植物激素含量（鲜重）＝样品孔激素含量×提取液体积×稀释倍数/样品鲜重×100（pmol/g）。

4.10.2.6　统计分析

生物量等统计学数据，均用均值±标准偏差来表示。用基于 LSD（样本数均一）和 Bonferroni（样本数不均一）的单因素方差分析（One-way ANOVA）对数据的显著性差异进行分析。所有的处理过程均在 SPSS17.0 程序上操作。

4.10.3　结果与分析

4.10.3.1　纳米 SiO_2 的扫描电镜图

如图 4-21 所示，纳米 SiO_2 的表面有很多微孔，由于比表面积大，富含羟基，羟基间容易脱水形成氢键，颗粒间交联形成大的团聚体；如图 4-22 所示，纳米 SiO_2 在水中的动态光散射粒径大小为 (515.3 ± 5.2) nm，分散系数 PDI 为 0.404；zeta 电位是 0.0516 mV。

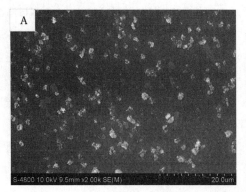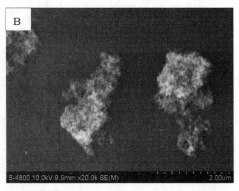

图 4-21   纳米 SiO_2 的扫描电镜图

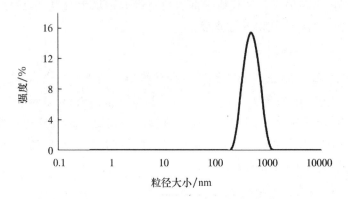

图 4-22   纳米 SiO_2 的动态光散射图

4.10.3.2   地下部和地上部的生物量

50 mg/L、250 mg/L、1000 mg/L 纳米 SiO_2 和普通 SiO_2 分别添加到水稻营养生长液中，结果表明，以上浓度的纳米 SiO_2 和普通 SiO_2 对水稻幼苗的地下和地上部生物量都没有显著的影响。纳米 SiO_2 和普通 SiO_2 处理组之间也无显著性差异，水稻的地上部和根部新鲜生物量和干生物量都没有显著性差异。结果说明，50 mg/L、250 mg/L、1000 mg/L 纳米 SiO_2 和普通 SiO_2 对水稻幼苗的生长并没有明显作用(图 4-23)。

4.10.3.3   水稻叶片叶绿素相对含量

收获时直接测得叶片的 SPAD 值，结果表明两种 SiO_2 材料施用于杂交水稻，和对照组相比，对水稻叶片的叶绿素含量无明显的效应(图 4-24)。

4.10.3.4   根部的透射电镜观察

用透射电镜观察对照组 CT、1000 mg/L 普通 SiO_2 处理组和 1000 mg/L 纳米 SiO_2 处理组水稻幼苗根部组织切片，可见在对照组 CT、1000 mg/L 普通 SiO_2 处理组中的根细胞内核周围未观察到材料的进入和聚集，而在 1000 mg/L 纳米 SiO_2 处理组中，水稻幼苗根部细胞周围聚集了大量的 SiO_2 颗粒物(图 4-25)。

4.10.3.5   叶片和根部植物生长素(IAA)的含量

两种 SiO_2 材料施用于杂交水稻，和对照组相比，对水稻叶片的植物生长素吲哚乙酸

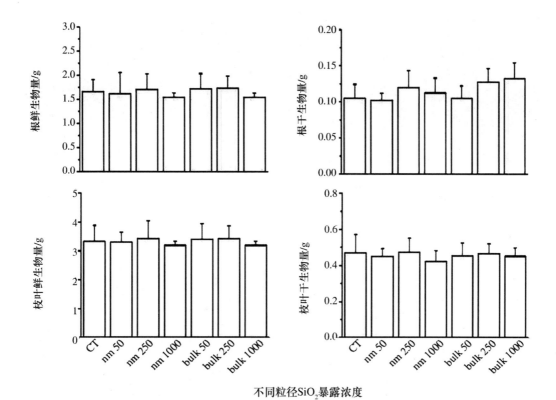

图 4-23 不同粒径 SiO₂ 暴露对水稻生物量的影响

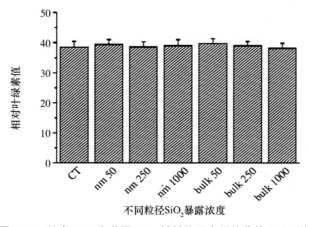

图 4-24 纳米 SiO₂ 和普通 SiO₂ 材料处理水稻幼苗的 SPAD 值

(IAA)含量无明显的效应。不过,1000 mg/L 纳米 SiO₂ 处理组中,水稻叶片中 IAA 的含量均值比对照组及其他各处理组都高,而 1000 mg/L 和 50 mg/L 的普通 SiO₂ 处理组中 IAA 含量均值则要低于对照组。而水稻根中两种 SiO₂ 材料处理组 IAA 的含量均值都高于对照组。结果表明,两种 SiO₂ 材料处理组对水稻根部生长素吲哚乙酸有轻微的促进作用,但是效应并不明显(图 4-26)。

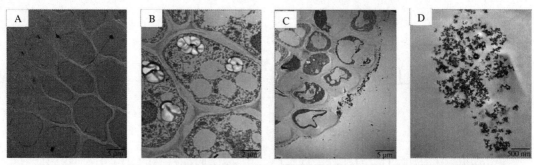

图 4-25　纳米 SiO₂ 和普通 SiO₂ 材料处理水稻幼苗根部透射电镜图。(A)为对照组水稻根组织切片图，(B)为 1000 mg/L 普通 SiO₂ 处理组水稻幼苗根组织切片图,(C)和(D)为 1000 mg/L 纳米 SiO₂ 处理组水稻幼苗根组织切片图

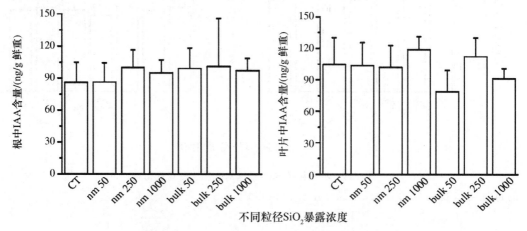

不同粒径SiO₂暴露浓度

图 4-26　纳米 SiO₂ 和普通 SiO₂ 材料处理水稻幼苗叶片和根部植物生长素(IAA)的含量

4.10.3.6　叶片和根部脱落酸 ABA 的含量

1000 mg/L 纳米 SiO₂ 处理组和普通 SiO₂ 处理组的水稻根中脱落酸 ABA 的含量显著低于对照组,表明该浓度的 SiO₂ 抑制了水稻根中脱落酸的产生,防止衰老。而类似的情况也出现在叶片中,添加 SiO₂ 的所有处理组叶片的脱落酸含量均值都低于对照组均值,不过并没有显著性差异(图 4-27)。

4.10.4　讨论

水稻是典型的喜硅作物,常把氮、磷、钾、硅称为水稻的基本营养元素。将硅作为肥料施用于水稻,能够显著提高水稻产量已有诸多报道。本实验采用纳米 SiO₂ 和普通 SiO₂ 作为供试材料,研究了加入不同浓度的 SiO₂ 粉剂对盆栽杂交水稻的生理效应。结果表明,两种 SiO₂ 试剂对杂交水稻幼苗的生物量、叶绿素相对含量、植物生长素吲哚乙酸含量并无明显的效应,但是对水稻根中的脱落酸的含量有显著性抑制作用。而之前的研究中发现纳米 SiO₂ 对冀合 321 棉花的生长产生了抑制作用,根、茎生物量和株高都显著降低,表明纳米 SiO₂ 对棉花产生了毒性效应。在棉花的根部和伤流液中都发现了纳米 SiO₂ 颗粒的存在,证实了棉

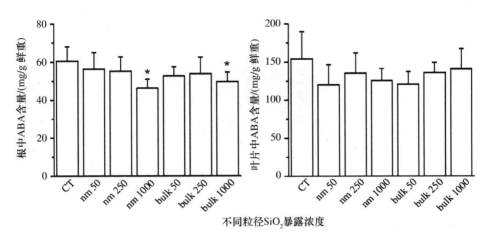

图 4-27 纳米 SiO$_2$ 和普通 SiO$_2$ 材料处理水稻幼苗叶片和根部植物生长素(ABA)的含量

花通过伤流液将纳米 SiO$_2$ 从根部运输到茎部。而关于纳米硅材料对拟南芥的毒性研究实验表明,1000 mg/L 表面带负电荷的 50 nm 和 200 nm 的硅颗粒,在不调节培养基中 pH 的条件下,抑制了拟南芥的生长(莲座直径、生物量和茎长显著降低)并且叶片发黄,而小粒径 14 nm 的硅颗粒则未见明显毒性,认为与培养基中的 pH 密切有关,因为 50 nm 和 200 nm 的处理组中,相较于空白对照组 pH 升高了约 3 个单位,分别为 8.3 和 8.6,空白对照组 pH 为 5.2,14 nm 处理组培养基的 pH 未明显降低,pH 为 5.9。而人为将培养基中的 pH 调节维持在 5.8 后,结果表明 50 nm 和 200 nm 的处理组未见明显的毒性效应。这表明纳米 SiO$_2$ 的毒性与植物的种属有关,并且与培养基的酸碱度有关。而本实验结果中杂交水稻在纳米 SiO$_2$ 的胁迫下,干物质积累和光合作用未受到明显影响,表明杂交水稻不缺养分元素的条件下,对纳米 SiO$_2$ 并不敏感。生物透射电镜结果表明,纳米 SiO$_2$ 颗粒主要集中在水稻根表的周围,并未在细胞内见到纳米 SiO$_2$ 颗粒。尽管纳米 SiO$_2$ 和普通 SiO$_2$ 对杂交水稻幼苗的生长无明显的效应,与根和茎叶中的植物生长素吲哚乙酸(IAA)的含量无显著升高的结果一致,但是抑制生长的激素脱落酸(ABA)的含量在浓度为 1000 mg/L 的纳米 SiO$_2$ 和普通 SiO$_2$ 材料处理组中显著降低,延缓了植株的衰老。纳米材料对植物的生理效应研究中,关于体内激素变化的研究很少。范晓荣等利用外源不同 IAA 和 ABA 比例的混合液处理水稻叶片,结果表明能够对水稻叶片的气孔开闭起到有效的调控作用,进而提高了水稻叶片的光合作用。然而在高浓度纳米 SiO$_2$ 和普通 SiO$_2$ 的胁迫下,ABA 受到了抑制,IAA 无明显作用,因此干物质的积累并没有显著增加。

4.11 纳米二氧化铈研究现状

4.11.1 纳米二氧化铈概述

4.11.1.1 二氧化铈的结构

二氧化铈(CeO$_2$)的结构属于立方萤石结构,其晶胞结构如图 4-28 所示。

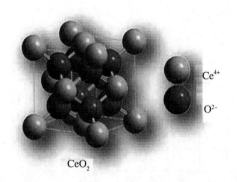

图 4-28　萤石结构的 CeO₂ 面心晶胞

Ce^{4+} 在 CeO_2 的晶胞中按照面心立方点阵进行排列，O^{2-} 占据所有的四面体的位置，每一个 Ce^{4+} 的周围都排列着 8 个 O^{2-}，而每个 O^{2-} 则可以与 4 个 Ce^{4+} 配位。

4.11.1.2　二氧化铈的性质

分子式为 CeO_2，分子量为 172.12，熔点为 2397℃，沸点为 3500℃，外观为淡黄色粉末，不溶于水和碱，微溶于酸。晶格常数为 a=0.54 nm。

4.11.2　纳米二氧化铈的生物效应

CeO_2 NPs 通常被认为是稳定的，在生物或环境体系中不发生转化，由于它们可以通过大气沉降或从废水处理中产生的生物固体进入土壤，因此需要关注 CeO_2 NPs 暴露的潜在健康和环境风险。与之相随的是，新型纳米材料使用是否能够影响目前的生态环境，以及可能引起的潜在生物效应。目前，二氧化铈已不再局限于实验室研究。相反，它已成为纳米技术产业化的领导者。它可以通过环境、食物链或直接接触人体的方式进入人体。CeO_2 NPs 是世界经济合作与发展组织（OECD）纳米材料工作组推荐优先进行安全性评价的纳米材料之一。前期研究显示 CeO_2 NPs 以纳米颗粒的形式存在，并影响植物的生理过程，产生分子响应。在盆栽土壤中，低浓度（50 和 100 mg/kg）的 CeO_2 NPs 不影响莴苣（*Lactuca sativa* L.）的生长，但在 1000 mg/kg 时显著抑制生物量产量，引起植物毒性。Zhao 等也报道了玉米植株（*Zea mays* L.）中 CeO_2 NPs 从根到地上部的低转运，并注意到 800 mg/kg 的 CeO_2 NPs 在整个暴露过程中不影响植物光合作用，但显著降低了玉米产量。Zhang 等系统地研究了 CeO_2 NPs 在黄瓜植株中的吸收、分布和生物转化情况，证实了 Ce 在根部主要以 CeO_2 和 $CePO_4$ 的形式存在，而在地上部中则是以 CeO_2 和 $CePO_4$ 形式存在，生物还原物质和有机酸是生物转化过程中涉及的关键因素。Rico 等表明 CeO_2 NPs 可以改变水稻幼苗的抗氧化酶活性和大分子组成。Ma 等在培养皿培养条件下证明 CeO_2 NPs 可以改变拟南芥中谷胱甘肽和硫酸化代谢途径的表达。López-Moreno 等也报道了大豆植株上 CeO_2 NPs 的基因毒性。已有的研究大部分是在水溶液、沙土或琼脂培养基中进行的，它们通常被用作理想的环境，没有复杂的组分。

土壤是矿物质、有机物质、水、气体和活生物体的复杂系统。实际上，NPs 可能会在环境和生物条件下进行各种物理、化学或生物转化。这些转变将改变 NPs 的转化、运输和毒性。

Lee 等表明暴露介质对 NPs 的植物毒性具有显著影响,并且表明 NPs 在土壤中的应用对于理解纳米颗粒的陆地毒性是必不可少的。Zhao 等发现土壤中 CeO_2 NPs 暴露未导致玉米植物的脂质过氧化和离子渗漏,结果与水培培养基条件不同。Priester 等发现 CeO_2 NPs 可以减少土壤栽培的大豆生长和豆荚生物量,同时抑制氮固定。然而,Wang 等报道,0.1~10 mg/kg 的 CeO_2 NPs 对盆栽土壤中番茄的植物生长无关紧要或稍有积极的作用。Morales 等报道 CeO_2 NPs 可以改变香菜的营养特性。这些不一致可能是由于接触方式、植物物种,特别是培养基的差异造成的。尽管水培研究提供了关于植物对 CeO_2 NPs 的吸收和积累的潜在机制的宝贵信息,但越来越多的努力致力于阐明 CeO_2 NPs 在土壤中的行为,以获得对 CeO_2 NPs 的环境归趋和效应的更多了解。现阶段以 CeO_2 纳米颗粒作为研究主体研究其对土壤环境影响的报道比较少,仅有的几篇文章显示,CeO_2 可对固氮菌产生消极作用,且可不同程度抑制 P 细菌和 K 细菌,但其毒性小于相同浓度下的 SiO_2、ZnO 纳米材料。CeO_2 NPs 浓度为 100 mg/kg 时可以改变大豆种植土壤中细菌群落的结构组成。

采用温室盆栽,将纳米 CeO_2 悬浮液加入营养土稳定后,以生菜作为供试植物,培养 30 d 后,研究纳米 CeO_2 对生菜的生长影响,包括鲜生物量和干生物量;用叶绿素、蛋白质、硝态氮和可溶性糖含量的变化反映纳米 CeO_2 是否会对其光合作用和营养物质产生影响;再测定生菜的根部和叶片的氧化-抗氧化酶的活性,以确定是否发生了氧化损伤而造成毒性;利用 ICP-MS 和 XAFS 检测纳米 CeO_2 在生菜体内的吸收及是否发生了转化;综合以上评价纳米 CeO_2 对生菜的毒性,对毒性机制进行探讨。

4.11.3 材料与方法

4.11.3.1 CeO_2 NPs 悬浮液的配制

用分析天平称取一定量的 Sigma CeO_2,加入二次水,超声分散,配制成 50 mg/L、100 mg/L、1000 mg/L 的悬浮液。

4.11.3.2 植物培养和实验处理

供试植物为生菜(*Lactuca sativa* L.),品种为散叶奶油小生菜,购自中国农业科学研究院蔬菜种子门市部。先用水浮选去掉瘪粒的种子,再用 10% NaClO 消毒 10 min,然后用自来水和二次水冲洗干净。称取 100 g 营养土放入聚乙烯塑料盆中(盆的尺寸是直径 12 cm,高 10.8 cm),将 100 mL 不同浓度的 CeO_2 NPs 悬浮液加入盆中,挑选大小一致的种子洗净,每个盆中放入 10 颗种子,每颗种子之间保持一定的距离,每个浓度处理 8 盘作为重复。待 5 d 出苗后选取 3 株大小一致的幼苗,其余间去。植物生长在中国农业大学资源与环境学院温室中,温室最高温度为 25℃,最低温度为 16℃。经过 30 d 的生长后收获植物,收样时先将植物的根系在 0.5 mmol/L 的 $CaSO_4$ 溶液中浸泡约 15 min,然后将植株地上部与根部分离,浸提完之后,用去离子水将根系洗净,吸水纸吸干,分离后的根系一部分用液氮冻存转入 −80℃ 冰箱(Thermo,USA)中保存待测。另一部分在 105℃ 烘箱中杀青 30 min,然后在 65℃ 烘干 48 h,称干重,密封于自封袋中待用。

4.11.4　测定项目与方法

4.11.4.1　Sigma CeO₂ NPs 的表征

取少量的 CeO_2 NPs 加入无水乙醇中,超声分散 15 min 后,取一滴加在超薄铜网上,用 TEM(JEM200CX,JEOL)进行观察,拍照。用 Gatan Digital Micrograph 3.7 软件分析纳米颗粒,得到粒径大小。配制 50 mg/L 的纳米 CeO_2 颗粒水悬浮液,超声分散 15 min 后,倒入比色皿中,用动态光散射粒度分析仪(Zetasizer NanoZS,Malvern)测量其水动力学直径。zeta 电位按照上述同样方法,加入 zeta 电位专用的带有电极的比色皿中,进行检测。

4.11.4.2　生菜中 Ce 含量的测定

将待测样品放入冷冻干燥机中冻干后,称取一定质量的干燥组织,用浓 HNO_3 和 H_2O_2(体积比 4∶1)在电热板上消解。消解液用二次水稀释定容,采用电感耦合离子体质谱 ICP-MS (Thermo,USA) 测定 Ce 含量。取 10 mg 植物样品标准参考物(灌木枝叶,GBW07602),用同样的方法消解、定容、ICP-MS 测定 Ce 含量,计算 Ce 元素回收率。

4.11.4.3　生菜根中 Ce 的化学形态分析

将待测生菜根样品在 −50℃、0.06 kPa 下冷冻干燥后,用研钵研磨成均匀粉末,再用压片机压成 10 mm ×2 mm 的圆形薄片,在北京同步辐射装置 1W1B-XAFS 实验站进行样品图谱的采集。根据样品中 Ce 的含量,采用不同的图谱采集模式。标准样 $CePO_4$、$Ce(CH_3COO)_3$、$Ce_2(C_2O_4)_3$ 和纳米 CeO_2 采用透射模式进行,其适宜的样品含量在 10% 以上;根的样品谱图采用普通荧光模式的 Lytle 探测器进行采集,适宜的样品含量为 1~100 mg/L;当样品浓度低于 100 mg/L 时,则采用 19 元 SSD 时,其检测浓度可低至 10 mg/L。所得谱图用 Athena 软件进行归一化等分析。

4.11.4.4　生菜各组织生物量的测定

将新鲜样品用干净卫生纸擦拭干净后用分析天平称重,烘干样品称重同上,天平精度为 0.0001 g。

4.11.4.5　叶绿素的测定

样品收获前,用 SPAD 仪直接测量叶片的叶绿素含量,每片叶子测 3 处位置取平均值。

4.11.4.6　蛋白质的测定

BCA 蛋白质定量法是一种常用的快速检测蛋白质含量的方法(Smith 等,1985)。取 0.1 g 新鲜的根和叶部样品放入圆底离心管中,再加入 1 mL 的磷酸缓冲液(50 mmo/L KH_2PO_4,pH 7.4),球磨仪(MM400,RETSCH,德国)匀浆后,转移到离心机(3K15,Sigma,美国)中离心($4000g$,4℃)15 min。经过离心后,取上清液测定蛋白质含量。具体操作按照 BCA 蛋白质定量试剂盒说明书来进行,步骤如下:①测定工作液的准备。将 BCA 与硫酸铜两种试剂以体积比为 50∶1 配制成一定量的 BCA 测定工作液,混合均匀后工作液呈苹果绿色。②蛋白质标准液的准备。试剂盒中提供的蛋白质标准品浓度为 1 mg/mL,说明书配制成浓度分别为 0 μg/mL、5 μg/mL、25 μg/mL、50 μg/mL、125 和 250 μg/mL 的蛋白质标准品。③样品及标准品测定。将 20 μL 的待测样品或标准品加入 96 孔板板底,每个样本

3个重复孔,分别于标准样品孔及待测样品孔中加入 BCA 工作液 200 μL,并混合均匀,37℃孵育 30 min 后,酶标仪(SpectraMax M2Molecular Devices Corporation)检测 562 nm 波长处各孔 OD 值。④绘制蛋白质标准曲线。X 轴为标准蛋白质浓度(μg/mL),Y 轴为各标准管对应的 $OD_{562\,nm}$ 值,利用 Excel 进行拟合,并计算测定管蛋白质含量。

4.11.4.7　硝态氮含量的测定

在浓酸的条件下,NO_3^- 与水杨酸反应,会生成的硝基水杨酸,硝基水杨酸在碱性条件下(pH>12)呈黄色,最大吸收峰的波长为 410 nm,在一定范围内,其颜色的深浅与含量成正比,用可见分光光度计测定,方法参考(Cataldo 等,1975)。测定步骤如下:①取一定量的植物组织剪碎混匀,用天平精确称取样品 0.2 g,重复 3 次,分别放入 3 支刻度离心管中,各加入 1 mL 二次水,置入沸水浴中提取 30 min。取出冷却,离心将提取液过滤到 25 mL 容量瓶中定容。②标准曲线的制作。100 mg/L 硝态氮标准溶液:精确称取烘至恒重的 KNO₃(分析纯)0.7221 g 溶于二次水中定容 1000 mL。吸取 100 mg/L 硝态氮标准溶液 10 mL、20 mL、30 mL、40 mL、60 mL、80 mL 和 100 mL 分别放入 100 mL 容量瓶中,用二次水定容至刻度,使之成 10 mg/L、20 mg/L、30 mg/L、40 mg/L、60 mg/L、80 mg/L、100 mg/L 的系列标准溶液。③样品及标准样的测定。吸取样品液和标准样 0.1 mL 分别于 3 支刻度试管中,然后加入 5% 水杨酸-硫酸溶液 0.4 mL,混匀后置室温下 20 min,再慢慢加入 9.5 mL 8% NaOH 溶液,待冷却至室温后,以空白作参比,用紫外可见分光光度计(TU-1901,北京)在 410 nm 波长下测其吸光度。④绘制标准曲线。X 轴为标准硝态氮浓度(mg/kg),Y 轴为各标准管相应的吸光值,利用 Excel 进行拟合,并计算测定管硝态氮含量。

$$\text{硝态氮含量} = C \times V / W$$

式中,C 为标准曲线上查得或回归方程计算得硝态氮浓度;V 为提取样品液总量;W 为样品鲜重。

4.11.4.8　可溶性糖含量的测定

糖在浓硫酸作用下,可经脱水反应生成糠醛或羟甲基糠醛,生成的糠醛或羟甲基糠醛可与蒽酮反应生成蓝绿色糠醛衍生物,最大吸收峰在 620 nm 波长处。用蒽酮法可以一次测出总可溶性糖含量。测定步骤如下。

(1)样品液的准备。称取干样粉末 10 mg,放入离心管中,加入 1 mL 蒸馏水,在沸水浴中煮沸 20 min,取出冷却,过滤入 25 mL 容量瓶中,用蒸馏水冲洗残渣数次,定容。

(2)标准曲线的制作。葡萄糖标准溶液(100 μg/mL):准确称取 100 mg 分析纯无水葡萄糖,溶于蒸馏水并定容 100 mL,使用时再稀释 10 倍(100 μg/mL)。吸取 100 μg/mL 葡萄糖标准溶液 0 mL、0.2 mL、0.4 mL、0.6 mL、0.8 mL、1 mL 用二次水定容 1 mL,加 5 mL 蒽酮试剂,使之成 0 mg/L、20 mg/L、40 mg/L、60 mg/L、80 mg/L、100 mg/L 的系列标准溶液。

(3)样品及标准样的测定。取待测样品提取液 1.0 mL 加蒽酮试剂 5 mL,将各管快速摇动混匀后,在沸水浴中煮 10 min,取出冷却,在 620 nm 波长下,用空白调零测定吸光值,重复 3 次。

(4)绘制标准曲线。X 轴为标准葡萄糖浓度(μg/g),Y 轴为各标准管相应的吸光值,利用 Excel 进行拟合,并计算测定管可溶性糖含量。

4.11.4.9　生菜根部抗氧化酶活性和 MDA 含量测定

(1)SOD 粗酶液的制备。4℃条件下,将新鲜植物组织按照每克 10 mL 50 nmol/L 磷酸缓冲液(pH 8,含 1 nmol/L 的 EDTA,4%聚乙烯吡咯烷酮),在球磨仪中进行研磨,匀浆液放入离心机中离心 20 min(12000 r/min),上清液即为粗酶提取液,用于 SOD 和 MDA 含量的测定。

(2)POD 粗酶液制备。4℃条件下,将新鲜样品按照每 0.5 g 加入 5 mL 0.1 mol/L Tris-HCl 缓冲液(pH 8.5),球磨仪研磨成匀浆,放到离心机中离心 15 min(4000 r/min),取上清液,即为酶的粗提液。

(3)用旋涡混匀器充分混匀,置 37℃恒温水浴 40 min。再向各管中加入 400 μL 的显色剂混匀,室温放置 10 min,准确吸取 250 μL 各管反应液加到新的 96 孔板中,550 nm,将酶标板空板进行扫描,酶标仪测定各孔的吸光度(计算时要减去空板读数)。

(4)注意测定 SOD 时最佳取样量的确定,如果第一次使用或测试某一种新的样品时最好先做 3 支不同取样量的测试管。分别以示例的取样量为中间值再加 10 μL 或减少 10 μL 做 3 支样本管及 1 支对照管按照操作表进行预实验,以确定最佳取样量。最佳取样量范围应该为 0.15~0.55,取百分抑制率在 15%~55%,因为此段曲线基本呈正比例曲线关系而百分抑制率在 45%~50%的这一管取样量作为最佳取样量。

(5)最佳取样量的计算。(对照管吸光度-测定管吸光度)/对照管吸光度。盖上盖,旋涡混匀器混匀,95℃以上水浴 20 min,取出后流水冷却,530 nm,将酶标板空板进行扫描,准确吸取 250 μL 各管反应液加到新的 96 孔板中,酶标仪测定各孔的吸光度(计算时要减去空板读数)。

4.11.5　数据处理

生物量等统计学数据,均用均值±标准偏差来表示。用基于 LSD(样本数均一)和 Bonferroni(样本数不均一)的单因素方差分析(One-way ANOVA)对数据的显著性差异进行分析。所有的处理过程均在 SPSS17.0 程序上操作。

4.11.6　结果分析

4.11.6.1　纳米 CeO_2 对生菜组织中 Ce 含量的影响

由图 4-29 可以看出,随着纳米 CeO_2 处理浓度的增加,组织中 Ce 元素含量随之增加。在生菜根系中,50 mg/kg、100 mg/kg 和 1000 mg/kg 浓度的纳米 CeO_2 处理组中,Ce 的含量显著高于对照组。而在生菜叶片中,50 mg/kg 浓度处理组和对照组无显著性差异,100 mg/kg 和 1000 mg/kg 浓度的纳米 CeO_2 处理组中的 Ce 含量显著高于对照组。并且植物根组织中 Ce 的含量(12.7~449.4 mg/kg)远远高于植物叶片中 Ce(2.3~105.8 mg/kg)的含量。结果表明,随着处理浓度的升高,植物根部吸收纳米材料的浓度呈现剂量依赖效应,但大部分颗粒仅仅吸附于根表面。虽然纳米颗粒进入根部比较困难,仍然有少量的纳米颗粒能转运至地上部。

4.11.6.2　生菜根系中 Ce 的化学形态

为了研究纳米 CeO_2 在生物体和环境中是否发生转化,用 XAFS 技术对 Sigma 纳米 CeO_2 的化学形态进行了分析。如图 4-30 所示,垂直虚线指出的是 Ce(Ⅲ)和 Ce(Ⅳ)两种价

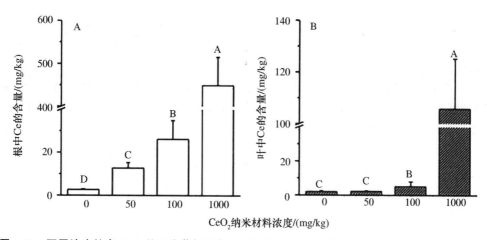

图4-29 不同浓度纳米 CeO_2 处理生菜根系中(A)和枝叶中(B)Ce 的含量。图中不同字母表示差异显著($P<0.05$),数据表示均值±标准误差($n=8$)

态的特征峰,a 为 Ce(Ⅲ)的特征峰,以 $CePO_4$、$Ce(CH_3COO)_3$ 和 $Ce_2(C_2O_4)_3$ 作为标准参照物,b 和 c 为 Ce(Ⅳ)的两个特征峰,以 CeO_2 作为参照。可以看出,盆栽土壤的 XAFS 谱不含 Ce(Ⅲ)的峰,基本只含有 Ce(Ⅳ)。而生菜根系样品中发现不仅有 Ce(Ⅳ)的峰,也有 Ce(Ⅲ) 的峰。盆栽土中 Ce 的价态主要存在形式换算成百分数来表示,则是 95.1% CeO_2 和 4.2% $Ce_2(C_2O_4)_3$,没有 $CePO_4$ 和 $Ce(CH_3COO)_3$;而在生菜根中,则是 77.3% CeO_2,0.5% $CePO_4$,7.5% $Ce(CH_3COO)_3$ 和 12.3% $Ce_2(C_2O_4)_3$。以上结果表明,纳米 CeO_2 在生菜根系中发生了价态的转化。

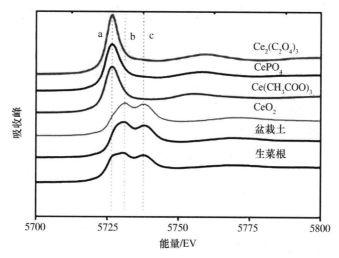

图4-30 纳米 CeO_2 处理生菜根系中 Ce 的 XANES 谱图,a 表示 Ce(Ⅲ)的特征峰,b 和 c 表示 Ce(Ⅳ)的特征峰

4.11.6.3 纳米 CeO_2 对生菜生物量的影响

根据图4-31的结果,可以看出,当纳米 CeO_2 浓度为 100 mg/kg 时,生菜的地上部和地下部的新鲜生物量都显著增加,说明纳米 CeO_2 促进了生菜的生长。而浓度为 50 mg/kg 的

处理组和对照组相比较,结果表明对生菜的生物量无显著的影响。当浓度达到 1000 mg/kg 时,生菜根部的鲜生物量,和对照组相比,有显著性降低,结果表明生菜根系生长受到了抑制。相比于新鲜生物量,干生物量的变化趋势是一致的,但是显著性差异稍有不同,如 100 mg/kg 纳米 CeO_2 浓度处理组中,生菜根的干生物量和对照组存在显著性差异,而地上部茎叶的干生物量没有显著性增加。但是,1000 mg/kg 纳米 CeO_2 浓度处理组使得生菜地上部和地下部的都显著降低。以上结果说明土壤中加入 50 mg/kg 纳米 CeO_2,对生菜的生长发育未发生明显的影响;但是,当浓度增加到 100 mg/kg 纳米 CeO_2 时,则会对生菜的生长发育有一定的促进作用;而 1000 mg/kg 纳米 CeO_2 时,生菜的生长发育受到了显著的抑制。

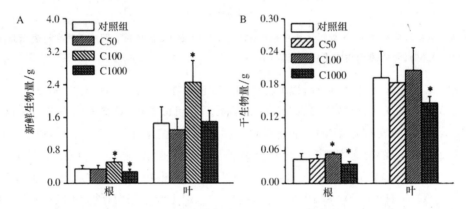

图 4-31　不同浓度纳米 CeO_2 对土培生菜 30 d 后的地上部和地下部鲜重(A)和干重(B)的影响,所有实验均设 4 个重复,每个重复有 2 株植物,数据均用平均值±标准差显示。∗ 表示在 $P \leqslant 0.05$ 时有显著性差异

4.11.6.4　纳米 CeO_2 对生菜叶片 SPAD 值的影响

注:SPAD 叶绿素就是通过测量叶子对两个波长段里的吸收率,来评估当前叶子中的叶绿素的相对含量,是无量纲。

SPAD 值与叶绿素含量有着极显著水平的相关性,所以可以用 SPAD 值来代表叶绿素的含量。图 4-32 中,和对照组相比,各浓度纳米 CeO_2 处理组在收获期对生菜的叶绿素含量并无显著性差异。

4.11.6.5　纳米 CeO_2 对生菜蛋白质含量的影响

分别对生菜的根部和茎叶部的蛋白质进行了测定,结果表明纳米 CeO_2 在收获期对生菜的蛋白质含量无显著的影响(图 4-33)。

4.11.6.6　纳米 CeO_2 对生菜叶片硝态氮和可溶性糖含量的影响

由图 4-34 可知,和对照组相比,100 mg/kg CeO_2 NPs 处理组中植物叶片中硝酸盐含量显著地增加,增加了 38.2%;而可溶性糖含量,则是在 1000 mg/kg CeO_2 处理组中出现了显著性地降低。

4.11.6.7　纳米 CeO_2 对生菜根系抗氧化系统的影响

从图 4-35 可见,50 和 100 mg/kg 浓度纳米 CeO_2 处理组和对照组的 SOD、POD 和 MDA

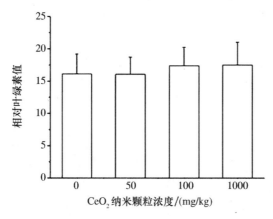

图 4-32 不同浓度纳米 CeO_2 处理组，30 d 收获时生菜叶片的叶绿素含量

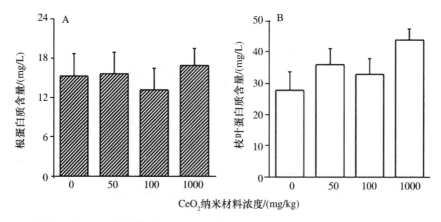

图 4-33 不同浓度纳米 CeO_2 对生菜根部（A）和枝叶部（B）蛋白含量。所有实验均设 4 个重复，每个重复有 2 株植物，数据均用平均值±标准差显示

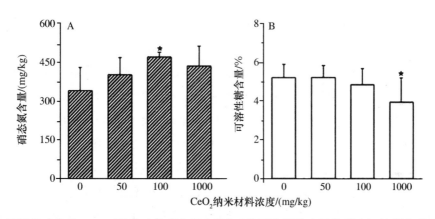

图 4-34 不同浓度纳米 CeO_2 对生菜叶片硝态氮含量（A）和可溶性糖含量的影响（B），所有实验均设 4 个重复，每个重复有 2 株植物，数据均用平均值±标准差显示。* 表示在 $P \leqslant 0.05$ 时有显著性差异

酶活性变化不明显；而当浓度为 1000 mg/kg 时，SOD、POD 发生了显著性降低的变化，并且 MDA 显著上升。以上结果表明，生菜根部在纳米 CeO_2 材料的轻度胁迫下，变化并不明显；而在重度胁迫下，发生了脂质过氧化反应，纳米 CeO_2 材料对生菜产生毒性。

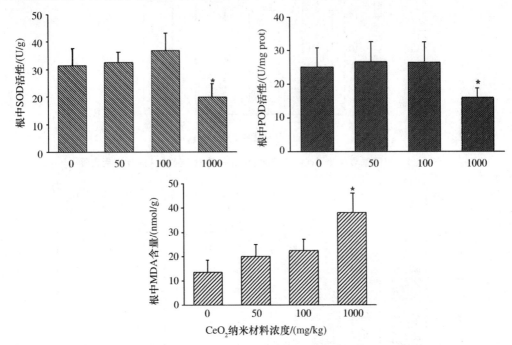

图 4-35 不同浓度纳米 CeO_2 对生菜根系的 SOD、POD 和 MDA 酶活性的影响，所有实验均设 4 个重复，每个重复有 2 株植物，数据均用平均值±标准差显示。* 表示在 $P \leq 0.05$ 时有显著性差异

4.11.6.8　纳米 CeO_2 对生菜茎叶抗氧化系统的影响

由图 4-36 可知，50 mg/kg 浓度纳米 CeO_2 处理组和对照组的 SOD、POD 和 MDA 酶活性变化不明显，表明纳米 CeO_2 加入营养土，对生菜叶片中的抗氧化酶活性系统的影响并不显著。

4.11.7　讨论

盆栽实验结果显示，当纳米 CeO_2 浓度为 1000 mg/kg 时才对生菜的生长有抑制作用，证实纳米 CeO_2 对于生菜存在特有毒性，但是当纳米 CeO_2 浓度低于 100 mg/kg 时对生菜的生长有一定的促进作用。这与之前研究纳米 CeO_2 在水培和琼脂培养基中的结论是一致的，之前的研究表明，在水培条件下，2000 mg/kg 纳米 CeO_2 对生菜种子萌发阶段的根生长表现出抑制作用，而对油菜、圆白菜、小萝卜、番茄、黄瓜和小麦都没有毒性；而在琼脂培养条件下，200 mg/kg 纳米 CeO_2 也对生菜种子萌发阶段的根生长表现出抑制作用，但是当纳米 CeO_2 浓度为 20 mg/kg 时，对生菜根的伸长有一定的促进作用。土壤中的天然有机质能够缓解纳米材料对于植物的毒性，如 CuO 纳米材料诱导植物体内产生活性氧（ROS），导致脂质过氧化作用反应，抑制水稻幼苗根的伸长，根部形态和超微结构的异常，细胞失去了活性以及膜完整性遭受破坏，线粒体发生功能障碍和细胞程序性死亡。但是，当加入腐殖酸（HA）后，腐

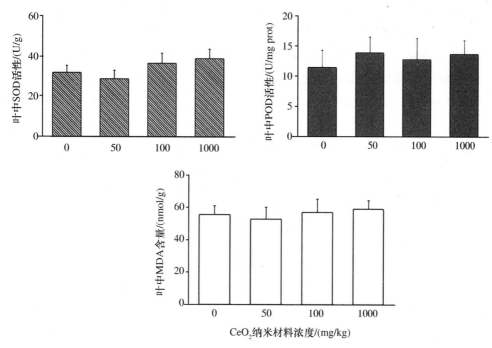

图 4-36 不同浓度纳米 CeO_2 对生菜枝叶中 SOD、POD 和 MDA 酶活性的影响,所有实验均设 4 个重复,每个重复有 2 株植物,数据均用平均值±标准差显示

殖酸包裹纳米材料增强了纳米材料和植物细胞膜之间的静电斥力,从而减缓了 CuO 纳米材料对水稻幼苗的毒性作用。López-Moreno 等发现 500 和 4000 mg/L 的纳米 CeO_2 能显著降低玉米的生物量;而他们在另一研究中发现在 500~4000 mg/L 浓度范围的纳米 CeO_2 都能显著促进大豆的根生长。生菜的硝态氮和可溶性糖含量在高浓度纳米材料下显著地降低,但是叶绿素和蛋白质含量并未受到纳米材料的显著影响。硝态氮的累积强度直接或间接地取决于土壤、光照、温度、水分和肥料供应以及作物的种属等。糖是高等植物的主要代谢产物、能量来源和结构物质,还是植物生长发育和基因表达的重要调节因子。可溶性糖主要包括葡萄糖和蔗糖等,参与体内渗透调节,并可能在维持植物蛋白质稳定方面起重要作用。有人研究了纳米 CeO_2 对水稻叶绿素的影响,结果显示未发生明显的毒性效应,但是叶绿素含量显著地降低。类似的结果还有,Ursache-Oprisan 等研究纳米 Fe_3O_4 和纳米 $CoFe_2O_4$ 对太阳花幼苗没有明显毒性,也不影响萌发速率,但是叶绿素含量和对照组相比,分别降低了 50% 和 28%。50 mg/L 纳米 Si 处理绿藻(Scenedesmus obliquus)后,叶绿素含量显著降低。与之结果不同的研究有,超磁性纳米氧化铁颗粒对大豆无毒性,但是叶绿素水平并且有所提高。通常认为,农作物的产量依赖于农作物所进行光合作用的能力,光合作用速率的升高会提高作物的产量。但也有许多研究结果表明:作物叶片光合作用速率与产量并没有明确的正相关的关系。这是由于农作物的产量是单位面积土地上一个生长季里的总收获,而叶片光合速率仅仅反映的是一片叶子的光合作用状况,而没有考虑整个农田中的作物是一个完整的系统,因此,农作物的产量与叶片光合作用速率之间无明显相关性也不足为怪。在正常

情况下,由于植物体内抗氧化系统的有效运转,活性氧被及时清除,而当植物遭受生物或非生物胁迫后,植物的抗氧化系统(如 SOD 和 POD)等会发生氧化应激,甚至脂质过氧化反应。活性氧产生是重金属和纳米材料产生毒性的主要机制。在各种生物和非生物的胁迫下,ROS 增加会导致植物细胞体内氧化损伤和细胞死亡。实验结果显示,生菜根部 SOD 和POD 均显著性降低,MDA 含量显著增高,表明自由基过量累积,根部受到了非生物胁迫。Rico 等研究了不同浓度纳米 CeO_2(62.5 mg/L,125 mg/L,250 mg/L 和 500 mg/L)对水稻幼苗自由基的产生和氧化损伤。在 62.5 mg/L 浓度时,纳米 CeO_2 减少了 H_2O_2 的浓度,推断可能是由于 CeO_2 的自由基清除能力;而在 125~500 mg/L 浓度时,H_2O_2 增加,SOD 模拟活性也随之增加。Gomez-Garay 等也发现了较低浓度的纳米 CeO_2 同样能够诱导 *M. arborea* 体内 ROS 的产生,增强细胞的氧化应激能力。相关研究浓度 1000 mg/L 的纳米 CeO_2 诱导拟南芥(*A. thalisana*)产生脂质过氧化反应,而 In_2O_3 并没有产生脂质过氧化。这表明可能是由于花色素含量的增加导致 ROS 的产生,引起了拟南芥的脂质过氧化反应。纳米 CeO_2 被认为在生物体及自然环境下非常稳定、不易解离,因而对其在生物体和环境中的转化少有研究。为了研究纳米 CeO_2 在生物体和环境中是否发生转化,本文用 XAFS 技术对纳米 CeO_2 的化学形态进行了分析。结果发现,土壤中生菜的根部存在三价的 Ce 离子。莴苣属植物对 Ce^{3+} 非常敏感,当 Ce^{3+} 浓度达到 0.5 mg/L,根的生长会受到显著抑制,会产生根中自由基过量累积、细胞膜完整性被破坏、根细胞死亡等负面效应。影响纳米材料生物转化的因素有很多,对于含有可变价金属元素的纳米材料来说,氧化还原条件是影响其化学形态的重要因素。天然水体和透气性良好的土壤往往处于氧化氛围,而在水培条件下或透气性差的土壤如湿地中,常处于还原氛围。但是,植物可以分泌大量的还原性物质如还原糖、酚类物质等,也会导致氧化还原反应的发生。植物根系周围存在的微生物在代谢过程中也会产生还原性物质。这些因素都可能引起纳米 CeO_2 发生转化。

本工作相较于之前的工作,更加接近于纳米材料在环境中的真实暴露情况,并且研究了植物生长发育后的影响。纳米 CeO_2 材料对可食用蔬菜的影响,在高浓度情况下,纳米 CeO_2 对生菜表现出毒性效应,而在低浓度条件下,对生菜有一定的促进生长的作用。

4.12　纳米氧化铈毒理学研究

4.12.1　实验材料及方法

4.12.1.1　材料与仪器

纳米氧化铈(Sigma),购自上海沪峰生物科技有限公司。营养液配制,实验采用改进的 Hoagland 营养液,包括大量元素和微量元素,具体见表 4-16。

表 4-16 营养液配方

化合物	分子式	分子量	浓度/(mmol/L)	浓度/(mg/L)
硝酸钙	$Ca(NO_3)_2 \cdot 4H_2O$	236.15	2.4900	588.0135
硫酸镁	$MgSO_4 \cdot 7H_2O$	246.47	1.0000	246.4700
磷酸二氢铵	$NH_4H_2PO_4$	115.02	0.5000	57.5100
硝酸钾	KNO_3	101.10	2.0000	202.2000
乙二胺四乙酸铁钠	$EDTA \cdot FeNa$	367.05	0.1000	36.7050
硫酸铜	$CuSO_4 \cdot 5H_2O$	249.69	0.0002	0.0499
硫酸锌	$ZnSO_4 \cdot 7H_2O$	287.56	0.0010	0.2876
硼酸	H_3BO_3	61.83	0.020	1.2366
硫酸锰	$MnSO_4 \cdot H_2O$	169.02	0.0010	0.1690
七钼酸铵	$(NH_4)_6Mo_7O_{24} \cdot 4H_2O$	1235.86	0.000005	0.0062

该实验部分使用的仪器主要有软尺,电子天平,电感耦合等离子体发射光谱仪(ICP-OES),LI-6400XT 光合仪等。

4.12.1.2 实验方法

1.植物育苗

准备一定量建筑用细沙,用自来水清洗干净,然后用 9% 的 H_2O_2 消毒 20 min,去离子水清洗数遍,将沙子倒入准备萌发种子用的容器中。选用的棉花为转基因棉花 Bt29317 及其亲本冀合 321,播种前棉花种子用 9% 的 H_2O_2 消毒 20 min,流水清洗数遍后用去离子水浸泡 12 h,露白后挑选大小相近的种子播种于沙床,种子萌发 7 d,挑选长势良好,株高相近的两株幼苗移入营养液中继续培养,每隔 4 d 换一次营养液,培养 2 周左右待棉花苗长出真叶后,空白组继续在基础营养液中培养,其他组分别在营养液中添加不同量的纳米材料(纳米氧化铈浓度设置 0、100、500、2000 mg/L 四个浓度梯度),此时每盆营养液里面只保留一株棉花,每个处理 4 个重复,实验期间定时补充营养液,使营养液总量保持在 5 L,共培养 50 d。

2.株高及生物量测定

利用软尺来测量棉花株高,每隔 7 d 测量一次株高并记录;生长期结束之后,幼苗收样,根、茎、叶分别烘干至恒重,用电子天平测量其干重即为生物量。

3.光合速率测定

利用 LI-6400XT 便携式光合仪测定棉花的光合速率,机器预热之后做出光响应曲线,然后每株棉花选择 3 片生长健康的叶子,分别测量其光合速率。

4.营养元素含量测定

生长期结束后将棉花幼苗收样,收样的时候用自来水和去离子水将幼苗冲洗干净,将样品的根、茎、叶分别在烘箱中烘干处理,首先在 105℃ 条件下杀青 20 min,然后在 85℃ 条件下烘干直至样品恒重,用高速粉碎机将样品粉碎,将粉末状样品保存在封装袋中。消解样品前,称量 20~30 mg 样品,放入 25 mL 锥形瓶中,加入 6 mL HNO_3 浸泡过夜,加热消解前再加入 1.5 mL H_2O_2,放到电热板上加热 1～2 h,温度控制在 200℃以下,待 H_2O_2 沸腾后再加入 1.5 mL H_2O_2,继续消解直至锥形瓶中剩余 1 mL 左右消解液时停止消解,待消解液冷却后将其倒入 10 mL 离心管中,用去离子水定容至 10 mL,利用 ICP-OES 测量样品中营养元素的含量。

4.12.2　实验结果与讨论

4.12.2.1　纳米材料对植株生物量和株高的影响

图 4-37,图 4-38 为不同浓度处理条件下普通棉花冀合 321 和转基因棉花 Bt29317 生物量和株高增加量的变化,由于普通棉花和转基因棉花的生长速度不同,实验中观察发现在加入纳米材料之前它们的株高已经有比较明显的变化,为了较准确地表示纳米材料的影响,我们选择测量株高的增加量,在不同浓度纳米氧化铈条件下两种棉花的株高增加量均没有显著的变化,且相同浓度下冀合 321 的株高增加量均显著高于 Bt29317 的生物量,这可能是由于普通棉花和转基因棉花本身的生长速度差异有关。

为了更清楚地研究纳米材料对植株不同部位的效应,我们分别研究了两种棉花地上部和地下部的生物量,发现纳米氧化铈对 Bt29317 地上部生物量的影响不是很大,随着添加纳米氧化铈浓度的提高,其地上部生物量基本没有显著的变化,冀合 321 地上部生物量随纳米氧化铈的加入有较大的变化,且添加的纳米材料浓度较低时(100 mg/L),变化不明显,而当纳米材料的浓度上升(500 和 2000 mg/L),其反而有比较明显的上升;纳米氧化铈对两种棉花根部生物量的影响比较大,冀合 321 根部生物量随着添加纳米材料浓度的上升而增加,且在实验条件下添加的纳米材料的浓度较大时,根部生物量的增加量越大,Bt29317 根部对纳米材料比较敏感,可以看出纳米氧化铈在一定范围内增加时,根部生物量有一定程度的下降,且纳米氧化铈的浓度越大,对根部的抑制作用越强,但当纳米氧化铈的浓度达到 2000 mg/L 时,Bt29317 根部生物量反而有所增加。

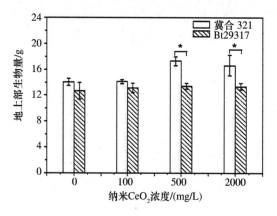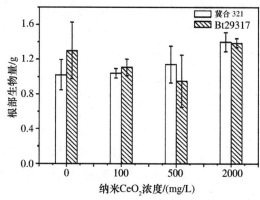

图 4-37　不同浓度纳米 CeO_2 条件下 Bt29317 和冀合 321 地上部和根部的生物量(数据采用平均值±标准差,* 表示处理组与对照组有显著差异,短线上的 * 表示相同浓度纳米 CeO_2 条件下两种棉花有显著差异)

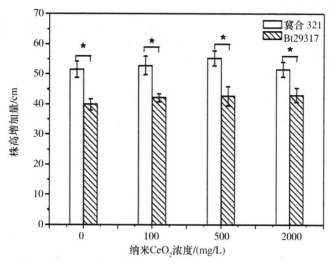

图 4-38 不同浓度纳米 CeO₂ 条件下 Bt29317 和冀合 321 株高增加量(数据采用平均值±标准差，∗ 表示处理组与对照组有显著差异，短线上的 ∗ 表示相同浓度纳米 CeO₂ 条件下两种棉花有显著差异)

以前也有添加纳米氧化铈之后植物生物量增加的报道，如有研究发现当添加的纳米氧化铈浓度提高到 2000 mg/L 时，相对于空白组，土豆的生物量有显著的增加，但是，纳米氧化铈促进植物的具体机理仍然不是很清楚，一种可能的解释是纳米氧化铈可以起到与超氧化物歧化酶(SOD)相似的作用，也就是说纳米氧化铈可以控制植物体内氧自由基的数量，从而保护植物细胞免受伤害。但是纳米氧化铈对植物产生的不全是促进作用，上述实验结果显示在纳米氧化铈浓度为 100 和 500 mg/L 时，Bt29317 的根部生物量相对于空白组有一定程度的下降。Asli 等研究发现有些纳米材料可以在植物根系表面聚积，并且能够抑制植物转运水的能力、叶片生长和蒸腾作用，最后导致植物生物量下降。

4.12.2.2 纳米材料对光合速率的影响

净光合速率是指真正的光合作用速率减去呼吸作用速率，体现了植物有机物的积累，我们研究了不同浓度纳米材料处理条件对两种棉花净光合速率的影响，结果如表 4-17 所示。可以看出对于转基因棉花 Bt29317，不同浓度的纳米氧化铈对其光合速率有一定的促进作用，在纳米氧化铈的浓度较低(100 mg/L)时，Bt29317 的光合速率有一定的上升，而当纳米氧化铈的浓度逐渐增加时，这种促进作用有所降低，纳米氧化铈的浓度达到 2000 mg/L 时，其光合速率与纳米氧化铈浓度为 500 mg/L 时相差不大，说明低浓度的纳米材料对转基因棉花有比较明显的影响，当纳米材料的浓度超过一定范围之后反而没有太大的影响。

表 4-17 不同浓度 CeO₂ 条件下 Bt29317 和冀合 321 净光合速率

CeO₂ 浓度/(mg/L)	0.00	100.00	500.00	2000.00
Bt29317 净光合速率 /[μmol CO₂/(m²·s)]	20.19±1.84	23.47±3.46	21.22±1.68	21.14±2.31
冀合 321 净光合速率 /[μmol CO₂/(m²·s)]	20.21±1.12	20.31±2.58	22.73±2.69	18.51±1.56

对于冀合 321,纳米氧化铈浓度较低(100 mg/L)时,光合速率变化不大,当纳米氧化铈的浓度增加到 500 mg/L 时,棉花的光合速率有一定的增加,而当纳米材料的浓度继续增加到 2000 mg/L 时,冀合 321 的光合速率受到抑制,说明纳米材料浓度较低时对普通棉花影响不大,浓度较高时影响比较明显。

对比 Bt29317 和冀合 321 光合速率的变化规律,可以看出在纳米氧化铈浓度较低时,Bt29317 的光合速率就有比较明显的变化,而冀合 321 的光合速率在纳米氧化铈的浓度较高时才有比较明显的变化,说明转基因棉花在生长过程中更容易受到纳米材料的影响,而普通棉花则不容易受到纳米材料的影响,在一定浓度范围内可以保持正常的光合作用。由于实验条件下纳米材料没有对转基因棉花的光合作用产生抑制作用,反而有一定的促进作用,在更多的实验的基础上,纳米材料也许可以用来提高转基因棉花的光合速率,从而提高其产量。

4.12.2.3　纳米材料对营养元素含量的影响

植物生长过程中需要很多种营养元素,分为大量元素与微量元素,大量元素有 N、P、K 等,微量元素有 Fe、Zn、Ca、Mg、Na 等,这些元素对植物的正常生长起重要作用,任何一种元素含量的变化都可能对植物的生长产生影响,为了探究纳米氧化铈对棉花效应的可能原因,我们选取 Fe、Zn、K、Ca、Mg、Na 6 种元素来研究,由于不同的元素在植物根部和地上部分的分布不一样,为了更清楚地了解元素含量的变化及在棉花体内的分布状况,我们分别测定了棉花根部和地上部的各元素含量。图 4-39 表示了 K 元素的含量变化,可以看出对于冀合 321,地上部的 K 含量在纳米氧化铈浓度较低(100 mg/L)时基本没有变化,当纳米氧化铈的浓度增加到 500 mg/L 时,其地上部的 K 元素的含量有一定的下降,但是没有达到显著水平($P>0.05$),纳米材料的浓度达到 2000 mg/L 时,冀合 321 地上部的 K 含量与纳米材料浓度为 500 mg/L 时相近,说明冀合 321 地上部的 K 含量在低浓度纳米材料条件下基本没有变化,当纳米材料浓度较高时,其 K 含量才有一定的变化;对于 Bt29317,低浓度的纳米氧化铈对其地上部的 K 含量有一定的促进作用,高浓度的纳米氧化铈使其地上部的 K 含量有所降低,且当纳米氧化铈的浓度达到 2000 mg/L 时,Bt29317 地上部的 K 含量有显著的下降($P<0.05$),2000 mg/L 的纳米氧化铈条件下,转基因棉花和普通棉花地上部的 K 含量达到显著差异。

两种棉花根部 K 的含量变化均没有显著的变化,冀合 321 根部的 K 含量在所有的纳米氧化铈浓度下均有一定的增加,当纳米材料的浓度超过一定值(500 mg/L)时,其 K 含量基本保持稳定;Bt29317 根部的 K 含量在纳米材料浓度较低(100 和 500 mg/L)时基本没有变化,当纳米材料的浓度增加到 2000 mg/L 时有比较显著的变化。在 500 和 2000 mg/L 的纳米材料条件下,Bt29317 和冀合 321 根部的 K 含量相互之间达到显著水平。总体来看,转基因棉花体内的 K 含量比较容易受到纳米材料的影响,普通棉花对纳米材料不是很敏感。

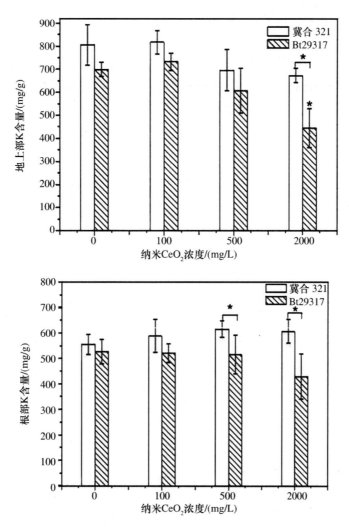

图 4-39　不同浓度纳米 CeO$_2$ 条件下 Bt29317 和冀合 321 根部与地上部 K 含量（数据采用平均值±标准差，* 表示处理组与对照组有显著差异，短线上的 * 表示相同浓度纳米 CeO$_2$ 条件下两种棉花有显著差异）

图 4-40 为两种棉花地上部和根部 Ca 元素含量变化，可以看出冀合 321 地上部 Ca 含量在不同浓度纳米氧化铈条件下没有显著的变化，纳米氧化铈浓度较低时（100 和 500 mg/L），其地上部 Ca 元素含量有一定程度的增加，但是没有达到显著水平，当纳米氧化铈浓度达到 2000 mg/L 时，冀合 321 地上部 Ca 元素含量减少；Bt29317 地上部 Ca 元素含量随纳米氧化铈浓度的变化趋势与冀合 321 相似，在纳米氧化铈浓度为 100 mg/L 时有一定的增加，500 mg/L 的纳米氧化铈已经对 Bt29317 地上部的 Ca 含量有一定的抑制作用，当纳米氧化铈浓度达到 2000 mg/L 时，已经比较显著地降低了其地上部 Ca 的含量。

两种棉花根部 Ca 含量的变化比较明显，冀合 321 根部 Ca 含量随着纳米氧化铈浓度的增加而增加，且在纳米氧化铈浓度为 2000 mg/L 时达到显著水平（$P<0.05$），但是其根部 Ca 含量在纳米氧化铈为 100、500、2000 mg/L 时相差不是很明显；Bt29317 根部 Ca 含量在纳米氧化铈浓度为 100 mg/L 时有一定程度的上升，当纳米氧化铈浓度超过 500 mg/L 时，其根部

Ca 的含量有比较明显的下降,此后随着纳米氧化铈浓度的增加,Bt29317 根部 Ca 的含量变化不大,相对于冀合 321,Bt29317 在纳米浓度较低时就受到比较明显的影响。较高浓度的纳米氧化铈会降低植物体内 Ca 的含量,具体的机理目前还不是很清楚,有研究表明 Ce 元素可以替换植物根系表面的 Ca 元素,从而导致 Ca 元素吸收量的下降,由于纳米氧化铈与 Ce 单质的性质不同,不能确定这种替换作用是否在纳米氧化铈的作用过程中有一定的作用,但是由于纳米氧化铈分散到水中之后会释放出一定量的 Ce,所以这部分 Ce 可能也有类似的替换反应,导致一些矿质元素含量的变化。

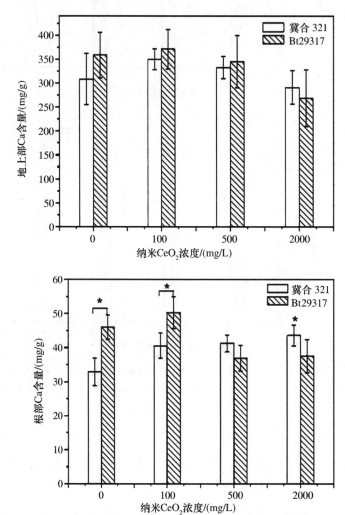

图 4-40 不同浓度纳米 CeO₂ 条件下 Bt29317 和冀合 321 根部与地上部 Ca 含量(数据采用平均值±标准差,∗ 表示处理组与对照组有显著差异,短线上的 ∗ 表示相同浓度纳米 CeO₂ 条件下两种棉花有显著差异)

Mg 是叶绿素的组成成分,如果植物体内 Mg 元素含量过少,植物的光合作用会受到影响,图 4-41 为纳米氧化铈的浓度对两种棉花体内 Mg 元素含量的影响。冀合 321 地上部的 Mg 含量在纳米氧化铈浓度较低时(100 和 500 mg/L)时有一定程度的上升,2000 mg/L 的纳米氧化铈对冀合 321 地上部 Mg 含量基本没有影响,表明冀合 321 对纳米氧化铈的反应不是很敏感;Bt29317 地上部 Mg 含量在纳米氧化铈含量较低时(100 mg/L)有一定的增加,较高浓度的纳米氧化铈对其地上部 Mg 含量有一定的抑制作用,且添加的纳米氧化铈浓度越高,这种抑制作用越强烈。

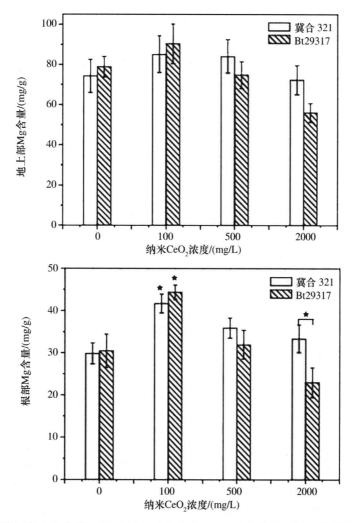

图 4-41 不同浓度纳米 CeO₂条件下 Bt29317 和冀合 321 根部与地上部 Mg 含量(数据采用平均值±标准差, * 表示处理组与对照组有显著差异,短线上的 * 表示相同浓度纳米 CeO₂条件下两种棉花有显著差异)

两种棉花根部 Mg 含量的变化比地上部 Mg 含量的变化要明显,在所有的纳米氧化铈浓度下,冀合 321 根部 Mg 含量均有一定程度的增加,且在纳米氧化铈浓度为 100 mg/L 时有显著的增加($P<0.05$),此后随着纳米氧化铈浓度的增加,这种促进作用逐渐减弱;Bt29317 根部 Mg 含量也在纳米氧化铈浓度为 100 mg/L 时显著增加,高浓度的纳米氧化铈对 Bt29317 根部 Mg 元素含量有一定的抑制作用,且浓度越大,抑制作用越明显。这种变化与所测的光合速率变化不是很一致,主要是由于影响光合速率的因素比较多,如光照强度、氧气浓度、叶绿素含量等,所以植物体内 Mg 元素的变化不一定跟光合速率的变化保持一

致。对比转基因棉花和普通棉花,可以看出,转基因棉花体内的 Mg 元素在纳米材料浓度较低时就有比较明显的影响,纳米材料浓度较高时,其体内的 Mg 元素含量变化也比较大,而普通棉花体内的 Mg 元素含量变化不是很大。

Na 也是一种重要的元素,Na 能够提高植物吸水吸肥的能力,主要是由于 Na 可以增大植物细胞的渗透势。此外,Na 可以提高细胞原生质的亲水性,植物吸收部分 Na 以后,细胞内的电解质增加,组成原生质体的胶体即发生变化膨胀,从而提高了原生质体与水的亲和力,提高了细胞的保水潜力,在一定程度上可以降低植物的蒸腾作用,图 4-42 为两种棉花体内 Na 元素含量变化。可以看出不同浓度的纳米氧化铈对冀合 321 地上部的 Na 元素基本没有影响,其含量始终保持在一定的范围内,Bt29317 地上部的 Na 含量在纳米氧化铈浓度为 100 和 500 mg/L 时也基本没有变化,当纳米氧化铈浓度达到 2000 mg/L 时,其地上部 Na 元素含量有轻微的下降,也说明相对于普通棉花,转基因棉花对纳米材料比较敏感。

两种棉花根部的 Na 含量随添加纳米氧化铈浓度的增加变化比较明显,冀合 321 根部 Na 元素含量随纳米氧化铈浓度增加而有所增加,在一定范围内(100~500 mg/L),纳米氧化铈浓度越高,其根部 Na 含量越高,当纳米氧化铈浓度超过 500 mg/L,其根部 Na 含量基本保持稳定,不再随着纳米氧化铈浓度的增加而变化;Bt29317 根部 Na 含量的变化比冀合 321 明显,当纳米氧化铈浓度较低(100 m/L)时,其根部 Na 含量有比较明显的上升,但是没有达到显著水平($P > 0.05$),500 mg/L 的纳米氧化铈对 Bt29317 根部 Na 含量有一定的抑制作用,此后随着纳米材料浓度的增加,这种抑制作用逐渐增加。整体来看,较低浓度的纳米氧化铈就能对 Bt29317 体内 Na 含量产生较大的影响,而普通棉花冀合 321 体内 Na 含量对纳米氧化铈不是很敏感(图 4-42)。

锌在植物的正常生长中起重要作用,锌属于微量元素,植物需要的量比较少,但是缺锌会导致植物一系列的病变。例如,促进生物反应的酶中含有一定量的锌,这些酶可以促进蛋白质代谢或者参与光合作用,当植物体内锌含量不足时,植物的叶片变小,尖端生长缓慢,根系生长不良。图 4-43 表示了冀合 321 和 Bt29317 地上部和根部 Zn 含量随纳米氧化铈含量的变化。冀合 321 地上部 Zn 含量在纳米氧化铈浓度较低时(100 mg/L)有一定程度的增加,当纳米氧化铈浓度较高时(500 和 2000 mg/L)时,其地上部 Zn 含量有一定程度的下降,但是下降不明显,且 500 mg/L 的纳米氧化铈和 2000 mg/L 的纳米氧化铈对其地上部 Zn 的影响差不多;Bt29317 地上部 Zn 含量变化比较大,100 mg/L 的纳米氧化铈就比较明显地降低了其地上部 Zn 含量,500 mg/L 和 2000 mg/L 的纳米氧化铈均明显地降低了其地上部 Zn 含量,且在纳米氧化铈浓度超过 500 mg/L 之后,Bt29317 地上部 Zn 含量基本保持稳定,变化不明显。

两种棉花根部 Zn 含量变化比较大,冀合 321 根部 Zn 含量在纳米氧化铈浓度较低时(100 和 500 mg/L)有一定的上升,当纳米氧化铈浓度增加到 2000 mg/L 时,其根部 Zn 含量显著降低,说明冀合 321 根部 Zn 含量对较高浓度的纳米材料比较敏感,纳米材料浓度较低时对其生长影响不大;Bt29317 根部 Zn 含量在纳米材料浓度为 100 mg/L 时有显著的增加,

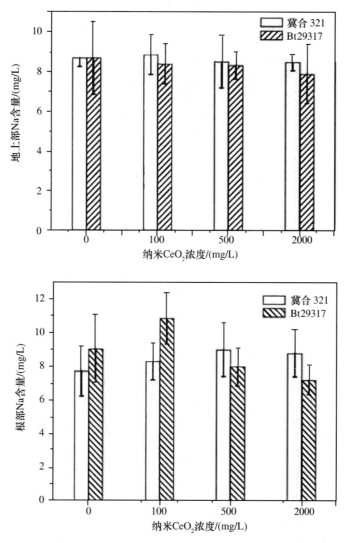

图 4-42 不同浓度纳米 CeO₂ 条件下 Bt29317 和冀合 321 根部与地上部 Na 含量(数据采用平均值±标准差,＊表示处理组与对照组有显著差异,短线上的＊表示相同浓度纳米 CeO₂ 条件下两种棉花有显著差异)

随着纳米材料浓度的增加,这种促进作用显著下降,纳米氧化铈浓度增加到 500 mg/L 时,其根部 Zn 含量没有显著变化,与没有添加纳米材料的对照组相比只有轻微的上升,此后 Bt29317 根部 Zn 含量保持稳定,不再随着纳米氧化铈浓度的变化而发生较大的变化。对比冀合 321 和 Bt29317 两种棉花体内的 Zn 含量,可以看出 Bt29317 对纳米氧化铈比较敏感,在纳米氧化铈浓度较低时其体内 Zn 含量就有比较明显的变化,而只有高浓度的纳米氧化铈才对冀合 321 体内 Zn 含量有一定的影响。

铁是一种重要的微量元素,是多种酶的重要组成成分,参与植物体内多种氧化还原反应,如植物体内电子传递链中的细胞色素和细胞色素氧化酶中含有铁元素,这部分铁由于电子的得失而处于氧化或者还原状态。图 4-44 表示纳米氧化铈浓度对两种棉花体内铁含量

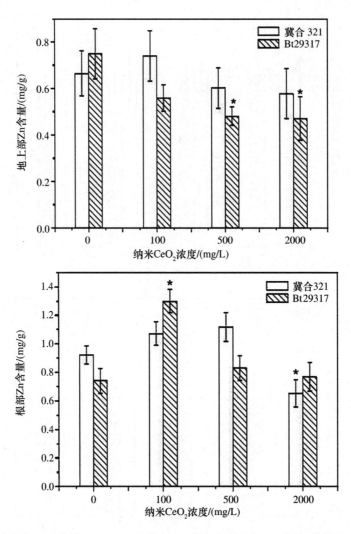

图 4-43   不同浓度纳米 CeO₂ 条件下 Bt29317 和冀合 321 根部与地上部 Zn 含量(数据采用平均值士标准差,＊表示处理组与对照组有显著差异,短线上的＊表示相同浓度纳米 CeO₂ 条件下两种棉花有显著差异)

的影响,可以看出两种棉花根部 Fe 含量的变化比地上部 Fe 含量的变化明显,纳米氧化铈对冀合 321 地上部 Fe 含量基本没有消极作用,在纳米氧化铈浓度较低时(100 和 500 mg/L),其地上部 Fe 含量有一定程度的上升,但是随着纳米氧化铈浓度的上升,这种促进作用逐渐减弱,2000 mg/L 的纳米氧化铈也没有显著地影响冀合 321 地上部的 Fe 元素含量。

相对于前面的几种元素,两种棉花根部 Fe 含量的变化比较大,冀合 321 根部 Fe 含量在纳米氧化铈浓度为 100 mg/L 时有一定的增加,此后随着纳米材料浓度的增加,其根部 Fe 含量显著下降($P<0.05$),且纳米氧化铈浓度越高,这种抑制作用越明显;Bt29317 根部 Fe 含量在纳米氧化铈浓度较低时(100 mg/L)就有显著的下降($P<0.05$),此后其根部 Fe 含量随着纳米氧化铈浓度的增加进一步降低,当纳米材料浓度超过 500 mg/L 之后,其根部 Fe 含量变化不大,基本保持稳定。总体来看,较低浓度的纳米氧化铈就能显著地影响转基因棉花

Bt29317 体内 Fe 含量,较高浓度的纳米氧化铈才能显著地影响普通棉花冀合 321 体内 Fe 的含量,说明外源基因的引入导致棉花对纳米材料的加入比较敏感(图 4-44)。

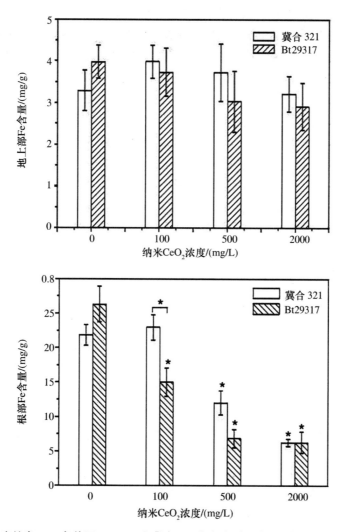

图 4-44　不同浓度纳米 CeO₂ 条件下 Bt29317 和冀合 321 根部与地上部 Fe 含量(数据采用平均值±标准差,* 表示处理组与对照组有显著差异,短线上的 * 表示相同浓度纳米 CeO₂ 条件下两种棉花有显著差异)

本实验中纳米材料可以显著地降低一些矿质元素的含量,一种可能的解释是进入植物体内的纳米材料可以与植物本身的一些功能蛋白结合,植物体内的转运蛋白也属于功能蛋白,纳米材料进入植物体后可能会与某些特定的功能蛋白结合,使这些转运蛋白的转运能力下降或者消失,这会导致植物对某些特定的矿质元素吸收量下降。从实验结果可以看出,并不是所有的矿质元素的含量都会下降,这也说明纳米材料进入植物体后可能并不是和所有的转运蛋白结合,它的这种结合作用也有一定的选择性。在纳米氧化铈的浓度较高时,有些矿质元素的含量显著地下降,也可能与纳米材料本身的特性有一定的关系,Bakhshayesh 等研究发现纳米材料可以大量吸附水中的重金属离子(Pb,Cd 和 Hg),使得溶液中的这些重金属离子浓度显著下降。由于纳米材料本身具有巨大的比表面积,有较强的吸附效果,水溶液中的纳米氧化铈可能也会吸附一定量的矿质元素,当溶液中的纳米材料含量较低时,这种吸附效果不是特别明显,而当溶液中纳米材料的浓度很大时,这种吸附作用就不能被忽略,部分矿质元素可能被纳米材料吸附,这必然导致植物可吸收的矿质元素含量下降,最后导致植物体内矿质元素含量的下降。由于到目前为止相关实验较少,不能确定这种猜测是否正确,为了进一步认清纳米材料对植物的吸附作用,需要更多的实验来证实这种猜想。

Diatloff 等以绿豆和玉米为实验植物探究了 Ce 元素对其生长及矿质元素含量的变化,发现 Ce 元素没有促进玉米或者绿豆的生长,其中玉米地上部的干重在 5 mm 条件下减少了32%,其他浓度的 Ce 没有对植物的生长产生影响;玉米对 Ca、Na、Zn 和 Mn 四种矿质元素的吸收量随着 Ce 元素含量的增加而增加,绿豆对所有矿质元素的吸收却随着 Ce 元素含量的增加而降低。这与我们添加纳米氧化铈所得到的矿质元素吸收利用情况有明显的不同,这可能是由于纳米氧化铈具有一些不同于普通 Ce 的性质,从而使其对植物矿质元素的影响作用有一定的不同。这与 Lin 等的研究结果一致,他们研究发现 Zn 和纳米 ZnO 对萝卜、油菜和黑麦草三种植物的效果有比较显著的差异。这也进一步说明与普通材料相比,纳米材料有一些特殊性质,而这些性质也使得它们与普通材料的环境效应有一定的差异,也说明了研究纳米材料对植物效应的必要性。

4.12.3　结论

本部分实验主要研究纳米氧化铈对棉花生长的影响,得出以下主要结论。

(1)通过生物量变化的比较,两种棉花生物量均受到纳米氧化铈的影响,但是冀合 321在纳米氧化铈浓度较低时受到的影响不明显,而 Bt29317 根部生物量在纳米氧化铈浓度较低时就受到比较明显的影响。

(2)通过株高的比较,可以看出冀合 321 和 Bt29317 两种棉花的株高都基本不受纳米氧化铈的影响,且冀合 321 的株高显著地大于 Bt29317 的株高。

(3)通过光合速率的对比,发现 Bt29317 的光合速率在纳米材料浓度较低时就有比较明显的变化,而冀合 321 在较高浓度的纳米材料条件下才有一定的变化。

(4)通过营养元素的比较,可以看出不同的营养元素变化趋势不一样,整体来看,冀合321 和 Bt29317 根部营养元素的含量变化比较大,而其地上部的营养元素变化比较小;Bt29317 体内营养元素在纳米氧化铈浓度较低时就有比较明显的变化。

4.13　金属基纳米材料对花生生长、产量及品质的影响

4.13.1　材料与方法

4.13.1.1　纳米材料的准备与表征

本实验所用金属基纳米材料(Fe_2O_3 NPs,Ag NPs,TiO_2 NPs,CuO NPs)购买于上海攀田粉体材料有限公司,其中 Fe_2O_3 NPs 为带有磁性的伽马纳米氧化铁(γFe_2O_3 NPs),TiO_2 NPs 为锐钛型。实验开始前于清华大学通过透射电子显微镜(TEM,Tecnai G2 20

S-TWIN,美国)对 4 种纳米材料的形貌及粒径分布进行表征。纳米材料先溶于乙醇中,然后超声 30 min,使纳米材料在溶液中充分分散,形成悬浊液。用铜网(CuO NPs 使用镍网)固定纳米悬浊液,用于 TEM 观察。如图 4-45 所示,纳米氧化铁的直径范围是 10~50 nm,平均粒径是 20 nm,形状为球形(图 4-45A);Ag NPs 的形状为球形,平均粒径是 20 nm(图 4-45B);TiO$_2$ NPs 的形状是球形,平均粒径是 5 nm(图 4-45C);CuO NPs 的形状为球形,平均粒径是 40 nm(图 4-45D)。

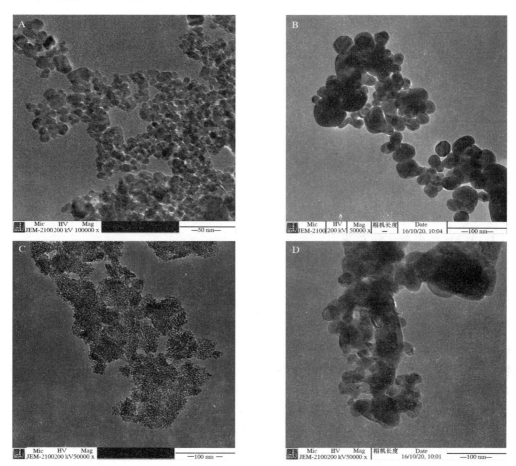

图 4-45　纳米材料透射电子显微镜图　A: Fe$_2$O$_3$ NPs; B: Ag NPs; C: TiO$_2$ NPs; D: CuO NPs

4.13.1.2　土壤与花生种子处理及实验条件

实验所用土壤和细沙均取自中国农业大学北京上庄实验站,土壤基础理化性质如表 4-18 所示,沙子用自来水冲洗干净,土壤和沙子样品分别风干,过 2 mm 尼龙筛,将沙子与土壤按照 1:5.5 混匀以保证排水与根系的呼吸作用,防止发生烂根现象。将尿素、过磷酸钙、硫酸钾按照 N:P$_2$O$_5$:K$_2$O= 0.25:0.3:0.25 的比例添加到土沙混合物中,按照实验设计添加不同浓度的纳米材料于上述土沙肥混合物中,先将所需纳米材料与 50 g 土壤混匀,再与 500 g 土混匀,然后与剩余土壤的 1/3 混匀,最后与剩余全部土壤混匀备用。以虹吸方式浇透水,24 h 之后播种。

"开农 15"花生种子由开封农业科学院提供。种子经过 5% 双氧水浸泡 10 min,以达到消毒的作用,去离子水冲洗 3 次,随后于 50℃ 去离子水中浸泡 4 h。将种子均匀地排列在铺有湿润滤纸的培养皿中(100 mm× 15 mm),置于(25±1)℃恒温培养箱中(DRP-9052,Peiyin,中国),恒温、避光条件下萌发,直至花生种子芽长至大约 1 cm,挑选发芽一致的种子播种(播种深度:0.5 cm)于准备好的上述土壤混合物中。每盆播种 6 粒,每个处理重复 5 次,10 d 后间苗,每盆留 3 株长势一致的幼苗,每隔 2 d 浇一次去离子水(虹吸式),以保证整个实验过程中土壤保持湿润。盆栽实验在中国农业大学西校区温室内进行。网棚实验在中国农业大学北京上庄实验站进行。

表 4-18　土壤基本理化性质

测试项目	有机质/ (g/kg)	总氮/ (g/kg)	矿物物质氮/ (mg/kg)	铵态氮/ (mg/kg)	硝态氮/ (mg/kg)	有效磷/ (mg/kg)	速效钾/ (mg/kg)	pH
测量值	10.1	0.6	18.3	15.1	3.2	6.7	74.1	7.8

4.13.1.3　数据统计分析

实验数据使用 Excel 和 Origin 8 软件处理,所有实验数据均测定 3 次,用平均值±标准偏差表示。使用 SPSS18.0 程序的单因素方差分析(One-way ANOVA)对数据的显著性差异进行分析,当 $P \leqslant 0.05$ 时即认为数据存在统计学上差异性。

4.13.2　纳米氧化铁对花生生长的影响

4.13.2.1　实验设计

实验设置 7 个处理,分别为空白对照(CK),2 mg/kg Fe_2O_3 NPs (N2),10 mg/kg Fe_2O_3 NPs (N10),50 mg/kg Fe_2O_3 NPs (N50),250 mg/kg Fe_2O_3 NPs (N250),1000 mg/kg Fe_2O_3 NPs (N1000) 和 45.87 mg/kg EDTA-Fe。

Fe_2O_3 NPs 盆栽实验于温室中进行,纳米材料处理 38 d 后收获花生植株,所有植株均先用自来水冲洗干净,再用去离子水冲洗 3 遍。将植株分为地上部和地下部。测量植株株高、根长(最长根系的长度)和分枝数。吸干植株表面水分,量取花生叶尖至根基的长度即为株高(地上部高度),最长根尖至根基部的长度即为根长。所有样品于 105℃ 杀青 30 min,75℃ 烘干至恒重,使用分析天平记录其干重。

4.13.2.2　花生幼苗叶绿素含量测定

花生植株叶绿素的测定使用 SPAD-502 Plus 手持叶绿素测定仪(Konic Minolta),测定每棵植株的第一片完全展开叶,测定 5 处不同位置取其平均值作为一次 SPAD 值,每个处理测定 9 次重复。

4.13.2.3　植株抗氧化酶活性与丙二醛含量的测定

花生植株抗氧化酶活性和丙二醛(MDA)含量使用酶联免疫吸附方法(ELISA)测定,酶联免疫试剂盒购自南京建成生物工程研究所。将收获的花生植株分为地上部和地下部,取 0.2 g 新鲜样品在低温条件下加入 4 倍体积的盐酸溶液研磨样品,4℃ 条件下 3500 r/min (3k1s,Sigma,美国)离心 10 min,按照实验手册的说明分别测定花生地上部和地下部超氧化物歧化酶(SOD)、过氧化物酶(POD)、过氧化氢酶(CAT)活性,以及丙二醛(MDA)含量,所有分光光度分析均使用 2800 UV/VIS 分光光度计(UNICO,上海)。

4.13.2.4 激素的测定

采用酶联免疫法(ELISA)测定花生植株内源植物激素生长素吲哚丙酸(IPA)、赤霉素(GA$_{4+7}$,GA$_3$)、玉米素核苷(ZR),二氢玉米素核苷(DHZR)和脱落酸(ABA)含量。称取 0.5 g 新鲜花生样品,加 2 mL 80% 的甲醇,冰浴条件下研磨,将上清液转入 10 mL 离心管中,再用 2 mL 80% 的甲醇分次将研钵冲洗干净,一并转入试管中,摇匀后置于 4℃冰箱中。4℃条件下提取 4 h,1000g 离心 15 min (LDZ5-2,4000 r/min),取上清液。沉淀中加 1 mL 80% 的甲醇,搅匀,于 4℃下再提取 1 h,离心,合并上清液并记录体积,残渣弃去。上清液过 C-18 固相萃取柱。然后转入 5 mL 离心管中,真空浓缩干燥,除去提取液中的甲醇,用 1.5～3.0 mL 样品稀释液定容,待测。植物激素 ELISA 试剂盒由南京建成生物工程研究所提供,根据试剂盒说明书测定相应的植物激素。

4.13.2.5 花生植株全铁含量测定

将干燥的花生样品研磨成粉末状,准确称取 0.2 g 花生植株干样,置于锥形瓶中,加入 6.0 mL HNO$_3$ 浸泡过夜,然后加入 1.5 mL H$_2$O$_2$,放在加热板上(MILESTONE, LabTech, Vergamo,意大利)加热 1～2 h,温度控制在 200℃以下,待 H$_2$O$_2$ 沸腾后再加入 1.5 mL H$_2$O$_2$,继续消解直至锥形瓶中剩余 1.0 mL 左右消解液时停止消解,待温度冷却后倒入 10 mL 离心管中,去离子水定容至 10 mL,使用电感耦合等离子体质谱仪(ICP-MS;ICAP 6300,Thermo Scientific,美国)分析测定花生各部分 Fe 元素含量。

4.13.2.6 扫描电子显微镜表征土壤

使用配备有 X 射线能谱仪(EDS)的扫描电子显微镜(SEM)分析土壤中 Fe 的分布。加速电压为 15 kV。本研究中测定了对照处理和 1000 mg/kg 处理组土壤在花生收获后 Fe 的分布情况。

4.13.3 纳米银对花生生长的影响

4.13.3.1 实验设计

本实验设置 4 个处理,分别为对照组(不添加纳米材料),50、500、2000 mg/kg Ag NPs 处理。分别将不同剂量的 Ag NPs 与土肥沙的混合物充分混匀,每盆装 1.5 kg 上述混合物,以虹吸方式浇水 220 mL,24 h 后播种,每盆种 4 粒花生种子,10 d 后定苗,每盆留 2 株长势一致的幼苗,每 2 d 以虹吸方式浇水 220 mL 去离子水,98 d 后收获。将花生植株分为地上部和地下部,分别称量鲜重、干重、测量株高。花生收获后测定每株花生籽粒重量即为花生单株产量,随机取 20 粒花生籽粒称重然后计算其千粒重。

4.13.3.2 花生组织抗氧化酶活性分析

花生幼苗长至 30 d 时随机取样测定植株抗氧化酶活性,其具体测定方法同 4.13.2.3。

4.13.3.3 同工酶分析

花生幼苗长至 30 d 时随机取样测定植株抗氧同工酶的变化。

1.同工酶的提取

SOD同工酶:新鲜花生样品加入 2 mL 磷酸钾缓冲液(pH 7.8)低温研磨,4℃ 条件下 $12000 \times g$ 离心 20 min。上清液即为 SOD 粗酶提取液,用于 SOD、POD 活性和 MDA 含量的测定。

POD同工酶:取 SOD 粗酶提取液加入等量 40％的蔗糖溶液,4℃ 条件下 $12000g$ 离心 20 min。上清液即为 POD 粗酶提取液。

CAT同工酶:将 SOD 粗酶提取液透过 $0.45~\mu m$ 的超滤膜,加入 0.5mL 10％ NaCl。混合物静置 2～3 h,4℃ 条件下 $12000g$ 离心 5 min。将 $150~\mu L$ 35％甲醛加入上清液中,4℃ 条件下 $12000g$ 离心 10 min,上清液即为 CAT 粗酶提取液。

2.聚丙烯酰胺凝胶(SDS-PAGE)电泳及染色

聚丙烯酰胺凝胶包括 3 个主要的步骤,分别是制胶、电泳和染色脱色,本实验中分离胶的浓度是 12％。SDS-PAGE 过程中使用的溶液见表 4-19。主要仪器设备见表 4-20。

表 4-19　SDS-PAGE 过程中使用的溶液

溶液 A	
丙烯酰胺	30％(W/V)
亚甲基双丙烯酰胺	0.8％(W/V)
溶液 B	
Tris-Base (pH 8.8)	1.5 mol/L
SDS	0.4％(W/V)
溶液 C	
Tris-HCl (pH 6.8)	0.5 mol/L
SDS	0.4％(W/V)
10％过磷酸铵(APS)	
过磷酸铵	1 g
超纯水	10 mL
分离胶的制备(12％)	
溶液 A	2.7 mL
溶液 A	2.5 mL
超纯水	4.8 mL
10％APS	50 μL
四甲基乙二胺(TEMED)	5 μL
浓缩胶的制备(5％)	
溶液 A	0.67 mL
溶液 C	1.0 mL
超纯水	2.3 mL
10％APS	30 μL
TEMED	5 μL

表 4-20　主要仪器设备

仪器名称	型号
台式离心机	Eppendorf Ventrifuge 5418
低温离心机	Sigma 3K15，日立 CR-22G
旋涡振荡器	SI 公司 Vortex Genie 2
凝胶成像系统	BIO-RAD GelDoc XR
蛋白质电泳仪	BIO-RAD Mini-Protean3
Trans-Blot 转印槽	BIO-RAD Biorad Mini
Trans-Blot Cell 170-3930Multiphor Ⅱ电泳仪	Amersham Pharmacia Biotech
蛋白质电泳仪	Bio-Rad Protean Ⅱ Xi unit
胶图扫描仪	UMAX PowerLook 1000

蛋白凝胶电泳初始电压是 80 V 维持 40 min，将电压调到 120 V 直到溴酚蓝到达电泳胶的底部。室温条件下电泳胶被考马斯亮蓝染液染色 2 h，然后用超纯水冲洗，蛋白脱色液脱色 50 s。使用 Adobe Photoshop CS version 8.0 软件计算同工酶的相对强度。

4.13.3.4　花生不同组织中 Ag 含量的测定

花生植株收获后，取干燥的地上部、地下部样品以及新鲜果籽粒、果皮、整个荚果样品。使用高速粉碎机将样品粉碎，密封保存于封口袋中待测。Ag 元素含量测定方法同 4.13.2.5。

4.13.3.5　光学显微镜分析观察花生根系横切面

花生下针大约 15 d 时，随机取样切取根系成熟区 5 mm 用 FAA（福尔马林-醋酸-乙醇）固定液固定 48 h，之后用一系列浓度梯度的乙醇脱水，石蜡包埋。采用 Reichert 滑动切片机切片，其厚度为 10～15 mm。用番红固绿染色液染色，加拿大树胶封固，干燥后用奥林巴斯 BX51 光学显微镜观察，拍摄花生根系解剖学结构。

4.13.3.6　透射电子显微镜分析观察花生叶片、根系、果实

花生下针大约 10 d 时，果实随机采样用于 TEM 观察花生籽粒组织纳米材料的分布及细胞变化情况。用 0.1 mol/L 的磷酸缓冲液洗涤花生组织，浸泡在 2.5%的戊二醛（pH＝7.3）中，使用一系列浓度梯度的丙酮脱水。将脱水样本包埋于 Suprr 树脂中，使用配有钻刀的显微镜切片机将样品切成 90 nm 厚度的薄片，于铜网上固定。所有超薄切片均在 TEM（JEM-1230，JEOL，日本）下观察，工作电压设置为 80 kV。TEM 显微照片中的黑色沉淀物进一步用 EDS 确定其元素种类，工作电压设置为 200 kV。

4.13.3.7　脂肪酸含量的测定

花生籽粒收获后用冷冻干燥机干燥，将冷冻干燥 48 h 的花生籽粒样品充分粉碎，取 0.05～0.1 g 移入 250 mL 三角瓶中，加入 4 mL 氯乙酸甲醇、1 mL 十一烷酸甲酯、1 mL 正己烷。混合物在 80℃ 条件下加热 2 h，待温度冷却到室温之后加入 5 mL 7% 的碳酸钾。样品在 1000g 条件下离心 5 min，上清液透过 0.2 μm 滤膜，静置 5 min，吸取上清液于进样瓶中待测。用配备火焰离子化检测器的 Agilent 6890 气相色谱仪分析脂肪酸甲酯。毛细管色谱柱规格：60.0 μm×250 μm，直径 0.25 μm，DB-23。工作环境条件如下所示：

进样器温度:260℃;

进样体积:1 μm;

分流比:30:1;

载气:氮气;载气流量:2 mL/min;

检测器温度:270℃;

程序升温:初始温度 130℃,持续 1 min,

130～170℃,升温速率为 6.5℃/min;

170～215℃,升温速率为 2.75℃/min;

215℃,保持 12 min;

215～230℃,升温速率为 4℃/min;

230℃保持 3 mim 检测结束。样品色谱峰与国家标准(GB/T 22223—2008)比较。

4.13.4　纳米氧化铁、纳米氧化钛、纳米氧化铜对花生生长及营养品质的影响

4.13.4.1　实验设计

本实验设置 7 个处理,分别为对照(不添加纳米材料),50、500 mg/kg Fe$_2$O$_3$ NPs 处理;50、500 mg/kg TiO$_2$ NPs;50、500 mg/kg CuO NPs。分别将不同剂量的纳米材料与土肥沙的混合物充分混匀,每盆装 3 kg 上述混合物,浇透水(自来水),24 h 后播种,每盆种 4 粒花生种子,10 d 后定苗,每盆留 2 株长势一致的幼苗,实验于 2016 年 5 月 4 日至 2016 年 9 月 26 日在中国农业大学北京上庄实验站进行,按照田间条件管理。收获后将花生植株分为地上部和地下部,分别称量鲜重、干重、测量株高、分枝数。花生收获后测定每株花生籽粒重量即为花生单株产量,随机取 30 粒花生籽粒称重然后计算其千粒重。

4.13.4.2　花生不同组织元素含量测定

花生植株收获后,取干燥的花生组织及新鲜籽粒。使用高速粉碎机将样品粉碎,密封保存于封口袋中待测。元素含量测定方法同 4.13.2.5。

4.13.4.3　透射电子显微镜观察花生籽粒中的纳米材料

花生下针 20 d 后随机取花生籽粒样品,使用透射电镜观察籽粒中纳米材料的分布,测定方法同 4.13.2.6。

4.13.4.4　花生籽粒氨基酸含量分析

取新鲜花生籽粒样品粉碎,低温条件下密封冷冻保存,准确称取 0.1～0.2 g 花生籽粒样品于水解管中。加入相同体积的盐酸混匀,然后用 6 mol/L 的盐酸定容至 10 mL,加入 3 滴苯酚,冷冻 5 min,抽真空,然后充入氮气,重复抽真空充氮气 3 次后封口。110℃条件下水浴加热 22 h,冷却至室温,过滤至 50 mL 容量瓶中,定容至 50 mL。量取 1 mL 滤液于试管中在 45℃下减压干燥,加入 1 mL pH 为 2.2 的柠檬酸于试管中,充分混匀,通过 0.22 μm 滤膜,转移至进样瓶中,待测。使用氨基酸自动分析仪测定花生籽粒氨基酸含量。

4.13.4.5 花生籽粒脂肪酸含量分析

同 4.13.3.7。

4.13.4.6 白藜芦醇的测定

根据国标 GB/T 24903—2010 使用高效液相色谱（HPLC）方法测定花生籽粒中白藜芦醇的含量，将新鲜花生籽粒样品粉碎，称取约 2.5 g（精确至 0.01 g）于 150 mL 具塞三角瓶中，加入 30 mL 85%的乙醇溶液，80℃水浴反应 45 min，冷却后过滤，以少量 85%的乙醇溶液洗涤滤渣，定容至 50 mL，取 1～2 mL 滤液 12000g 离心 5 min，取上清液保存待测。

参照国标（GB/T 24903—2010）方法，色谱柱为 Phenomenex C18, 4.6 mm × 150 mm, 4 μm，流动相为乙腈＋水＋冰醋酸＝25＋75＋0.09，流速为 0.7 mL/min，紫外检测波长为 306 nm，柱温 25℃进样，进样量为 10 μL。分别取等体积白藜芦醇标准溶液和离心后的上清液进样分析，测定峰面积，以标准工作液浓度与相应的峰面积绘制标准曲线，计算白藜芦醇的浓度。

4.13.5 结果与分析

4.13.5.1 纳米氧化铁对花生生长的影响

1. 纳米氧化铁对花生生物量、株高和分枝数的影响

如图 4-46A 所示，Fe_2O_3 NPs 和 EDTA-Fe 均可以增加花生根系干重，其中 1000 mg/kg Fe_2O_3 NPs 和 EDTA-Fe 处理的花生植株地下部干重较对照显著增加，但是这两种处理之间地下部干重之间无显著差异。此外，EDTA-Fe 处理对花生地上部干重略有降低，除了 50 mg/kg Fe_2O_3 NPs 处理的花生地上部干重略有降低外，其他浓度 Fe_2O_3 NPs 处理均增加了花生地上部干重。这表明与 EDTA-Fe 相比，Fe_2O_3 NPs 更有利于花生地上部干重的积累。所有 Fe_2O_3 NPs 处理花生高度均高于 EDTA-Fe 和对照处理（图 4-46C），高浓度（50～1000 mg/kg）处理花生根长比 EDTA-Fe 和对照处理增加（图 4-46D）。这表明，土壤中添加 Fe_2O_3 NPs 比 EDTA-Fe 更有利于花生植株的生长。

2. 纳米氧化铁对花生叶绿素含量的影响

叶绿素含量是植物生长的重要指标。图 4-47 的结果表明，Fe_2O_3 NPs 和 EDTA-Fe 均可以提高花生叶绿素含量，与对照组相比，EDTA-Fe 和 2、10、1000 mg/kg Fe_2O_3 NPs 处理花生叶片叶绿素含量显著增加，分别比对照组增加了 9.1%、9.3%、17%、13%，并且 2、10、1000 mg/kg Fe_2O_3 NPs 处理花生叶绿素含量高于 EDTA-Fe 处理，其中 10 mg/kg Fe_2O_3 NPs 处理花生叶绿素含量达到了最高值 35.48。实验中发现当 Fe_2O_3 NPs 浓度低至 2 mg/kg 时，仍然增加了花生叶绿素含量，这表明 Fe_2O_3 NPs 比 EDTA-Fe 更有利于花生叶绿素的积累。

3. 纳米氧化铁对花生植株抗氧化酶系统的影响

如图 4-48 所示，与对照相比 EDTA-Fe 和多数 Fe_2O_3 NPs 处理均降低了花生根系 MDA 含量。EDTA-Fe 和 2、250、1000 mg/kg Fe_2O_3 NPs 处理花生地上部 MDA 含量低于对照处理。低浓度（2 和 10 mg/kg）Fe_2O_3 NPs 处理没有对花生根系 MDA 含量造成显著影响，有

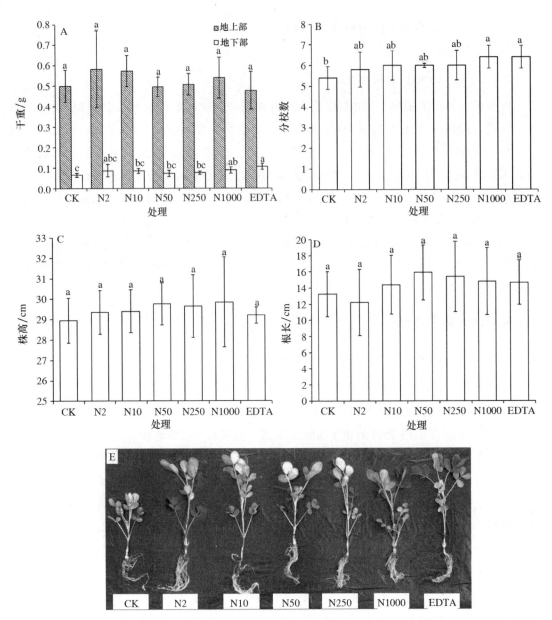

图 4-46　**Fe_2O_3 NPs 与 EDTA-Fe 处理对花生植株干重(A)、分枝数(B)、株高(C)、根长(D)的影响。E 为花生生长照片[注：误差线表示标准偏差($n=3$)；小写字母代表处理间差异 $P\leqslant0.05$，下同]**

趣的是 50 mg/kg Fe_2O_3 NPs 处理显著增加根系 MDA 含量，随着 Fe_2O_3 NPs 的浓度从 250 mg/kg 增加到 1000 mg/kg，MDA 含量逐渐降低，与 EDTA-Fe 处理相比没有显著差异。抗氧化酶活性对 Fe_2O_3 NPs 和 EDTA-Fe 具有不同的反应，如图 4-48B 所示，Fe_2O_3 NPs 降低了花生地上部 SOD 活性，EDTA-Fe 则增加了 SOD 活性；Fe_2O_3 NPs 和 EDTA-Fe 均增加了花生根系中 SOD 的活性，EDTA-Fe 和 Fe_2O_3 NPs 显著降低了花生根系 POD 和 CAT 的活性(图 4-48A 和 C)，10 和 50 mg/kg Fe_2O_3 NPs 降低了花生地上部 POD 活性，EDTA-Fe 增加了花生地上部 POD 活性。10 mg/kg Fe_2O_3 NPs 处理的花生地上部 CAT 活性均高于

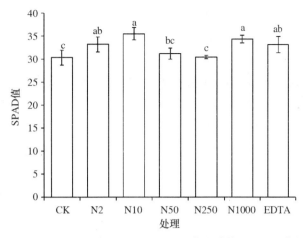

图 4-47　EDTA-Fe 与 Fe₂O₃ NPs 处理花生叶片 SPAD 值变化

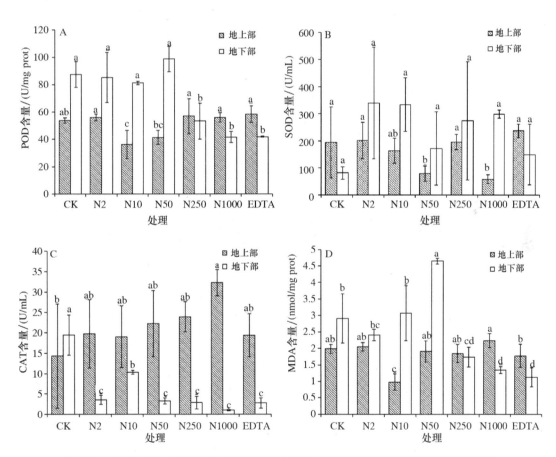

图 4-48　Fe₂O₃ NPs，EDTA-Fe 处理花生地上部及根系抗氧化酶活性及 MDA 含量变化

EDTA-Fe 处理，但是 POD 和 SOD 活性并没有表现出这一现象。综上所述，与 EDTA-Fe 相比，Fe₂O₃ NPs 并没有引起花生植株显著的氧化应激反应，结果表明 Fe₂O₃ NPs 没有诱导花生组织氧化损伤。

4. 纳米氧化铁对花生植株激素含量的影响

EDTA-Fe 和 Fe₂O₃ NPs 均降低花生植株 ABA 含量(图 4-49A)。10、50、250、1000 mg/kg Fe₂O₃ NPs 处理花生地上部 ABA 含量低于 EDTA-Fe 处理;根系中 ABA 含量低于地上部,并且,随着 Fe₂O₃ NPs 浓度的增加,ABA 含量降低,除 2 mg/kg Fe₂O₃ NPs 处理以外,EDTA-Fe 与 Fe₂O₃ NPs 处理根系 ABA 含量无明显差异。EDTA-Fe 和 Fe₂O₃ NPs 均增加了花生地上部和根系 GA₄₊₇的含量(图 4-49B),两种铁处理花生地上部 GA₄₊₇无明显变化,10、50、1000 mg/kg Fe₂O₃ NPs 处理花生根系 GA₄₊₇含量高于 EDTA-Fe 处理。根系

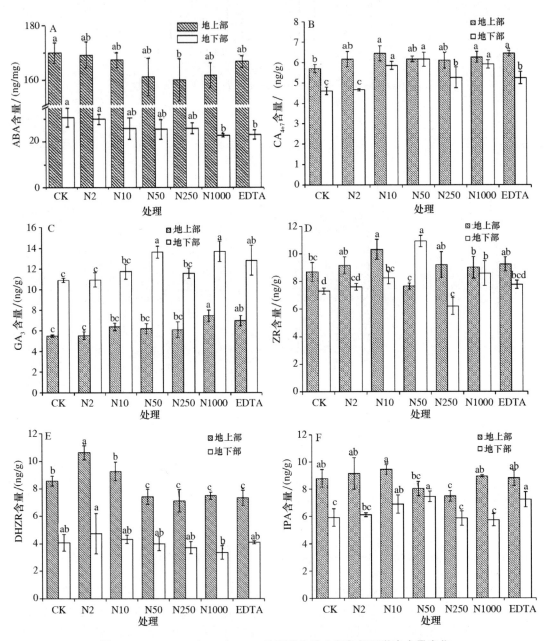

图 4-49　EDTA-Fe 与 Fe₂O₃ NPs 处理花生地上部与根系激素含量变化

GA$_3$ 的含量高于地上部,并且 EDTA-Fe 和 Fe$_2$O$_3$ NPs 处理高于对照处理(图 4-49C)。除 50 mg/kg Fe$_2$O$_3$ NPs 处理以外,两种铁处理花生地上部 ZR 含量均高于对照处理,根系 ZR 含量除 250 mg/kg Fe$_2$O$_3$ NPs 处理外均高于对照处理,其中 10 和 50 mg/kg Fe$_2$O$_3$ NPs 处理的花生地上部和地下部 ZR 含量达到最高(图 4-49D)。与对照相比,高浓度 Fe$_2$O$_3$ NPs (50~1000 mg/kg)降低地上部 DHZR 含量,低浓度 Fe$_2$O$_3$ NPs(2~10 mg/kg)增加了花生地上部 DHZR 含量,EDTA-Fe 处理降低了花生植株 DHZR 含量。各处理之间根系中 DHZR 的含量差异不显著(图 4-49E)。对于 IPA 含量,2 和 10 mg/kg Fe$_2$O$_3$ NPs 增加了地上部 IPA 含量,EDTA-Fe 和 10、50 mg/kg Fe$_2$O$_3$ NPs 显著增加根系 IPA 含量。

5.纳米氧化铁对花生植株全铁含量的影响

不同铁处理均增加花生植株全铁含量(图 4-50)。根系中 Fe 含量高于花生地上部,10 和 250 mg/kg Fe$_2$O$_3$ NPs 处理花生地上部 Fe 含量达到最高,这与叶绿素相对含量结果一致。其次是 1000 mg/kg Fe$_2$O$_3$ NPs 和 EDTA-Fe 处理。花生根系全铁含量均显著高于对照处理,EDTA-Fe 处理达到最高,其次是 250 mg/kg Fe$_2$O$_3$ NPs 处理。ICP-MS 分析结果表明,花生地上部全 Fe 含量与 SPAD 值实验结果一致,表明低浓度的 Fe$_2$O$_3$ NPs 处理有利用 Fe 由花生根系向地上部转移。

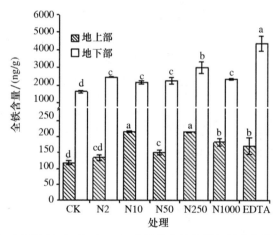

图 4-50　EDTA-Fe 与 Fe$_2$O$_3$ NPs 处理花生地上部与根系全铁含量变化

6.扫描电镜观察土壤中的纳米氧化铁

通过 SEM 分析对照处理和 1000 mg/kg 处理的土壤样品铁分布情况(图 4-51),并通过 EDS 定性定量分析红色选定区域的元素含量。如表 4-21 所示,土壤的主要成分是氧和二氧化硅,之前的研究表明,Fe 是土壤中含量仅次于二氧化硅的第二大矿物成分,虽然地壳中全铁含量丰富,但是石灰性土壤中植株常常出现缺铁现象。在对照处理和 Fe$_2$O$_3$ NPs 处理的土壤颗粒上均检测到了铁的存在。如图 4-51C 和 4-51D 所示,绿色区域代表 Fe,颜色越亮表示 Fe 含量越高。1000 mg/kg Fe$_2$O$_3$ NPs 处理土壤颗粒中 Fe 含量明显高于对照处理,其中对照组土壤中 Fe 含量为 5.54%,1000 mg/kg Fe$_2$O$_3$ NPs 处理的土壤中 Fe 含量为 11.90%。由于本实验中的 Fe$_2$O$_3$ NPs 带有负电荷,这可能导致土壤中的 Fe$_2$O$_3$ NPs 被吸附到土壤颗粒上,大量的 Fe$_2$O$_3$ NPs 黏附在土壤颗粒上,从而减少营养物质 Fe 的损失,使 Fe$_2$O$_3$ NPs 保留在土壤颗粒中。土壤中的有机物可以促进 Fe_2O_3 NPs 的运动,从而使得 Fe_2O_3 NPs 可以被花生根系吸收和利用。

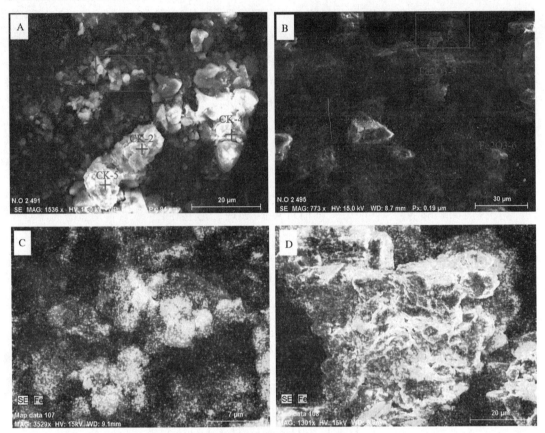

图 4-51　土壤 SEM 和 EDS 图片。A, C:对照处理;B, D:1000 mg/kg Fe_2O_3 NPs 处理(C, D 是 A, B 中红色方框区域的 EDS)

表 4-21　图 4-51A,B 中选定区域内各元素的质量分数(图 4-51 A, B 中"十"处)

元素	对照组质量分数/%	1000 mg/kg Fe_2O_3 NPs 质量分数/%
C	7.46	2.96
O	47.60	41.84
Na	0.39	0.41
Mg	1.70	2.70
Al	8.73	8.32
Si	19.53	20.10
K	6.46	2.96
Ca	2.51	6.49
Ti	0.09	2.31
Fe	5.54	11.90
总量	100	100

4.13.5.2　纳米银对花生生长的影响

1.纳米银对花生生物量、株高及产量的影响

图 4-52 所示是花生在不同浓度 Ag NPs 处理条件下的生长状况及生理参数数据。由图 4-52 可知 Ag NPs 对花生生长发育有显著的抑制作用。花生地上部及地下部表型照片表明,Ag NPs 处理显著抑制植株生长以及花生荚果的形成(图 4-52A 和 B),随着 Ag NPs 浓度的增加,其抑制作用更加显著。与对照相比,500 和 2000 mg/kg Ag NPs 处理花生株高分别降低了 21.92% 和 29.66%(图 4-52A 和 C);随着 Ag NPs 浓度的增加,花生鲜重和干重呈降低趋势(图 4-52D 和 E);500 和 2000 mg/kg Ag NPs 处理,花生单株产量分别降低了 86.62% 和 90.63%(图 4-52B 和 F)。三种浓度处理千粒重分别降低了 22.02%、59.58% 和 75.55%(图 4-52G)。因此,与对照相比,Ag NPs 处理严重抑制花生植株生长与籽粒形成。

2.纳米银对花生根系及籽粒抗氧化酶活性的影响

本实验主要分析了花生根系和籽粒的抗氧化酶活性,包括 SOD、POD 和 CAT 活性变化情况。花生根系中,SOD 和 POD 活性均与 Ag NPs 浓度呈正相关(图 4-53A 和 B)。随 Ag NPs 浓度的增加,花生根系 SOD 活性分别比对照组升高了 40.31%、85.45%、172.1%;同样的,随 Ag NPs 浓度的增加,花生根系 POD 活性分别比对照组升高了 63.28%、132.7%、184.9%。CAT 活性变化与 SOD、POD 活性的变化不同,500 mg/kg Ag NPs 处理花生根系 CAT 的活性达到最高,此时 CAT 活性比对照组增加了 66.61%(图 4-53C)。对于花生籽粒而言,2000 mg/kg Ag NPs 处理 SOD 和 POD 活性分别比对照组增加了 23.87% 和 43.77%(图 4-53D 和 E)。相对于根系中的抗氧化酶的活性,2000 mg/kg Ag NPs 处理花生籽粒中 SOD 和 POD 的活性分别提高了 18.41% 和 264.0%。这表明 Ag NPs 诱导花生植株及籽粒发生脂质过氧化反应。

3.花生根系和荚果中 POD、SOD 和 CAT 同工酶谱分析

如图 4-54 所示,Ag NPs 处理花生根系和荚果中的 SOD 同工酶的带宽和相对强度比对照提高了(表 4-22,表 4-25)。500 mg/kg 和 2000 mg/kg Ag NPs 处理花生根系中 CuZn-SOD1 的相对强度与对照处理相比分别提高了 35% 和 53%;500 mg/kg 和 2000 mg/kg Ag NPs 处理花生根系中 CuZn-SOD2 同工酶的相对强度分别比对照处理提高了 42%,61%,73%(表 4-22);2000 mg/kg Ag NPs 处理花生荚果中 CuZn-SOD 同工酶的相对强度比对照处理提高了 12%(表 4-25),2000 mg/kg Ag NPs 处理花生根系和荚果 Mn-SOD 同工酶的相对强度分别约为对照处理的 2 倍和 1.3 倍(表 4-22,表 4-25)。同样的,2000 mg/kg Ag NPs 处理花生根系和荚果中每种 Fe-SOD 同工酶的相对强度也比对照处理均高数倍。所有这些结果均表明,叶绿体和线粒体可能在清除 Ag NPs 胁迫产生的 $O_2^- \cdot$ 时更重要,因为 Fe-SOD 和 Mn-SOD 同工酶主要存在于这两种细胞器中。

POD 和 CAT 是清除 H_2O_2 的主要抗氧化酶,POD 同工酶的表达取决于不同的环境胁迫。我们的研究结果表明,花生根系中的每种 POD 同工酶均显示出剂量效应,其随着 Ag NPs 浓度的增加而增加(图 4-54A,表 4-23)。2000 mg/kg Ag NPs 处理显著增加花生荚果 7 种 POD 同工酶的强度(表 4-26)。对于 CAT 同工酶,500 mg/kg Ag NPs 处理花生根系中 CAT1、CAT2 和 CAT3 的相对强度达到最高(表 4-24)。

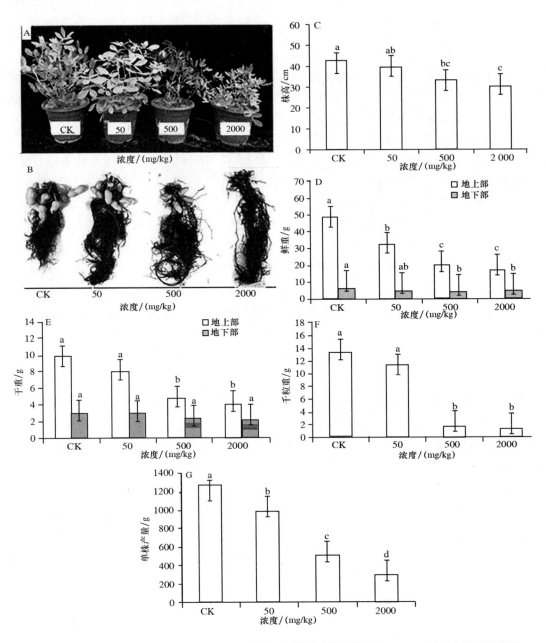

图 4-52　不同浓度 Ag NPs 处理对花生生物量、株高、产量及千粒重的影响。A，B：花生生长状况照片，C-G 分别是花生的株高、鲜重、干重、千粒重和单株产量

表 4-22　花生根系 SOD 同工酶相对强度

相对强度	SOD 同工酶				
	SOD1	Mn-SOD	Fe-SOD	CuZn-SOD1	CuZn-SOD2
对照组	1.00	1.00	1.00	1.00	1.00
50 mg/kg Ag NPs	1.73	1.27	1.15	0.95	1.42
500 mg/kg Ag NPs	2.35	1.58	1.62	1.35	1.61
2000 mg/kg Ag NPs	3.03	2.00	2.38	1.53	1.73

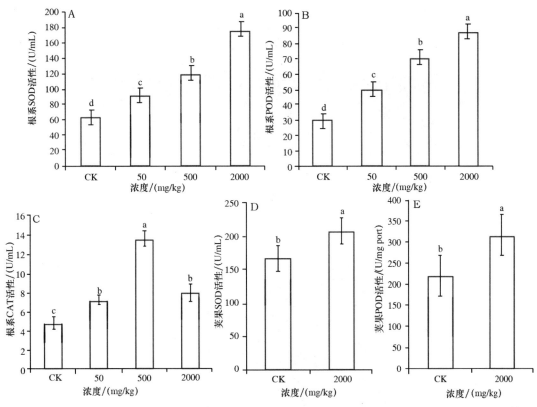

图 4-53 Ag NPs 处理对花生根系和荚果抗氧化酶活性的影响。A-C 分别是根系 SOD、POD、CAT 活性，D-E 分别是花生荚果 SOD 和 POD 活性

表 4-23 花生根系 POD 同工酶相对强度

相对强度	POD 同工酶				
	POD1	POD2	POD3	POD4	POD5
对照组	1.00	1.00	1.00	1.00	1.00
50 mg/kg Ag NPs	1.61	1.25	1.22	1.45	1.81
500 mg/kg Ag NPs	2.42	1.65	1.78	1.94	2.04
2000 mg/kg Ag NPs	2.41	1.70	2.14	2.44	2.81

表 4-24 花生根系 CAT 同工酶相对强度

相对强度	CAT 同工酶		
	CAT1	CAT2	CAT3
对照组	1.00	1.00	1.00
50 mg/kg Ag NPs	1.25	1.54	1.70
500 mg/kg Ag NPs	1.49	1.72	1.98
2000 mg/kg Ag NPs	1.38	1.59	1.84

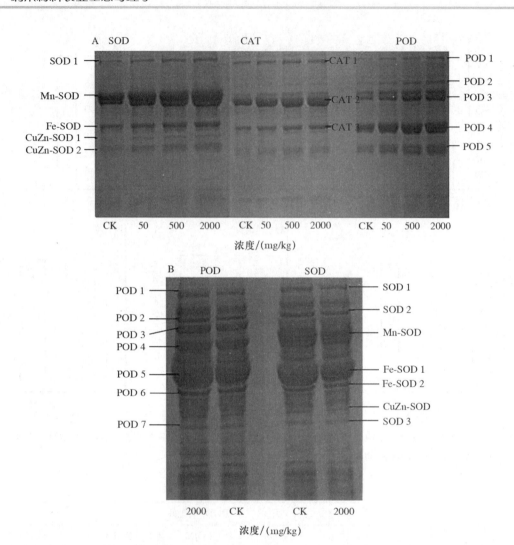

图 4-54 Ag NPs 对花生根系及荚果抗氧化同工酶的影响。A:花生根系 SOD、CAT 和 POD 同工酶谱;B:花生荚果 SOD、POD 同工酶谱

表 4-25 花生荚果 SOD 同工酶相对强度

相对强度	SOD 同工酶						
	SOD1	SOD2	SOD3	Fe-SOD1	Fe-SOD2	Mn-SOD	CuZn-SOD
对照组	1.00	1.00	1.00	1.00	1.00	1.00	1.00
2000 mg/kg Ag NPs	1.90	2.11	1.67	1.59	1.49	1.33	1.12

表 4-26 花生荚果 POD 同工酶相对强度

相对强度	POD 同工酶						
	POD1	POD2	POD3	POD4	POD5	POD6	POD7
对照组	1.00	1.00	1.00	1.00	1.00	1.00	1.00
2000 mg/kg Ag NPs	1.81	1.49	1.19	1.65	1.39	1.22	1.17

注:使用 Adobe Photoshop CS 版本 8.0 软件计算 Ag NPs 处理下同工酶的相对强度。相对强度计算公式如下:绝对强度=平均值×像素;相对强度=Ag NPs绝对强度/对照组绝对强度

4. 纳米银对花生组织中 Ag 含量的影响

不同剂量 Ag NPs 处理,花生植株及荚果各组织中 Ag 含量变化如图 4-55 所示。结果表明,花生地上部和地下部 Ag 的积累随 Ag NPs 浓度的增加而增加(图 4-55A)。500 mg/kg Ag NPs 处理花生地下部 Ag 含量约为 50 mg/kg Ag NPs 处理的 6 倍。当 Ag NPs 浓度增加到 2000 mg/kg 时,地下部 Ag 含量达到 90 mg/kg,分别为 50 mg/kg 和 500 mg/kg Ag NPs 处理的 90 倍和 15 倍。相似的变化也发生在花生荚果中(图 4-55B)。2000 mg/kg Ag NPs 处理花生荚果中 Ag 含量达到最高。荚果不同部位的 Ag 含量变化如图 4-55C 所示。花生籽粒中 Ag 含量高达 20.35 mg/kg,分别是果壳和整个荚果中的 5.3 倍和 3.1 倍。这表明 Ag NPs 处理下花生组织中银含量显著增加。

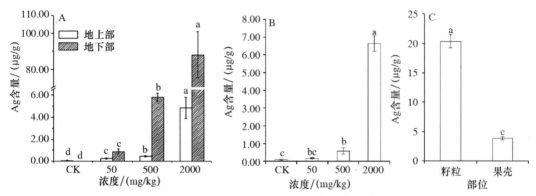

图 4-55　Ag NPs 处理花生不同组织 Ag 含量。A:花生地上部和地下部 Ag 含量;B:花生荚果 Ag 含量;C:花生荚果不同部位 Ag 含量

5. 光学显微镜观察根系横切面

不同浓度 Ag NPs 处理条件下花生根系横切面结构图如图 4-56 所示。结果表明,Ag NPs 影响花生根系细胞结构。与对照处理相比,2000 mg/kg Ag NPs 处理花生根系直径减小,并且不同浓度 Ag NPs 处理根系表皮细胞缩小(图 4-56A1,B1,C1,D1)。50 mg/kg 和 500 mg/kg Ag NPs 处理,花生根系解剖结构中木质部导管分化增强,木质部导管直径变得更大,更规则(图 4-56B,C)。更明显的是,2000 mg/kg Ag NP 处理花生根系木质部中出现多个空腔,并且木质部结构发生变化(图 4-56D)。

6. 花生不同组织透射电镜图

2000 mg/kgAg NPs 处理花生叶片、根系和荚果中 Ag NPs 的分布如图 4-57 所示。花生叶片叶绿体外膜上积累了大量黑色沉淀物,而对照处理中没有观察到黑色沉淀物(图 4-57A1,图 4-57B1,图 4-57C1)。此外,Ag NPs 处理花生叶片中叶绿体膨胀、变形(图 4-57B1)。

与对照处理相比,花生根系细胞膜内表面和液泡中观察到黑色沉淀物的富集(图 4-57B2),对照处理并未观察到黑色团聚体(图 4-57A2)。

2000 mg/kgAg NPs 处理花生荚果中发现一些黑色沉淀物(图 4-57B3),进一步使用透射电镜能谱仪定性定量分析了这些黑色沉淀物,证明其是 Ag 离子,并且 Ag 含量达到 2%

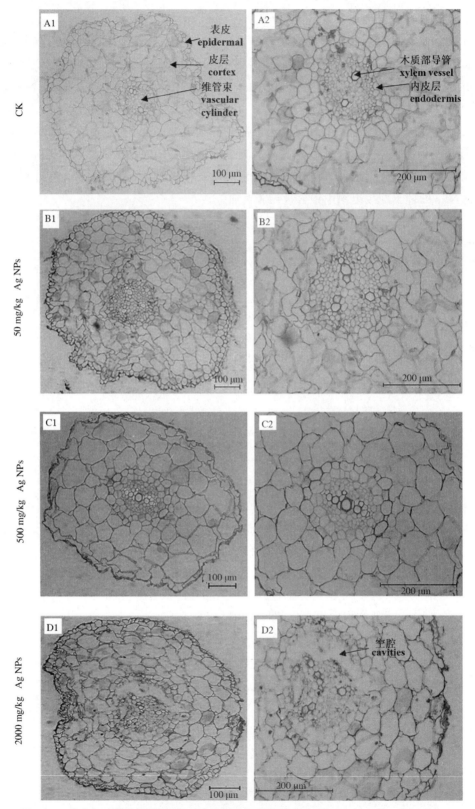

图 4-56 花生根系横切面结构图。A-D 分别为对照,50、500、2000 mg/kg Ag NPs 处理

（图 4-57D）。同时还发现，Ag NPs 处理花生荚果中出现大量淀粉颗粒，而对照处理并未发现，这可能是 Ag NPs 处理诱导花生产生的应激反应。这些结果表明纳米颗粒可以沿着食物链转移并在籽粒中积累。

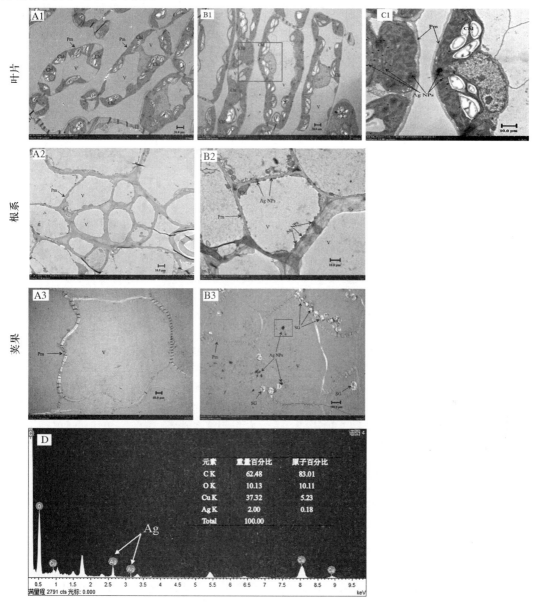

图 4-57 花生组织 TEM 图。第一列 A1-A3 分别是：花生叶片、根系和荚果 TEM 图；第二列 B1-B3 分别是：2000 mg/kg Ag NPs 处理下花生叶片、根系和荚果 TEM 图；C1：B1 方框区域的放大；D：B3 方框区域的 EDS 图。注：Chl：叶绿素；V：液泡；Pm：质膜；SG：淀粉粒

7. 花生籽粒脂肪酸含量分析

如表 4-27 所示，花生籽粒脂肪酸的主要成分为油酸（C18∶1），亚油酸（C18∶2）、棕榈酸（C16∶0）、硬脂酸（C18∶0），这 4 种脂肪酸占对照处理花生籽粒总脂肪酸含量的 93.89%。并且 C18∶1、C18∶2、α-亚麻酸（C18∶3）可以降低人体血液中的低密度脂蛋白含量。实验结果表

明,500 mg/kg Ag NPs 处理 C18:2 含量比对照处理增加了 5.6%,C18:1 含量比对照处理降低了 10%。500 mg/kg Ag NPs 处理花生籽粒中 C18:0,花生酸(C20:0),山嵛酸(C22:0)含量分别比对照处理增加了 15.5%,20.4%,38.2%。与对照处理相比,500 mg/kg Ag NPs 处理花生籽粒中饱和脂肪酸(SFA)含量增加了 12.0%,不饱和脂肪酸(UFA)含量下降了 3.1%(表 4-27)。因此,500 mg/kg Ag NPs 处理使脂肪酸饱和度从 25.9 提高到 30.0。50 mg/kg 和 500 mg/kg Ag NPs 处理,花生籽粒 O/L 值分别比对照下降了 10.4% 和 14.8%。上述结果表明,Ag NPs 处理影响花生脂肪酸含量。

表 4-27　花生籽粒 18 种脂肪酸的相对含量

脂肪酸	对照组	Ag NPs/(mg/kg)	
		50	500
C10:0	0.02 ± 0.01^a	0.06 ± 0.01^a	0.05 ± 0.01^a
C12:0	0.01 ± 0.002^a	0.02 ± 0.005^a	0.03 ± 0.01^a
C14:0	0.05 ± 0.01^a	0.04 ± 0.002^a	0.05 ± 0.003^a
C15:0	0.011 ± 0.001^{ab}	0.008 ± 0.001^b	0.013 ± 0.002^a
C16:0	10.98 ± 0.43^a	11.22 ± 0.14^a	11.58 ± 0.38^a
C16:1	0.07 ± 0.02^a	0.06 ± 0.01^a	0.06 ± 0.01^a
C17:0	0.10 ± 0.02^a	0.07 ± 0.001^a	0.07 ± 0.01^a
C18:0	4.63 ± 0.45^a	4.62 ± 0.27^a	5.06 ± 0.52^a
C18:1	45.60 ± 0.77^a	43.33 ± 2.13^{ab}	41.65 ± 1.24^b
C18:2n6c	32.69 ± 0.21^a	34.78 ± 1.98^a	33.96 ± 1.32^a
C18:3n3	0.08 ± 0.004^b	0.07 ± 0.01^b	0.17 ± 0.03^a
C20:0	1.55 ± 0.04^b	1.58 ± 0.03^b	1.87 ± 0.06^a
C20:1	0.78 ± 0.03^b	0.75 ± 0.04^b	0.97 ± 0.07^a
C21:0	0.034 ± 0.002^a	0.036 ± 0.003^a	0.031 ± 0.002^a
C20:2	0.021 ± 0.001^a	0.018 ± 0.002^b	0.021 ± 0.001^a
C22:0	2.17 ± 0.15^a	2.16 ± 0.07^a	3.00 ± 0.19^b
C22:1n9	0.07 ± 0.02^a	0.03 ± 0.01^a	0.08 ± 0.03^a
C24:0	1.13 ± 0.07^b	1.16 ± 0.01^b	1.34 ± 0.09^a
SFA 总量	20.70	20.96	23.09
UFA 总量	79.30	79.04	76.91

注:SFA 总量包括 C10:0,C12:0,C14:0,C 15:0,C16:0,C17:0,C18:0,C20:0,C21:0,C22:0,C24:0;UFA 总量包括 C16:1,C18:1n9c,C20:1,C22:1n9。

4.13.5.3　纳米氧化铁、纳米氧化钛、纳米氧化铜对花生生长及营养品质的影响

1. 纳米材料对花生植株生长和产量的影响

三种纳米材料对花生植株营养生长和花生荚果形成具有显著的影响($P\leqslant0.05$)。对不同浓度(0、50、500 mg/kg)CuO,Fe₂O₃ 和 TiO₂ NPs 处理的花生进行测定,结果如图 4-58 和图 4-59 所示。类似浓度的纳米材料对水培植物和土壤微生物的影响有研究,但是纳米材料对土壤栽培作物的产量,尤其是对油料作物产量的研究很少有报道。CuO 和 TiO₂ NPs 处理花生植株出现黄化现象(图 4-58 A 和 E)。通过测定花生植株的鲜重、干重、株高、分枝数、单株产量、千粒重,分析三种纳米材料对花生的胁迫作用。本实验中,CuO,Fe₂O₃ 和 TiO₂

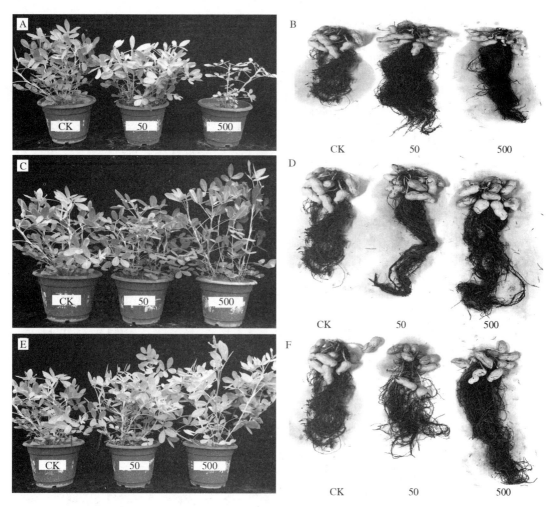

图 4-58 不同纳米材料处理下花生生长状况。A、B:CuO NPs 处理;C、D:Fe₂O₃ NPs 处理;E、F:TiO₂ NPs 处理

NPs 对花生生长及产量产生明显的影响,如图 4-59 所示,与对照相处理比,CuO NPs 降低了花生地上部鲜重和干重,其中 500 mg/kg CuO NPs 处理花生地上部鲜重和干重分别比对照处理减少了 41.0% 和 49.2%。除 50 mg/kg Fe₂O₃ NPs 处理的花生地上部鲜重以外,Fe₂O₃ NPs 和 TiO₂ NPs 处理花生地上部鲜重和干重逐渐增加,但是与对照处理相比没有显著变化 (图 4-59 A 和 C)。CuO NPs 处理花生根部鲜重和干重逐渐降低;低浓度 Fe₂O₃ NPs 增加花生根部鲜重和干重,而高浓度处理降低了花生根部鲜重和干重(图 4-59B 和 D);TiO₂ NPs 处理花生根部鲜重与 Fe₂O₃ NPs 处理变化趋势一致;TiO₂ NPs 处理花生根部干重逐渐增加。并且 TiO₂ NPs 处理花生植株生物量高于 Fe₂O₃ NPs 处理。与对照处理相比,500 mg/kg CuO NPs 处理花生株高降低了 27%,其他纳米材料处理花生株高变化不显著。三种纳米材料处理花生分枝数的变化没有达到统计学显著水平。50 mg/kg CuO NPs、Fe₂O₃ NPs、TiO₂ NPs 处理花生千粒重显著减少,与对照处理相比分别减少了 16.8%,15.7%,8.4%;50 mg/kg CuO NPs、Fe₂O₃ NPs、TiO₂ NPs 处理花生千粒重分别减少了 30.9%、12.7%、10.7%(图 4-59 G)。花生单株产量在 500 mg/kg CuO NPs 处理条件下,与对照处理相比降

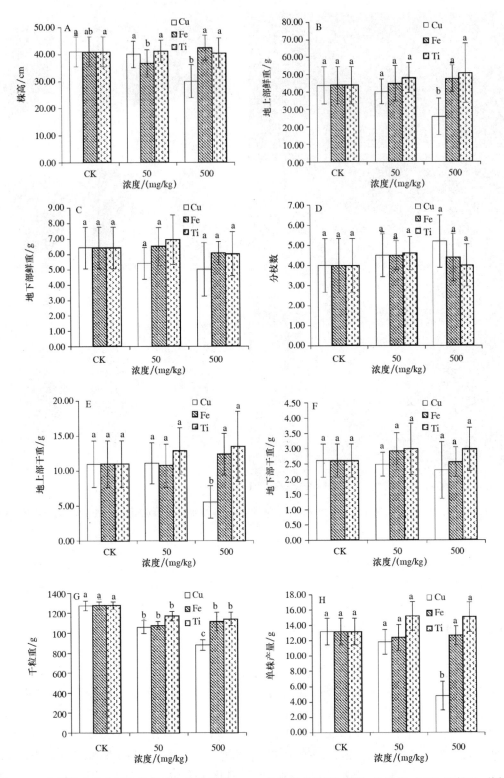

图 4-59 不同浓度纳米材料处理花生生长参数。A-H 分别表示株高、鲜重、分枝数、干重、千粒重、单株产量

低了 63.6%。Fe$_2$O$_3$ NPs 处理花生单株产量呈降低趋势,TiO$_2$ NPs 处理花生单株产量逐渐增加,但是变化不显著(图 4-59H)。

2.纳米材料对花生不同组织元素含量的影响

如图 4-60 所示,50 和 500 mg/kg CuO NPs 处理花生地上部 Cu 含量分别是对照处理的 1.6 和 6.5 倍,同时,花生籽粒中 Cu 含量达到 16.93 mg/kg 和 23.70 mg/kg(图 4-60C),分别是对照处理的 1.9 倍和 2.6 倍。花生根部 Cu 含量在 50 和 500 mg/kg CuO NPs 处理下分别达到 300.33 mg/kg 和 1068.33 mg/kg,是对照处理的 13.3 倍和 47.3 倍。与对照处理相比,Fe$_2$O$_3$ NPs 处理花生地上部与地下部 Fe 含量略有增加。对于花生籽粒,50 mg/kg Fe$_2$O$_3$ NPs 处理降低了籽粒 Fe 含量,500 mg/kg Fe$_2$O$_3$ NPs 处理增加了籽粒 Fe 含量。TiO$_2$ NPs 处理花生地上部 Ti 含量没有明显变化;所有 TiO$_2$ NPs 处理均显著降低了籽粒 Ti 含量;500 mg/kg TiO$_2$ NPs 处理地下部 Ti 含量是对照处理的 1.44 倍。

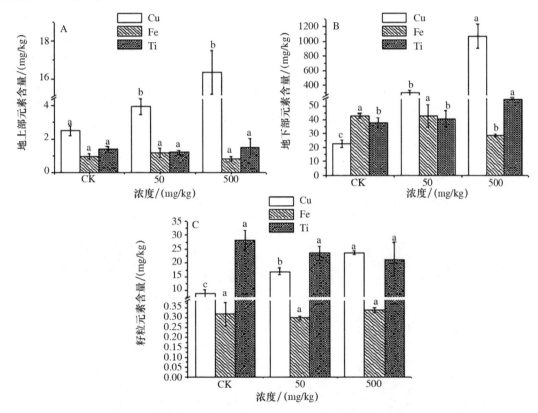

图 4-60 不同纳米材料处理花生组织中对应元素含量。A:地上部中 Cu、Fe、Ti 含量;B:根系中 Cu、Fe、Ti 含量;C:籽粒中 Cu、Fe、Ti 含量

3.花生籽粒细胞 TEM 和 EDS 分析

为了进一步确认 CuO NPs,Fe$_2$O$_3$ NPs、TiO$_2$ NPs 处理的 Cu、Fe、Ti 离子是否进入花生籽粒细胞内,通过 TEM 和 EDS 观察花生籽粒细胞中三种离子的分布情况(图 4-61)。TEM 图显示 500 mg/kg CuO NPs、Fe$_2$O$_3$ NPs、TiO$_2$ NPs 处理花生籽粒细胞中出现黑色沉淀物,对照处理没有出现。EDS 对图 4-61A、图 4-61C、图 4-61E、图 4-61G 中红色方框区域进行定性和定量分析,其结果如图 4-61B、图 4-61D、图 4-61F、图 4-61H 所示,EDS 分析结果表明

TEM 显微图片里的黑色颗粒分别是 Cu、Fe、Ti,并且其含量分别为 2.43％、9.80％、0.11％,分别比对照处理增加了 96％、99％、91％。这表明,纳米材料处理相应的金属离子不仅可以在花生地上部和根部积累,还可以进入花生籽粒,在食用部分积累。

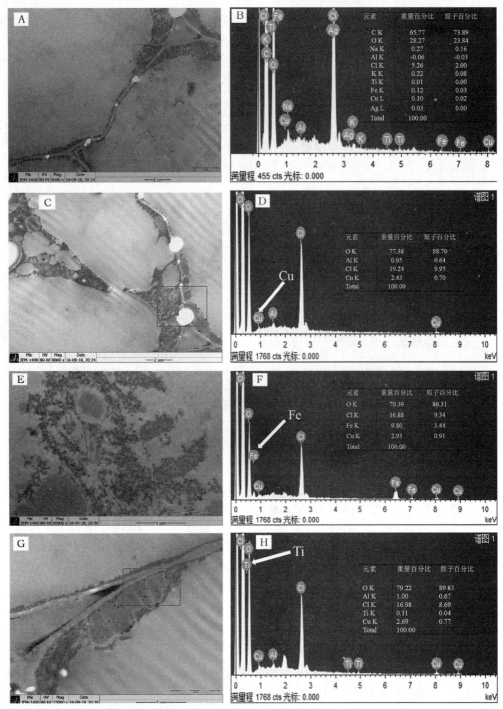

图 4-61　500 mg/kg 三种纳米材料处理花生籽粒的 TEM 和 EDS 图。A、C、E 是 TEM 图;B、D、F 是 EDS 图。A、B 是 CuO NPs 处理;C、D 是 Fe₂O₃ NPs 处理;E、F 是 TiO₂ NPs 处理

同时,研究发现三种纳米材料的 EDS 图中存在大量的 Cl^-,这可能是由于细胞质中存在的大量 Cl^- 与 CuO,Fe_2O_3,TiO_2 NPs 发生了反应,从而生成金属氯化物。图 4-61D 中 Cu 的峰值是由于 TEM 过程中铜网的污染,氧的峰值是由于空气中的油脂等有机物吸附到样品表明造成的,Al 峰是因为 TEM 使用的 Al 样品台,当扫描样品比较薄的区域时,出现了 Al 峰。

4. 纳米材料对花生籽粒脂肪酸含量的影响

本实验测定了不同浓度 CuO NPs,Fe_2O_3 NPs,TiO_2 NPs 处理花生籽粒细胞中从 C10:0 到 C24:0 的 18 种脂肪酸组分的变化(表 4-28)。所有纳米材料均改变花生籽粒脂肪酸的相对含量,其中 50 mg/kg Fe_2O_3 NPs 和所有 TiO_2 NPs 处理脂肪酸变化达到统计学显著水平($P\leqslant0.05$)(图 4-62)。这可能因为饱和脂肪酸在植物生长过程中的重要作用。如图 4-62 所示,500 mg/kg CuO NPs 处理增加了饱和脂肪酸的相对含量,降低了不饱和脂肪酸的相对含量,如 C18:0、C22:0、C24:0 以及剩余饱和脂肪酸之和增加;主要不饱和脂肪酸 C18:2 及其他不饱和脂肪酸总量降低。本实验中,与对照处理相比,CuO NPs 降低了不饱和脂肪酸总量。相反,Fe_2O_3 NPs 和 TiO_2 NPs 降低饱和脂肪酸 C16:0、C22:0、C24:0 的含量,增加主要不饱和脂肪酸 C18:1 的含量,500 mg/kg TiO_2 NPs 增加 C18:2 的含量。与所有纳米材料处理相比,50 mg/kg TiO_2 NPs 对花生脂肪酸相对含量的影响最显著($P\leqslant0.05$),其中 C20:0

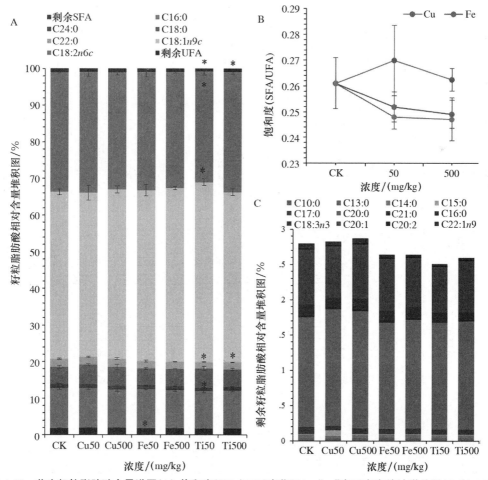

图 4-62 花生籽粒脂肪酸含量谱图(A),饱和度(SFA/UFA)变化(B)。"＊"表示存在统计学差异($P\leqslant0.05$)

表 4-28 花生籽粒 18 种脂肪酸相对含量

脂肪酸	对照组	CuO NPs/(mg/kg)		Fe$_2$O$_3$ NPs/(mg/kg)		TiO$_2$ NPs/(mg/kg)	
		50	500	50	500	50	500
C10:0	0.02±0.01[a]	0.03±0.01[a]	0.03±0.01[a]	0.03±0.01[a]	0.03±0.01[a]	0.03±0.01[a]	0.02±0.01[a]
C12:0	0.01±0.002[a]	0.02±0.005[a]	0.02±0.004[a]	0.02±0.004[a]	0.02±0.003[a]	0.01±0.003[a]	0.02±0.005[a]
C14:0	0.05±0.01[a]	0.04±0.003[a]	0.04±0.002a	0.04±0.001[a]	0.04±0.01[a]	0.04±0.004[a]	0.04±0.004[a]
C15:0	0.011±0.001[a]	0.077±0.12[a]	0.016±0.01[a]	0.009±0.0004[b]	0.009±0.001[b]	0.008±0.001[b]	0.009±0.0004[b]
C16:0	10.98±0.43[a]	10.80±0.33[a]	10.46±0.39[a]	10.77±0.24[a]	10.46±0.27[a]	10.22±0.39[a]	10.41±0.34[a]
C16:1	0.07±0.02[a]	0.07±0.01[a]	0.06±0.003[a]	0.06±0.002[a]	0.06±0.004[a]	0.06±0.001[a]	0.05±0.002[a]
C17:0	0.10±0.02[a]	0.06±0.01[a]	0.08±0.041[ab]	0.07±0.005[a]	0.08±0.01[a]	0.07±0.005[a]	0.07±0.01[a]
C18:0	4.63±0.45[a]	5.34±0.26[a]	5.01±0.68[a]	4.57±0.28[a]	4.76±0.05[a]	5.29±0.51[a]	4.70±0.25[a]
C18:1n9c	45.60±0.77[a]	44.87±2.02[a]	46.18±0.95[a]	46.62±1.53[a]	47.45±0.47[a]	49.09±0.93[a]	46.44±0.91[b]
C18:2n6c	32.69±0.21[a]	32.95±1.18[a]	32.03±0.69[a]	32.32±1.31[a]	31.71±0.35[a]	30.23±0.91[b]	32.87±0.58[a]
C18:3n3	0.08±0.004[a]	0.07±0.01[a]	0.09±0.02[a]	0.07±0.01[a]	0.09±0.04[a]	0.06±0.01[b]	0.06±0.003[b]
C20:0	1.55±0.04[a]	1.66±0.10[a]	1.66±0.05[a]	1.51±0.03[a]	1.54±0.03[a]	1.52±0.08[a]	1.53±0.02[a]
C20:1	0.78±0.03[a]	0.73±0.04[a]	0.77±0.09[a]	0.74±0.09[a]	0.70±0.03[a]	0.65±0.05[b]	0.72±0.03[ab]
C21:0	0.034±0.002[a]	0.033±0.01[a]	0.028±0.01[a]	0.035±0.002[a]	0.027±0.01[a]	0.019±0.001[b]	0.018±0.01[b]
C20:2	0.021±0.001[a]	0.018±0.001[a]	0.021±0.002[a]	0.018±0.001[b]	0.018±0.001[b]	0.015±0.001[b]	0.015±0.001[b]
C22:0	2.17±0.15[a]	2.11±0.19[a]	2.30±0.29[a]	2.03±0.25[a]	1.95±0.10[a]	1.74±0.14[b]	1.93±0.02[ab]
C22:1n9	0.07±0.02[a]	0.05±0.01[a]	0.07±0.02[a]	0.04±0.02[ab]	0.03±0.001[b]	0.03±0.002[b]	0.03±0.01[b]
C24:0	1.13±0.07[a]	1.09±0.07[a]	1.14±0.15[a]	1.03±0.12[a]	1.02±0.06[a]	0.92±0.06[b]	1.05±0.07[ab]

和 C24:0 分别比对照降低了 20%和 19%,C18:1 比对照处理增加了 8%。此外,饱和脂肪酸与不饱和脂肪酸的变化进一步导致了脂肪酸饱和度的变化。

脂肪酸饱和度通常被用来表示脂肪酸组分的动态变化,从而更好地分析三种纳米材料处理花生籽粒脂肪酸的变化。CuO NPs 处理脂肪酸饱和度比对照处理增强,并且 50 mg/kg 处理脂肪酸饱和度高于 500 mg/kg 处理。这种先增加后降低的趋势表明花生籽粒对 CuO NPs 胁迫的自身防御机制反应,可能包括氧化防御系统或者脂肪酸脱饱和酶的活性变化。对于 Fe_2O_3 NPs 和 TiO_2 NPs 处理,脂肪酸饱和度逐渐降低(图 4-62B)。尽管 Fe_2O_3 NPs 和 TiO_2 NPs 处理脂肪酸饱和度变化相似,但是 TiO_2 NPs 处理的脂肪酸饱和度小于 Fe_2O_3 NPs 处理,这表明 TiO_2 NPs 胁迫对花生籽粒具有比 Fe_2O_3 NPs 处理更严重的影响。这可能是由于纳米材料种类的影响造成的。因此,推断纳米材料种类及剂量都会影响花生籽粒脂肪酸含量。

5.纳米材料对花生籽粒氨基酸含量的影响

如表 4-29 所示,除 TiO_2 NPs 处理的蛋氨酸和色氨酸及赖氨酸以外,三种纳米材料处理花生籽粒中亮氨酸等 8 种人体必需氨基酸含量均降低,Fe_2O_3 NPs 处理显著降低了除蛋氨酸以外的其他 7 种必需氨基酸含量($P \leqslant 0.05$);500 mg/kg TiO_2 NPs 处理显著降低了花生籽粒缬氨酸和苯丙氨酸含量;CuO NPs 处理均显著降低 8 种必需氨基酸含量。在 8 种人体必需氨基酸中,50 mg/kg Fe_2O_3 NPs 处理的花生籽粒中缬氨酸、异亮氨酸和亮氨酸含量分别显著降低了($P \leqslant 0.05$)23%、21%和 22%;500 mg/kg Fe_2O_3 NPs 处理花生籽粒中缬氨酸、异亮氨酸和亮氨酸含量分别显著降低了($P \leqslant 0.05$)15%、12%和 13%;50 mg/kg CuO NPs 处理花生籽粒中缬氨酸、异亮氨酸和亮氨酸含量分别显著降低了($P \leqslant 0.05$)33%、34%和 35%;500 mg/kg CuO NPs 处理花生籽粒中缬氨酸,异亮氨酸和亮氨酸含量分别显著降低了($P \leqslant 0.05$)23%、29%和 24%。我们的研究结果表明,50 和 500 mg/kg TiO_2 NPs、50 和 500 mg/kg Fe_2O_3 NPs、50 和 500 mg/kg CuO NPs 处理花生籽粒组氨酸含量分别下降了 2%和 22%、21%和 11%、35%和 22%。

与对照处理相比,50、500 mg/kg TiO_2 NPs 处理花生籽粒 8 种必需氨基酸总量分别降低了 3%、2%;50、500 mg/kg Fe_2O_3 NPs 处理花生籽粒 8 种必需氨基酸总量分别降低了 20%、12%;50、500 mg/kg CuO NPs 处理花生籽粒 8 种必需氨基酸总量分别降低了 34%、26%。花生中含量最高的谷氨酸在三种纳米材料处理下,其含量均降低了,50 和 500 mg/kg Fe_2O_3 NPs,50 和 500 mg/kg CuO NPs 的作用显著($P \leqslant 0.05$),谷氨酸含量分别降低了 23%和 13%,38%和 21%。50 和 500 mg/kg TiO_2 NPs,50 和 500 mg/kg Fe_2O_3 NPs 50,和 500 mg/kg CuO NPs 处理天冬氨酸等其余 8 种氨基酸总量分别比对照处理降低了 2%和 20%,20%和 12%,37%和 20%。表明上述三种纳米材料处理对花生籽粒氨基酸均有显著影响。

6.纳米材料对花生籽粒白藜芦醇含量的影响

如表 4-30 所示,对照处理和 Fe_2O_3 NPs 处理花生籽粒中白藜芦醇含量均<0.1 mg/kg(未检出)。CuO NPs 和 TiO_2 NPs 处理诱导花生籽粒中白藜芦醇的合成,并且不同浓度处理的白藜芦醇含量有显著差异。与对照处理相比,CuO NPs 和 TiO_2 NPs 处理花生籽粒中白藜芦醇含量显著增加($P \leqslant 0.05$)。50 和 500 mg/kg CuO NPs 处理花生籽粒白藜芦醇含量分别是对照处理的 18 倍和 23 倍,50 和 500 mg/kg TiO_2 NPs 处理花生籽粒中白藜芦醇含量分别是对照处理的 16 倍和 22 倍,其中 500 mg/kg CuO NPs 和 TiO_2 NPs 处理白藜芦醇含量达到最高,分别为 2.33 mg/kg 和 2.20 mg/kg。相同浓度的 CuO NPs 和 TiO_2 NPs 处理相比,CuO NPs 处理花生籽粒白藜芦醇含量高于 TiO_2 NPs 处理。

表 4-29 花生籽粒 17 种氨基酸含量

氨基酸	对照组	Fe₂O₃ NPs/(mg/kg)		TiO₂ NPs/(mg/kg)		CuO NPs/(mg/kg)	
		50	500	50	500	50	500
Asp	1.76 ± 0.06^a	1.34 ± 0.03^c	1.51 ± 0.10^b	1.65 ± 0.30^a	1.36 ± 0.16^a	1.07 ± 0.02^c	1.36 ± 0.03^b
Thr	0.37 ± 0.02^a	0.30 ± 0.004^b	0.32 ± 0.02^b	0.35 ± 0.07^a	0.29 ± 0.02^a	0.25 ± 0.01^c	0.29 ± 0.01^b
Ser	0.73 ± 0.03^a	0.61 ± 0.03^b	0.66 ± 0.04^{ab}	0.74 ± 0.14^a	0.62 ± 0.08^a	0.46 ± 0.02^c	0.59 ± 0.03^b
Glu	2.92 ± 0.09^a	2.26 ± 0.09^c	2.54 ± 0.14^b	2.84 ± 0.51^a	2.27 ± 0.26^a	1.80 ± 0.05^c	2.30 ± 0.07^b
Gly	0.89 ± 0.03^a	0.73 ± 0.04^b	0.83 ± 0.08^{ab}	0.90 ± 0.15^a	0.74 ± 0.06^a	0.62 ± 0.03^c	0.69 ± 0.04^b
Ala	0.59 ± 0.01^a	0.47 ± 0.01^c	0.51 ± 0.03^b	0.57 ± 0.11^{ab}	0.45 ± 0.04^b	0.39 ± 0.02^c	0.47 ± 0.02^b
Cys	0.21 ± 0.02^a	0.22 ± 0.01^a	0.22 ± 0.04^a	0.27 ± 0.03^a	0.31 ± 0.02^a	0.18 ± 0.006^b	0.17 ± 0.01^b
Val	0.76 ± 0.03^a	0.58 ± 0.02^b	0.65 ± 0.04^b	0.71 ± 0.14^{ab}	0.55 ± 0.04^b	0.51 ± 0.02^c	0.59 ± 0.03^b
Met	0.13 ± 0.007^a	0.12 ± 0.004^a	0.13 ± 0.006^a	0.15 ± 0.03^a	0.14 ± 0.01^a	0.08 ± 0.004^b	0.06 ± 0.01^b
Ile	0.49 ± 0.02^a	0.39 ± 0.01^b	0.43 ± 0.03^b	0.48 ± 0.09^a	0.38 ± 0.03^a	0.33 ± 0.01^c	0.38 ± 0.02^b
Leu	1.08 ± 0.03^a	0.85 ± 0.03^b	0.94 ± 0.07^b	1.04 ± 0.19^a	0.83 ± 0.08^a	0.70 ± 0.02^c	0.82 ± 0.04^b
Try	0.49 ± 0.02^a	0.40 ± 0.02^b	0.43 ± 0.03^b	0.49 ± 0.07^a	0.49 ± 0.02^a	0.33 ± 0.02^c	0.40 ± 0.03^b
Phe	0.75 ± 0.01^a	0.58 ± 0.03^c	0.66 ± 0.05^b	0.72 ± 0.14^{ab}	0.56 ± 0.07^b	0.47 ± 0.003^c	0.58 ± 0.03^b
Lys	0.54 ± 0.04^a	0.48 ± 0.01^b	0.51 ± 0.03^{ab}	0.56 ± 0.10^a	0.44 ± 0.02^a	0.38 ± 0.003^c	0.44 ± 0.02^b
His	0.35 ± 0.01^a	0.27 ± 0.01^c	0.31 ± 0.02^b	0.34 ± 0.06^a	0.27 ± 0.02^a	0.23 ± 0.001^c	0.27 ± 0.01^b
Arg	1.78 ± 0.10^a	1.43 ± 0.05^b	1.57 ± 0.09^b	1.75 ± 0.31^{ab}	1.34 ± 0.14^b	1.07 ± 0.06^c	1.52 ± 0.05^b
Pro	0.55 ± 0.04^a	0.42 ± 0.02^b	0.46 ± 0.03^b	0.50 ± 0.09^{ab}	0.40 ± 0.05^b	0.33 ± 0.001^c	0.40 ± 0.02^b

表 4-30 花生籽粒白藜芦醇含量

	对照组	CuO NPs/(mg/kg)		TiO₂ NPs/(mg/kg)		Fe₂O₃ NPs/(mg/kg)	
		50	500	50	500	50	500
1	<0.1	1.7	2.7	1.6	2.1	<0.1	<0.1
2	<0.1	1.7	2.1	1.5	2.5	<0.1	<0.1
3	<0.1	2.1	2.2	1.8	2.0	<0.1	<0.1
平均值	$<0.1^c$	1.83 ± 0.23^b	2.33 ± 0.32^a	1.63 ± 0.15^b	2.20 ± 0.26^a	<0.1	<0.1

4.14 磁性(Fe_3O_4)纳米颗粒对黄瓜和小麦的生理学效应及其对重金属毒性的缓解作用

4.14.1 磁性(Fe_3O_4)纳米颗粒对黄瓜、小麦植物的生理效应

4.14.1.1 材料和方法

本部分主要采用 3 种不同尺寸的磁性(Fe_3O_4)纳米颗粒和 bulk-Fe_3O_4 颗粒,以黄瓜和小麦为材料,研究了纳米 Fe_3O_4 和 bulk-Fe_3O_4 对植物的生理效应。散装 Fe_3O_4 购自美国 Sigma-Aldrich 公司,纯度超过 95%。在中国科学院高能物理研究所合成了不同平均尺寸的纳米粒子(Fe_3O_4),分别为 6～7 nm、50～55 nm 和 100 nm。其他分析级化学品均购自北京化工厂。黄瓜(*Cucumis sativus* L.)和小麦(*Triticum aestivum* L.)的种子均购自中国农业科学院。初步实验表明,黄瓜和小麦的平均发芽率均大于 95%。种子在 4℃下冷藏直到使用。在本工作中使用改良的 1/4 强度 Hoagland 溶液作为营养液,其由 $Ca(NO_3)_2 \cdot H_2O$ (236.65)、KNO_3(101.15)、NH_4NO_3(80)、KH_2PO_4(136)、$MgSO_4$(60)、$FeSO_4 \cdot 7H_2O$ (13.9)、EDTA-Na_2(18.65)和 5μL pH 约为 5.5 微量元素溶液组成(mg/L)。

4.14.1.2 种子萌发与暴露

通过 4 次重复实验,研究了不同浓度的 Fe_3O_4 纳米粒(6 nm、50 nm、100 nm)、bulk-Fe_3O_4 对黄瓜、小麦种子萌发的生理效应。在实验中,处理浓度为纳米或 bulk-Fe_3O_4 的三种浓度(50 mg/L、500 mg/L 和 2000 mg/L),对照组未处理。将纳米或 bulk-Fe_3O_4 粒子直接悬浮在去离子水中,超声振动 40 min,使各浓度的纳米或 bulk-Fe_3O_4 悬浮液分散稳定。选择黄瓜和小麦的均匀种子,在 10% 次氯酸钠溶液中消毒 10 min,用去离子水彻底冲洗几次,以保证表面无菌。将 12 粒种子(纳米种子和块状种子)放在 100 mm×15 mm 的培养皿中,放置在一张湿纸上,每粒种子之间的距离约为 1 cm,然后加入各浓度的悬浮液 5 mL。在培养皿中只加入蒸馏水进行对照处理。将所有培养皿盖好,用封口膜密封,置于 25℃ 以下的黑暗气候培养箱中。5 d 后,停止发芽,用毫米尺测量幼苗的茎和根长。胚根长度至少为 2 mm 的种子被认为是发芽的。

4.14.1.3 幼苗生长及暴露

1. 纳米 Fe_3O_4 对幼苗生长的影响

种子在去离子水中萌发 3 d 后,选择均匀的黄瓜或小麦幼苗,每棵幼苗用带孔的泡沫塑料固定,移入装有 100 mL 营养液的 250 mL 烧杯中。幼苗被放置在生长室中,16 h 光周期[光强度 $1.76×10^4$ mol/($m^2 \cdot s$)],温度 25℃/18℃(白天/晚上)和湿度 50%/70%(白天/晚上),并允许在暴露于纳米或 bulk-Fe_3O_4 生长。10 d 后,将不同粒径(6 nm、50 nm、100 nm)纳米或 bulk-Fe_3O_4 加入营养液中,超声预处理 40 min,处理是三种浓度(50、500 和 2000 mg/L)的纳米或 bulk-Fe_3O_4,和未处理的对照。幼苗再次放置在生长室中,让它们再生长 21 d。每隔 1 d 用新鲜的营养液补充每个烧杯中的溶液,使其保持恒定的体积(100 mL)。每个浓度设置

4个重复。

2. 纳米 Fe₃O₄ 和 bulk-Fe₃O₄ 对生物质生产的影响

将生长在纳米 Fe_3O_4 悬浮液中 21 d 的幼苗收获,然后依次用流动自来水和去离子水彻底冲洗。然后分离根和芽,测定其新鲜生物量。将样品在 60℃下干燥 2 d 并称量它们的干燥生物量。干燥试样经高速粉碎成细粉。每个样品(15~20 mg)在 5 mL HNO_3 中浸泡 24 h,然后加入 3mL H_2O_2。30 min 后,用 160℃的加热板在实验室通风室中消化 5 h,直到保留 1 mL 溶液。将残渣转移到 10 mL 烧瓶中,用去离子水稀释至一定体积。采用电感耦合等离子体质谱法(ICP-MS,Thermo X7,USA)测定植物组织中总铁的含量。

3. 透射电镜观察

分别以 2000 mg/L 的 Fe_3O_4 NPs 和 bulk-Fe_3O_4 处理植株,进行透射电镜观察。TEM 样品按照标准程序制备。植物生长 21 d 后,用自来水和去离子水分别冲洗根部几次。切去根尖,用 2.5% 戊二醛溶液固定于 0.1 mol/L 磷酸盐缓冲液(PBS,pH 7.4)中。然后用 PBS 洗涤 3 次,固定在四氧化锇中,在分级丙酮系列中脱水,嵌入到 Spurr 的树脂中。用金刚石刀在 UC6i(Leica,Austria)上切割约 90 nm 的超薄切片,收集于铜栅极上,在 JEM-1230(JEOL,Japan)透射电镜下,80 kV 下观察。

4. 相关酶的提取及活性测定

将各处理新鲜根或芽(0.2 g)用 1.8 mL 0.05 mol/L 磷酸钠缓冲液(pH 7.8)在冰浴下匀浆,制成 10% 的样品复合液。匀浆 10000g,4℃离心 15 min,上清液进行超氧化物歧化酶(SOD)、过氧化物酶(POD)活性及 MDA 含量分析。通过测定超氧化物歧化酶(SOD)在 550 nm 时对硝基蓝四唑类化合物光化学还原的抑制能力,分析 SOD 活性。POD 活性是通过监测愈创木酚脱氢产物的形成,并在 420 nm 处增加吸光度来测定的。以牛血清白蛋白(BSA)为标准品,测定蛋白质含量。

5. 统计分析

每个处理进行 4 次重复统计分析,结果用平均数±SD(标准差)表示。采用单因素方差分析、Tukey's HSD(等组大小)或 Bonferroni(不等组大小)检验确定统计学差异。$P < 0.05$ 被认为是显著差异。所有统计分析均采用 SPSS20.0 和 OriginPro 统计软件包进行。

4.14.1.4 结果

1. 纳米 Fe₃O₄ 对黄瓜和小麦幼苗生长参数的影响

(1)纳米 Fe₃O₄ 对种子萌发和根系伸长的影响

为了评价不同粒径的磁性(Fe_3O_4)纳米颗粒(6 nm、50 nm、100 nm)和 bulk-Fe_3O_4 对被测植物根系生长的影响,本研究采用 0、50、500、2000 mg/L 的浓度。图 4-63 为纳米 Fe_3O_4 和 bulk-Fe_3O_4 浓度对培养皿上生长的小麦和黄瓜种子萌发和根系伸长的影响。不同粒径(6 nm、50 nm、100 nm)和 bulk-Fe_3O_4 纳米粒子的合成对小麦和黄瓜种子萌发和根系伸长均无影响($P < 0.05$)。总发芽率为 93.75%~100%。

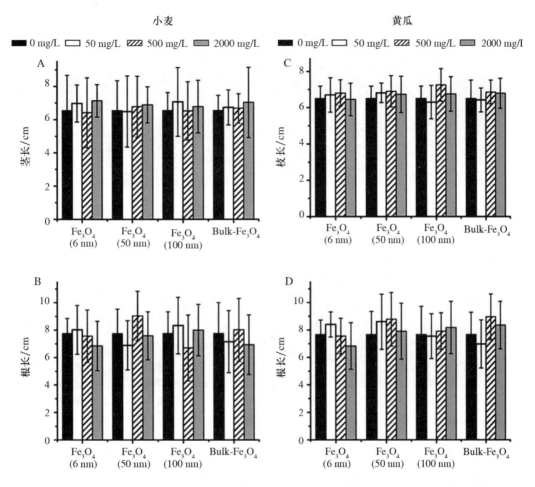

图 4-63 0 mg/L、50 mg/L、500 mg/L、2000 mg/L 磁性(Fe_3O_4)纳米颗粒(6 nm、50 nm、100 nm)和 bulk-Fe_3O_4悬浮液处理小麦的茎(A)、根(B)和黄瓜的枝长(C)、根长(D)。数值表示为 4 个重复样品的平均值±SD(标准差),每个重复 12 粒种子

(2)纳米 Fe_3O_4 粒子对生物质生产的影响

图 4-65 为合成的纳米 Fe_3O_4(6 nm、50 nm、100 nm)和 bulk-Fe_3O_4 对黄瓜生物量的影响。不同浓度的磁性纳米颗粒和体积对黄瓜植株的伤害不同,生物量显著下降(图 4-64A 和 B)。结果表明,Fe_3O_4(50 nm)和纳米 Fe_3O_4(100 nm)颗粒对黄瓜植株生物量生产均无显著影响(图 4-65)。bulk-Fe_3O_4 在高浓度(500 mg/L 和 2000 mg/L)下对生物量有显著抑制作用。在 500 mg/L 和 2000 mg/L(bulk-Fe_3O_4)条件下,嫩枝鲜、干生物量分别下降 35.58%~43.40% 和 34.09%~39.62%(图 4-65A 和 B)。在相同浓度下(图 4-65A 和 B),根的生物量(新鲜和干燥)分别比对照下降 33.80%~56.33% 和 31.65%~46.08%($P<0.05$)。纳米 Fe_3O_4 在低浓度下对生物量有明显的抑制作用。在 50 mg/L 时,嫩枝新鲜和干燥的生物量分别降低了 30.1% 和 31.7%(图 4-65A 和 B);与对照组相比,根的生物量(新鲜和干燥)分别减少了 53.3% 和 35.7%(图 4-65C 和 D)。与对照相比,高浓度(2000 mg/L)可使鲜根生物量提高 45.2%(图 4-65C)。

图 4-64　黄瓜(A)和小麦(C)幼苗在无纳米颗粒的营养液中生长 10 d;黄瓜(B)和小麦(D)生长在纳米 Fe_3O_4(6 nm)悬浮液中

图 4-66 为纳米 Fe_3O_4(6 nm、50 nm、100 nm)和 bulk-Fe_3O_4 对小麦生物量生产的影响。合成的磁性(Fe_3O_4)纳米颗粒和 bulk-Fe_3O_4 对小麦植株鲜、干生物量的影响无统计学意义,但在尺寸较小的纳米 Fe_3O_4(6 nm)下,与对照相比,最高测试浓度(2000 mg/L)对小麦植株新鲜和干燥的生物量有显著影响(图 4-64C 和 D,图 4-66B)。在 2000 mg/L 时,小麦茎干生物量降低了 39.53%(图 4-66B)。与对照相比,在相同浓度(2000 mg/L)下,小麦根系鲜、干生物量分别降低了 29.28% 和 35.21%(图 4-66C 和 D)。

（3）黄瓜和小麦的总铁含量

图 4-67 和图 4-68 分别显示了合成的纳米 Fe_3O_4 和 bulk-Fe_3O_4 悬浮液中生长的黄瓜和小麦的茎和根中 Fe 的浓度。从图 4-67A 和图 4-68A 可以看出,合成的纳米 Fe_3O_4(6 nm、50 nm、100 nm)和 bulk-Fe_3O_4 颗粒对黄瓜和小麦幼苗铁浓度的影响均不明显。与对照相比,在 500 mg/L 和 2000 mg/L 时,合成的纳米和块状 Fe_3O_4 在黄瓜和小麦根中的总铁浓度均显著升高($P < 0.05$)(图 4-67B 和 4-68B)。在纳米 Fe_3O_4(6 nm)悬浮液中,黄瓜根中总铁含量有一个有趣的特殊性。在纳米 Fe_3O_4(6 nm)悬浮液中生长的黄瓜植株,在低浓度(50 mg/L)条件下,根系总铁含量高于对照(图 4-67B)。

（4）TEM 观察

图 4-69 为对照处理下黄瓜根和小麦根的透射电镜图像,分别为纳米 Fe_3O_4(6 nm、50 nm、100 nm)和 bulk-Fe_3O_4 处理下黄瓜根和小麦根的截面图。如图(4-69A 和 F)所示,控

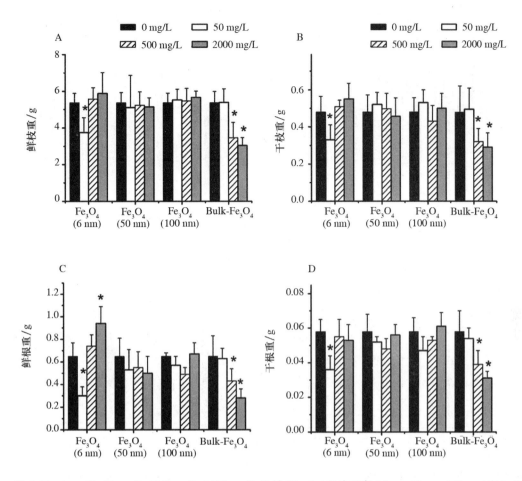

图 4-65 0 mg/L、50 mg/L、500 mg/L、2000 mg/L 磁性(Fe₃O₄)纳米颗粒(6 nm、50 nm、100 nm)和 bulk-Fe₃O₄悬浮液处理黄瓜植株的鲜枝(A)和干枝(B)、鲜根(C)和干根(D)。这些值表示为四次重复的平均值±SD(标准差)。与对照组比较,有显著性差异用"*"表示($P<0.05$)。

制切片显示细胞壁(CW)、质膜(PM)、液泡(V)和细胞间隙(IS)。黄瓜根和小麦根经 2000 mg/L 处理 21 d 后的 TEM 图像表明,合成的纳米 Fe₃O₄ 和 bulk-Fe₃O₄ 均位于根表面。但在细胞中均未见明显差异(图 4-69A-E 和 F-I)。

2. 抗氧化酶活性和脂质过氧化实验

将黄瓜和小麦植株分别置于 0、50、500 和 2000 mg/L 纳米 Fe₃O₄(6 nm)和 bulk-Fe₃O₄ 4 种浓度下,分析它们对氧化应激和抗氧化酶活性的影响,比较了磁铁矿纳米粒与营养盐纳米粒的效果。

黄瓜根系 SOD 活性分别下降了 49.4% 和 61.2%,处理量为 500 mg/L 和 2000 mg/L 的 bulk-Fe₃O₄ 较对照组下降($P≤0.05$,图 4-70B);与对照相比,各处理黄瓜幼苗均无显著性差异(图 4-70A)。仅在低浓度(50 mg/L)下,纳米 Fe₃O₄ 暴露显著抑制黄瓜植株茎和根的抗氧化酶活性(图 4-70A 和 B),与对照组相比,茎和根的 SOD 活性分别下降了 49.1% 和 37.2% ($P≤0.05$)。另一方面,根暴露于纳米 Fe₃O₄ 处理后,2000 mg/L 处理后 SOD 活性显著提高

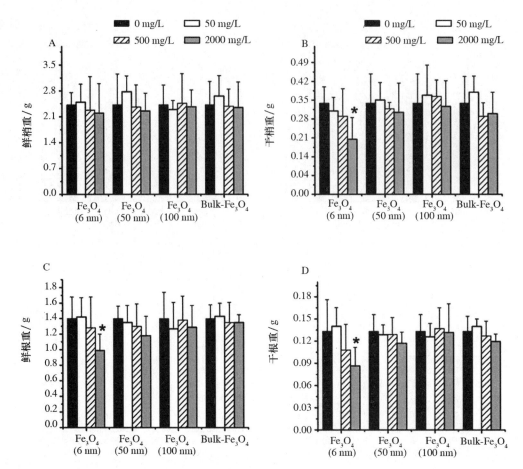

图4-66 0 mg/L、50 mg/L、500 mg/L、2000 mg/L 磁性（Fe₃O₄）纳米颗粒（6 nm、50 nm、100 nm）和 bulk-Fe₃O₄ 悬浮液处理小麦植株的鲜梢（A）和干梢（B）、鲜根（C）和干根（D）。数值表示为 4 次重复的平均值 ± SD（标准差）。与对照组比较，有显著性差异用" * "表示（$P<0.05$）

32.7%。图 4-70C 和 D 显示了纳米处理黄瓜根和芽中过氧化物酶（POD）的活性。只有在浓度为 2000 mg/L 时暴露于纳米或 bulk-Fe₃O₄ 的根中才能发现显著的影响：与对照组相比，在相同浓度下，bulk-Fe₃O₄ 降低了 23.0% 的过氧化物酶活性，纳米 Fe₃O₄ 提高了 25.01% 的过氧化物酶活性（$P \leqslant 0.05$）。与对照相比，纳米处理和 bulk-Fe₃O₄ 处理对幼苗 POD 活性均无显著影响（图 4-70C）。与对照相比，bulk-Fe₃O₄ 处理显著提高了黄瓜根系 MDA 含量（图 4-70F），而在嫩枝中，bulk-Fe₃O₄ 处理与对照无显著差异（$P \leqslant 0.05$）。浓度更高（500 mg/L 和 2000 mg/L）时，纳米 Fe₃O₄ 没观察到显著影响黄瓜茎和根，除了 50 mg/L 纳米 Fe₃O₄ 处理（$P \leqslant 0.05$）。茎、根中丙二醛（MDA）含量显著增加，表明氧化损伤严重。

　　如图 4-71 所示，bulk-Fe₃O₄ 对小麦植株的抗氧化酶（SOD 和 POD）活性没有影响。在小麦植株中，bulk-Fe₃O₄ 与对照之间对 MDA 含量无显著影响。然而，纳米 Fe₃O₄ 处理显著影响了小麦植株 SOD 和 POD 的活性，同时也影响了 MDA 的含量（图 4-71）。图 4-71A 和 B 展示了纳米 Fe₃O₄ 处理小麦幼苗和根系超氧化物歧化酶（SOD）的活性。在 500 mg/L 和 2000 mg/L 条件下，小麦幼苗 SOD 活性较对照分别提高了 65% 和 31.07%（图 4-71A）。如

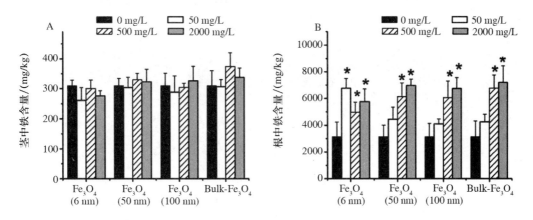

图4-67 0 mg/L、50 mg/L、500 mg/L、2000 mg/L 磁性（Fe_3O_4）纳米颗粒（6 nm、50 nm、100 nm）和 bulk-Fe_3O_4 悬浮液处理黄瓜植株的茎（A）和根（B）中的铁浓度。数值用4次重复的平均值±标准差表示。与对照组比较，显著性差异用"*"表示（$P < 0.05$）

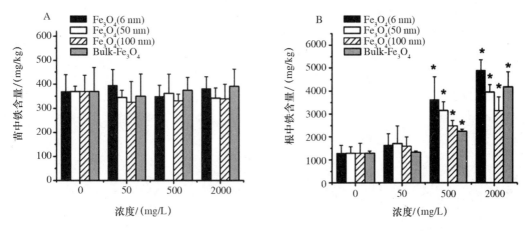

图4-68 0 mg/L、50 mg/L、500 mg/L、2000 mg/L 磁性（Fe_3O_4）纳米颗粒（6 nm、50 nm、100 nm）和 bulk-Fe_3O_4 悬浮液处理小麦幼苗（A）和根系（B）的铁含量。数值用4次重复的平均值±标准差表示。与对照组比较，显著性差异用"*"表示（$P < 0.05$）

图4-71B所示，500 mg/L 时，小麦根系 SOD 活性显著增加109%。总的来说，合成的纳米 Fe_3O_4 颗粒不影响小麦植株 POD 活性。图4-71（E和F）显示了纳米和 bulk-Fe_3O_4 悬浮液对小麦植株 MDA 含量的影响。结果表明，在纳米 Fe_3O_4 或 bulk-Fe_3O_4 存在下，幼苗中 MDA 的浓度没有发生变化。在添加纳米 Fe_3O_4（6 nm）500 mg/L 和 2000 mg/L 后，小麦根系 MDA 含量显著增加，但 bulk-Fe_3O_4 对根系 MDA 含量无影响（图4-71F）。与对照相比，纳米 Fe_3O_4（6 nm）处理在 500 mg/L 和 2000 mg/L 时，小麦根系 MDA 含量分别显著增加61.57%和95.28%（图4-71F）。

4.14.1.5 讨论

1. 纳米 Fe_3O_4 对黄瓜和小麦生长的抑制作用

纳米毒理学作为现代科学的一个新兴领域，近年来受到越来越多的研究人员的关注。

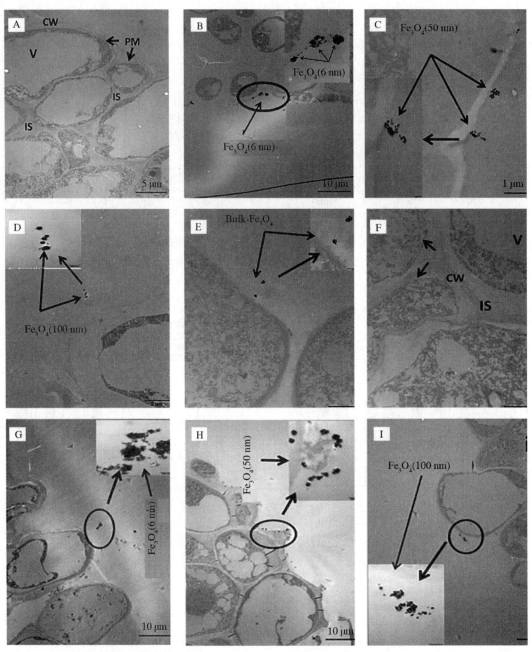

图 4-69 对照黄瓜根的透射电镜图像(A), 2000 mg/L 纳米 Fe_3O_4 [6 nm(B), 50 nm(C), 100 nm(D), bulk-Fe_3O_4(E)]; 对照小麦根(F)、2000 mg/L 纳米 Fe_3O_4 [6 nm (G)、50 nm(H)、100 nm(I)]; 细胞壁(CW)、质膜(PM)、液泡(V)和细胞间隙(IS)

其中一些原始或综述性文章已经发表。在高等植物中研究植物毒性实验的主要原因是开发一种纳米颗粒的毒性谱, 它应该是全面的, 对人类有用的, 且研究了包括磁性(Fe_3O_4)纳米粒子在内的不同纳米粒子对植物的毒性机制。然而, 从这些有限的研究中得到的现有结论不能达成任何关于它们在生物体中的毒性的共识, 特别是在植物研究中使用纳米颗粒的影响。以往使用磁性(Fe_3O_4)等氧化铁纳米颗粒的研究表明, 氧化铁纳米颗粒对陆生植物有正、负

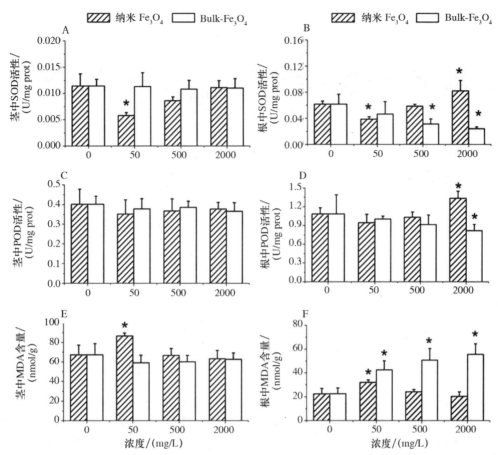

图 4-70 0 mg/L、50 mg/L、500 mg/L、2000 mg/L 磁性(Fe₃O₄)纳米颗粒(6 nm)和 bulk-Fe₃O₄ 悬浮液处理黄瓜植株根系和茎部 SOD 和 POD 活性、MDA 含量。茎(A)、根(B)超氧化物歧化酶(SOD);茎(C)、根(D)过氧化物歧化酶(POD)、茎(E)、根(F)过氧化物歧化酶(MDA)含量。"*"表示与对照组比较有显著性差异($P<0.05$)

或无影响。种子萌发和根系伸长因其简单、灵敏、成本低、适于使用和应用化学物质和样品等优点而被广泛用作植物毒性实验。萌发通常被认为是生理实验的开始过程。在植物,种皮由于其选择性渗透能力在保护胚胎对抗有害的外部因素中发挥着关键作用。尽管污染物对植物有抑制作用,特别是对根的生长,但如果它们没有穿过种皮,就不能影响发芽。这可能解释了为什么在本研究中,不同浓度(50 mg/L、500 mg/L 和 2000 mg/L)的纳米 Fe₃O₄ 或 bulk-Fe₃O₄ 的任何合成粒径(6 nm、50 nm 和 100 nm)都不会影响被测物种的种子萌发。与芽相比,根与纳米颗粒悬浮体有直接接触。因此,根系伸长、根系生长或根系生物量是敏感植物的重要指标。当暴露于纳米颗粒悬浮液中时,可能呈现剂量依赖的反应。一般来说,暴露于污染物引起的毒性症状可能首先出现在根而不是芽中,因为它们是在培养基中第一个遇到纳米颗粒的靶组织。在本研究中,黄瓜和小麦的茎和根的长度在 5 d 后不受纳米 Fe₃O₄ (6 nm、50 nm 和 100 nm)颗粒或 bulk-Fe₃O₄ 的影响。这可能是由于纳米颗粒在萌发和根系伸长实验中暴露时间较短所致。纳米毒性机制可能与纳米颗粒的化学成分、粒径、表面积和

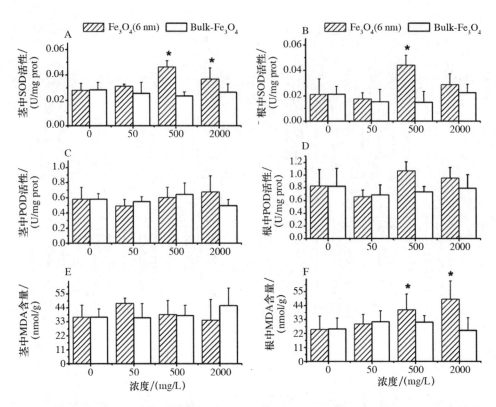

图 4-71   0 mg/L、50 mg/L、500 mg/L、2000 mg/L 磁性（Fe_3O_4）纳米粒（6 nm）和 bulk-Fe_3O_4 悬浮液处理小麦植株根系和茎部 SOD、POD 活性及 MDA 含量。芽（A）、根（B）超氧化物歧化酶（SOD）；茎（C）、根（D）过氧化物歧化酶（POD）、茎（E）、根（F）过氧化物歧化酶（MDA）含量。"＊"表示与对照组比较有显著性差异（$P < 0.05$）

化学结构等不同参数密切相关。因此，纳米颗粒的毒性可能是由于其化学成分的化学毒性，以及应力导致的纳米颗粒的大小和表面电荷。铁是生物体（植物、动物和人类）中的一种基本元素，但在高浓度下，它可能是有毒的，也可能是无毒的。以往对纳米颗粒和大颗粒毒性的比较研究结果表明，小颗粒的毒性一般大于大颗粒。在大多数情况下，毒性依赖于浓度。然而，本研究对黄瓜植株的观察结果却截然不同：纳米 Fe_3O_4 暴露对黄瓜植株的生物量抑制和氧化应激的不良影响，仅在低浓度（50 mg/L）暴露下才能发现。在较高浓度（500 mg/L 和 2000 mg/L）下，bulk-Fe_3O_4 比纳米 Fe_3O_4 对黄瓜的植物毒性更严重。

低浓度纳米 Fe_3O_4 处理和高浓度 bulk-Fe_3O_4 处理对黄瓜生物量有明显的影响，但与种子萌发相反，纳米 Fe_3O_4 和 bulk-Fe_3O_4 处理均不影响黄瓜植株的茎和根长。这种抑制植物生物量的原因之一，似乎是在低浓度的纳米 Fe_3O_4 和高浓度的 bulk-Fe_3O_4 下，分别过量的铁含量以及培养时间。Marcus 等发现，高浓度氧化铁纳米颗粒会降低细胞存活率。作者认为细胞对氧化铁纳米颗粒的吸收依赖于在培养基中培养的时间和浓度。在植物毒性实验中，只有较小的尺寸（6 nm）对小麦植株的新鲜和干燥生物量有显著的抑制作用（图 4-66）。当粒子的尺寸减小时，它们的表面积增大，那么它们的原子或分子就容易显示在材料的表面而不是内部。随着尺寸的减小，工程纳米材料的化合物结构特性的变化可能导致了它们的许多毒理学效应。nano-Fe$_3$O$_4$粒子的抑制效应只发生在植物生长过程中(21 d),而不是在种子萌发和根伸长的早期阶段,表明纳米 Fe$_3$O$_4$ 粒子的不同的危害植物的毒性作用不仅取决于大小,而且和其剂量及持续时间有关。

2. 纳米 Fe$_3$O$_4$ 粒子引起氧化应激,诱导抗氧化酶活性

合成的纳米粒子对包括植物在内的生物的直接毒性作用首先是通过它们的化学成分和表面活性来确定的。然而,它们的间接毒性作用是由于活性氧(ROS)的产生,或有毒离子的释放。已有研究报道,纳米 Fe$_2$O$_3$ 和纳米 Fe$_3$O$_4$ 可以增强脂质过氧化(MDA),诱导各种组织的氧化应激。活性氧(ROS)的产生与抗氧化系统活性(SOD 和 POD)之间平衡的破坏可能是导致植物氧化应激的主要原因之一。在高等植物中,包括纳米 Fe$_3$O$_4$ 在内的纳米粒子对氧化应激的主要反应是 SOD 和 POD 活性的增加。植物具有超氧化物歧化酶(SOD)、过氧化物歧化酶(POD)等酶促机制,可减少损伤作用或清除活性氧,防止氧化应激。SOD 在黄瓜根、小麦根与芽的增加,在黄瓜植物根系 POD 活性的增加与纳米 Fe$_3$O$_4$(6 nm)接触表明,高浓度的合成纳米颗粒可引起极速的 SOD 和 POD 活性,防止细胞氧化应激。同时注意到,在相同浓度(2000 mg/L)下,纳米 Fe$_3$O$_4$ 处理黄瓜根系(鲜)生物量水平增加(图 4-65C),表明黄瓜清除自由基的能力增强。另一方面,本研究结果表明,黄瓜植株的抗氧化酶活性被激活,以保护纳米或 bulk-Fe$_3$O$_4$ 诱导的氧化损伤。不幸的是,它们不能在适当的时间消除或清除过量的 ROS,而过量的 ROS 最终破坏了植物的酶促机制(SOD 和 POD),并在 500 和 2000 mg/L(bulk-Fe$_3$O$_4$ 处理)和 50 mg/L(纳米 Fe$_3$O$_4$ 处理)时减少了植物的生物量。本研究在纳米 Fe$_3$O$_4$ 处理(6 nm)和 bulk-Fe$_3$O$_4$ 处理(分别为 50 mg/L 和 500~2000 mg/L)下,黄瓜和小麦植株在 500 mg/L 和 2000 mg/L 纳米 Fe$_3$O$_4$(6 nm)处理下 MDA 含量增加。MDA 含量的增加表明纳米 Fe$_3$O$_4$ 和 bulk-Fe$_3$O$_4$ 通过刺激活性氧(ROS)的生成而引起严重的氧化应激,而活性氧(ROS)的产生可能会对黄瓜和小麦的植物细胞造成损伤。类似的结果也在紫锥菊、黑麦草和南瓜中发现。结合以上的研究结果,可以认为附着在黄瓜根表面和/或被黄瓜植株吸收的纳米 Fe$_3$O$_4$ 或 bulk-Fe$_3$O$_4$ 颗粒干扰了黄瓜的生理功能,并引起氧化应激。值得注意的是,未在 TEM 图像的细胞中明显观察到纳米 Fe$_3$O$_4$ 或 bulk-Fe$_3$O$_4$。

这些结果表明,不同粒径的纳米 Fe$_3$O$_4$ 颗粒和 bulk-Fe$_3$O$_4$ 颗粒的植物毒性效应可能与化合物、结构性质/颗粒大小、培养基浓度、孵育时间以及植物种类有关。能够显著影响 NPs 生物利用度的聚集程度可能取决于 NPs 的性质以及溶液条件。DLS 结果表明,纳米铁和块状铁在营养液中均有团聚现象。纳米 Fe$_3$O$_4$ 粒子(6 nm)在低浓度时比高浓度时分散得更多。从这些差异可以看出,在低浓度下,纳米 Fe$_3$O$_4$ 的表面积相对较大,更容易被植物吸收。这反映在本研究结果中,纳米 Fe$_3$O$_4$ 低浓度暴露对生物量和氧化应激有显著的负面影响;说明纳米 Fe$_3$O$_4$ 的毒性与颗粒的性质(大小和聚集程度)有关;而 bulk-Fe$_3$O$_4$ 对黄瓜植株的影响呈浓度依赖性。一般认为铁是一种必需的植物微量营养素,氧化铁纳米颗粒被认为是良性的,但也有不同的描述为无毒或有毒。值得注意的是,本研究表明过量增加铁含量会扰乱植物的生理功能,引起氧化应激。Kafayati 等研究了磁性纳米颗粒(Fe$_3$O$_4$)对不同浓度的基因工程铜绿假单胞菌(PTSOX4)细胞生长速度的影响。结果表明,在浓度为 500 mg/L 时,生长速率达到最大值。

在不同的生理过程中,幼苗的发芽率、根和茎的长度以及营养物质的生物量都有所增加,工程纳米材料对植物有积极作用。铁含量之间的相关性,MDA 浓度,SOD 和 POD 活性和生物量在不同浓度的纳米 Fe_3O_4 和 bulk-Fe_3O_4 观测的黄瓜植株这项研究中,在高浓度纳米 Fe_3O_4 处理(图 4-65C)中,新鲜黄瓜植物的根生物量的增加可能是由于合理的高浓度铁含量,但另一个元素的固定等内容,可能与纳米 Fe_3O_4 在高浓度下的暴露有关。Siva 等观察到,植物在氧化铁纳米颗粒的暴露更生动地表明通过增加总蛋白对氧化铁纳米颗粒有积极的反应。

4.14.1.6　结论

研究了不同粒径(6 nm、50 nm、100 nm)磁性(Fe_3O_4)纳米粒子和膨体铁(bulk-Fe_3O_4)对黄瓜和小麦植株的生理效应。生物量实验(21 d)较根系伸长实验(5 d)长。很明显,长时间接触纳米颗粒可能获得非常有效的信息,能够用于纳米技术在环境保护和农业活动中的应用。结果表明,纳米 Fe_3O_4(50 nm 和 100 nm)对黄瓜和小麦均无毒害作用。而纳米 Fe_3O_4(6 nm)和 bulk-Fe_3O_4 处理在不同浓度下引起的氧化应激增加,并在 21 d 后诱导了一系列的抗氧化酶活性。结果表明,低浓度(50 mg/L)纳米 Fe_3O_4 处理对黄瓜生物量的抑制作用和氧化应激作用明显强于 bulk-Fe_3O_4 处理(500 mg/L 和 2000 mg/L)。在小麦植株中,只有纳米 Fe_3O_4(6nm)对生物量产生显著影响,并引起氧化应激。在黄瓜植株中,观察了不同浓度的纳米铁和 bulk-Fe_3O_4 处理前后,植株铁含量、丙二醛(MDA)浓度、SOD 和 POD 活性与生物量的关系。结合以上数据,我们可以了解到:①两个植株受纳米材料的抑制性影响,bulk-Fe_3O_4 21 d 后才出现;②在合成纳米 Fe_3O_4(6 nm,50 nm,100 nm),只有小尺寸(6 nm)观察到对黄瓜和小麦的新鲜和干重显著抑制;③bulk-Fe_3O_4 显著影响黄瓜植株的生物量生产但没有影响小麦植株;④纳米和 bulk-Fe_3O_4 处理(21 d)引起的氧化应激在黄瓜植株比小麦明显,根系的氧化应激尤为严重。

4.14.2　磁性(Fe_3O_4)纳米颗粒减轻镉对作物生长、抗氧化酶活性和脂质过氧化的影响

4.14.2.1　材料和方法

氯化镉($CdCl_2 \cdot 2.5H_2O$)购自西隆化工有限公司。在实验中,使用了 6 种不同浓度的处理(0、1、5、10、50 和 100 mg/L)。将氯化镉($CdCl_2 \cdot 2.5H_2O$)溶解在去离子水(DI-water)中,制备镉离子溶液。

1.在水和镉离子溶液中制备纳米或 bulk-Fe_3O_4 悬浮液

调查不同大小(6 nm、50 nm 和 100 nm)磁性(Fe_3O_4)纳米粒子或 bulk-Fe_3O_4 对所研究植物幼苗的影响,Cd 对根系生长的毒性及降低其对植物毒性的影响,主要是检测植物中镉诱导的氧化应激,在培养皿中使用发芽幼苗。本实验采用 4 种浓度(0、50、500 和 2000 mg/L)的纳米 Fe_3O_4 或 bulk-Fe_3O_4。选择 2000 mg/L 作为本研究的最高浓度,因为根据美国 EPA(1996)的指导方针,如果这些 NPs 在如此高的浓度下对幼苗生长没有负面影响,那么这些 NPs 对被测植物的植物毒性可以被认为是最小的。将纳米 Fe_3O_4 或 bulk-Fe_3O_4 粒子直接悬浮于去离子水或 Cd(25 mg/L)溶液中,超声振动 40 min,得到各浓度的纳米 Fe_3O_4 或 bulk-

Fe_3O_4悬浮液分散均匀、稳定。

2. 幼苗的准备

黄瓜或小麦种子在10％次氯酸钠溶液中浸泡10 min,然后用双氧水冲洗几次,以确保表面无菌。种子(每组50粒)置于100 mm×15 mm培养皿中的一张湿滤纸上。只添加蒸馏水到培养皿中。然后,将种子置于有盖培养皿中的湿滤纸上,在25℃的生长室内,相对浓度为75％,在黑暗中培养24 h内产生自由基湿度。一旦90％～95％的种子产生了根茎,幼苗就被暴露在上面描述的测试溶液中。

3. 纳米或bulk-Fe_3O_4对幼苗生长的影响及降低镉诱导的根系生长抑制作用

通过实验研究纳米铁或块状铁对黄瓜、小麦幼苗生长的影响:①幼苗生长;②降低镉对黄瓜、小麦幼苗根系生长的抑制作用。将10株幼苗置于100 mm×15 mm的培养皿中,置于100 mm×15 mm的湿纸上,每株幼苗之间的距离约为1 cm或相当,并加入5 mL的测试培养基[纳米悬浮液或Cd＋纳米或bulk-Fe_3O_4]。在培养皿中加入蒸馏水或Cd(25 mg/L)溶液,分别对纳米或bulk-Fe_3O_4和Cd＋纳米或bulk-Fe_3O_4进行对照处理。将所有培养皿盖好,用封口膜密封,置于25℃、相对湿度75％的生长室中,置于黑暗中。5 d后,用毫米尺测量幼苗根系长度。然后将根和芽分离,在60℃干燥。采用电感耦合等离子体质谱法(ICP-MS,Thermo X7,USA)测定植物组织中总铁和镉的含量。

4. 纳米Fe_3O_4(6 nm)或bulk-Fe_3O_4对镉诱导幼苗氧化应激的影响

重复第一个实验,检测镉诱导的氧化应激,研究纳米Fe_3O_4(6 nm)或bulk-Fe_3O_4对降低镉诱导的幼苗氧化应激的影响。所有物种均以Cd(25 mg/L)溶液为溶剂,分别接受0、50、500和2000 mg/L浓度的磁性(Fe_3O_4)纳米颗粒(6 nm)或bulk-Fe_3O_4。采用两组对照(H_2O和25 mg/L Cd)。在研究纳米Fe_3O_4或bulk-Fe_3O_4对镉诱导的幼苗氧化应激的缓解作用之前,将Cd与水进行比较,以确定镉诱导的氧化应激。超氧化物歧化酶(SOD)、过氧化物酶(POD)活性和丙二醛含量的分析,如前面第4章4.14.1.3中4所述。

5. 统计分析

每个处理进行4次重复,结果用均数±标准差表示。采用单因素方差分析、Tukey's HSD(等组大小)或Bonferroni(不等组大小)检验确定统计学差异。$P < 0.05$为差异有统计学意义。所有统计分析均采用SPSS20.0版统计软件包进行。使用Iqbal等给出的公式确定公差指数(T.I.):

$$公差指数 = \frac{金属溶液中平均根长}{蒸馏水中平均根长} \times 100$$

采用厘米尺度记录茎和根的长度,根据Chou和Lin给出的公式确定幼苗茎和根的植物毒性％:

$$茎的植物毒性 = \frac{对照长度 - 处理长度}{对照长度} \times 100$$

$$根的植物毒性 = \frac{对照长度 - 处理长度}{对照长度} \times 100$$

根据 Saberi 等给出的公式计算萌发率,如下。

$$萌发率 = \frac{\sum G}{N} \times 100$$

4.14.2.2 结果

1. 镉对黄瓜和小麦幼苗生长参数的影响

(1)镉对种子萌发和根系伸长的影响

表 4-31 为 Cd 浓度对培养皿中黄瓜和小麦种子萌发和根系伸长的影响。总的来说,随着 Cd 浓度的增加,种子萌发率降低。黄瓜和小麦对照种子萌发率分别为 100% 和 97.5%。50 mg/L 和 100 mg/L 剂量的镉溶液均显著降低黄瓜和小麦种子萌发($P < 0.05$)。从本研究中可观察到,在浓度为 50 mg/L 和 100 mg/L 时,黄瓜种子萌发分别受到 57.5%~87.5% 的显著抑制,小麦种子萌发受到 69.23%~92.30% 的显著抑制(表 4-31)。但在 Cd 浓度最低的情况下,种子萌发受抑制不显著。

表 4-31 不同浓度镉作用 5 d 后小麦和黄瓜的发芽率和根伸长

Cd /(mg/L)	小麦			黄瓜		
	根长/cm	茎长/cm	发芽率/%	根长/cm	茎长/cm	发芽率/%
0	8.06±1.6	7.38±1.9	97.5	7.54±1.8	5.44±0.9	100
1	6.75±2.1	6.63±1.3	95	6.19±1.2	3.96±0.6	97.5
5	4.28±1.5*	5.39±1.8*	97.5	5.81±1.3*	3.73±0.6*	95
10	3.06±1.1*	4.14±2.0*	82.50*	4.50±1.2*	3.23±0.4*	87.5
50	1.20±1.0*	2.03±1.1*	30.00*	1.75±0.7*	2.86±0.3*	42.50*
100	0.66±0.8*	14.63±0.3*	7.50*	0.95±0.4*	1.33±0.4*	12.50*

结果表明,受试种的根和茎长与溶液中镉的暴露浓度呈负相关。黄瓜和小麦幼苗生长受到 5~10 mg/L Cd 处理的强烈干扰和抑制,当黄瓜和小麦幼苗暴露于 10~50 mg/L Cd 处理时,所有受测品种的幼苗生长都非常缓慢,根系长度受到严重阻碍。在 100 mg/L 时,暴露 5 d 后存活的幼苗的根和茎长度分别小于 1 cm 和 2 cm。Cd 处理 5 d 后,幼苗生长严重受阻,观察到受试种出现短褐根。

(2)耐受性指数与生长速率抑制(GRI)

用不同浓度的镉溶液对黄瓜和小麦幼苗进行重金属耐受性实验。图 4-72A 为不同 Cd 处理下被测品种的耐受性指数,黄瓜和小麦幼苗的耐受性指数分别从对照(0 mg/L)下降到 100 mg/L(100%~12.62% 和 100%~8.24%)。图 4-72B 为不同浓度 Cd 对黄瓜、小麦幼苗根系和茎长的抑制作用。暴露于不同浓度(0、1、5、10、50 和 100 mg/L)对 Cd 的幼苗生长抑制率分别为 0%、27.21%、31.49%、40.62%、47、40% 和 75.47%,对黄瓜幼苗生长抑制率分别为 0%、17.94%、22.88%、40.26%、76.80% 和 87.37%。在小麦幼苗中,生长抑制率在芽中分别为 0%、10.09%、27%、43.83%、72.49% 和 79.29%,在根中分别为 0%、16.22%、46.95%、61、99%、85.12% 和 91.75%。

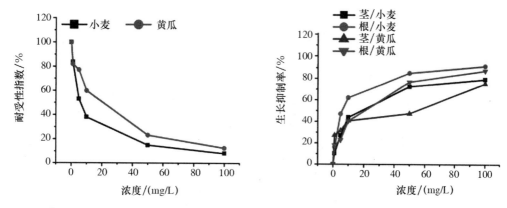

图 4-72　暴露于 0、1、5、10、50 和 100 mg/L Cd 5 d 小麦和黄瓜幼苗经处理后的耐受性指数(%)和生长抑制率(%)

2. 纳米 Fe_3O_4 和 bulk-Fe_3O_4 悬浮液对幼苗生长的影响

为了评价不同尺寸纳米 Fe_3O_4(6 nm、50 nm、100 nm)和 bulk-Fe_3O_4 对供试植物根系生长的影响,本研究采用 0、50、500、2000 mg/L 的浓度。结果表明,不同粒径的纳米 Fe_3O_4 和 bulk-Fe_3O_4 颗粒对黄瓜(图 4-73A 和 B)和小麦(图 4-73C 和 D)的茎、根生长均无明显影响。

3. 纳米和 bulk-Fe_3O_4 对镉诱导的根系生长抑制作用的研究

其中,纳米 Fe_3O_4(100 nm)和 bulk-Fe_3O_4 混悬液对黄瓜和小麦幼苗 Cd 毒性的影响均无统计学意义。纳米 Fe_3O_4(50 nm)悬浮液对小麦幼苗也没有显著影响,但在较高的测试浓度下促进了黄瓜根系生长(图 4-74B)。有趣的是,与所有被测物种相比,在测试浓度更高的纳米 Fe_3O_4(6 nm)悬浮液中,根和茎的生长都得到了促进(图 4-74A-B 和图 4-74C-D)。

在 500 mg/L 和 2000 mg/L 条件下,添加纳米 Fe_3O_4(6 nm)可使 Cd 诱导的黄瓜幼苗根系生长抑制率分别降低了 59.78% 和 122.98%($P < 0.05$);而幼苗生长抑制率仅在 2000 mg/L 时下降了 100.23%(图 4-74A 和 B)。添加纳米 Fe_3O_4(50 nm)后,Cd 诱导的黄瓜根生长抑制率在 2000 mg/L 时降低了 61.96%(图 4-74B),差异有统计学意义($P < 0.05$)。在添加纳米 Fe_3O_4(6 nm)的小麦幼苗中也得到了类似的结果,在 2000 mg/L 时,根和茎的生长抑制率分别降低了 70.52% 和 40.43%(图 4-74C 和 D)。

4. 纳米或 bulk-Fe_3O_4 对黄瓜和小麦幼苗 Cd 积累的影响

总的来说,Cd＋(纳米或 bulk-Fe_3O_4)溶液中黄瓜根中总铁含量在 500 mg/L 和 2000 mg/L 时较对照显著增加($P < 0.05$)(图 4-75B)。可观察到黄瓜根中 Fe 的含量约为 6 nm＞50 nm＞100 nm。Cd＋(纳米或 bulk-Fe_3O_4)处理之间无显著差异。

其中,添加纳米 Fe_3O_4(6 nm)显著($P < 0.05$)降低了 500 mg/L 和 2000 mg/L 时黄瓜根系 Cd 的浓度 34.13% 和 61.32%,2000 mg/L 时黄瓜幼苗幼芽 Cd 浓度为 58.89%(图 4-75C 和 D)。纳米 Fe_3O_4(50 nm)仅降低了黄瓜根中 Cd 含量的 40.64%(图 4-75D)。另一方面,除纳米 Fe_3O_4(6 nm)显著降低 Cd 含量外,纳米 Fe_3O_4 和 bulk-Fe_3O_4 对小麦幼苗 Cd 积累没有影响(图 4-76C 和 D)。

5. 抗氧化酶活性和脂质过氧化实验

(1)镉暴露对抗氧化酶活性和丙二醛含量的影响

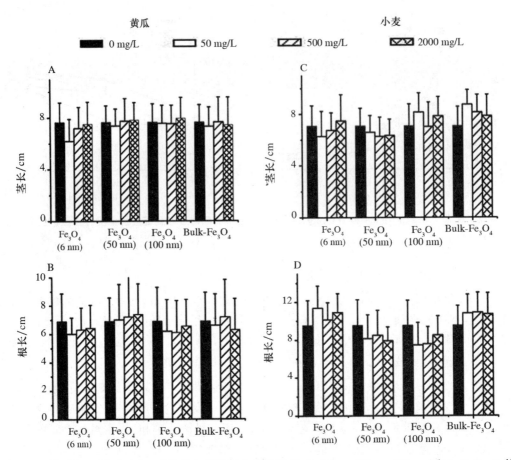

图 4-73　黄瓜(A-B)和小麦(C-D)幼苗在不同尺寸的纳米 Fe_3O_4 (6 nm、50 nm、100 nm)和 bulk-Fe_3O_4 的处理下,分别在 0、50、500、2000mg/L 中暴露 5 d 后,幼苗的茎和根长。值表示为 4 个重复样本的平均值 ±SD(标准差),每个重复 10 株幼苗

本研究将镉与水的作用进行比较,确定镉诱导的氧化应激,然后检测纳米 Fe_3O_4 或 bulk-Fe_3O_4 对镉诱导的氧化应激的缓解作用。结果表明,黄瓜和小麦的茎、根中 SOD 和 POD 活性均明显低于对照($P<0.05$)。总的来说,受试种幼苗暴露于 Cd 溶液中的 SOD 和 POD 活性低于对照组(图 4-77A-D 和图 4-78A-D)。镉处理后,5 d 后与对照组(H_2O)比较,根和茎中丙二醛(MDA)含量显著高于镉处理前($P<0.05$)。与对照(H_2O)相比,本研究中镉(25 mg/L)处理黄瓜和小麦根、芽 MDA 浓度明显升高($P<0.05$)(图 4-77E-F 和图 4-78E-F)。

(2)纳米 Fe_3O_4 或 bulk-Fe_3O_4 对 Cd 诱导的黄瓜、小麦幼苗氧化应激的抑制作用

将不同浓度(0、50、500 和 2000 mg/L)纳米 Fe_3O_4 (6 nm)或 bulk-Fe_3O_4 加入 Cd(25mg/L)溶液中,以 H_2O 和 25mg/L Cd 溶液为对照,研究它们对 Cd 诱导的黄瓜和小麦幼苗氧化应激的影响。结果表明,与对照组(25 mg/L Cd)相比,纳米 Fe_3O_4 (6 nm)的加入显著降低了 Cd 诱导的氧化应激(图 4-77 和图 4-78)。还观察到,添加纳米 Fe_3O_4 (6 nm)后,黄瓜幼苗的氧化应激水平显著低于小麦幼苗(图 4-77 和图 4-78)。其中,纳米 Fe_3O_4 (6 nm)的加

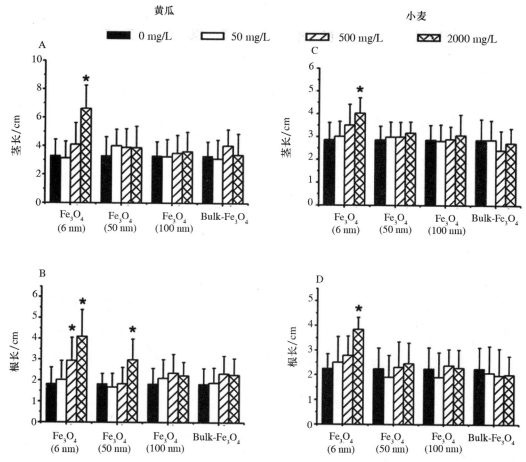

图 4-74　以 Cd 溶液(25 mg/L)为溶剂,添加了 3 种不同尺寸的纳米 Fe₃O₄(6 nm、50 nm、100 nm)和 bulk-Fe₃O₄,浓度分别为 0、50、500、2000 mg/L。数值用 4 个样本的均值±标准差表示。每个重复 10 株幼苗。与对照组(25 mg/L Cd)比较,"*"表示与对照组比较有显著性差异($P<0.05$)

入,在 500 mg/L 和 2000 mg/L 时,SOD 活性显著提高分别提高了 29.38% 和 24.70%(图 4-77A)。然而,纳米 Fe₃O₄(6 nm)的存在对黄瓜根系 SOD 活性没有明显影响(图 4-77B)。添加 bulk-Fe₃O₄ 对黄瓜幼苗 SOD 活性无显著影响(图 4-77A),而在 500 mg/L 时,黄瓜根系 SOD 活性显著提高 40.07%(图 4-77B)。在本研究中,添加纳米 Fe₃O₄(6 nm),在 500 mg/L 和 2000 mg/L 下,黄瓜幼苗 POD 活性分别增加了 30.46% 和 57,42%(图 4-77C)。没有结果表明,纳米 Fe₃O₄(6 nm)与对照(25 mg/L Cd)对黄瓜根生长有显著影响。Fe₃O₄ 添加量对黄瓜幼苗 POD 活性无影响(图 4-77C 和 D)。在小麦幼苗中,只有较高的浓度对添加纳米 Fe₃O₄(6 nm)处理的小麦幼苗茎部抗氧化酶(SOD)和过氧化物歧化酶(POD)活性有正向影响。2000 mg/L 时,小麦幼苗 SOD 和 POD 活性分别显著增加了 24.52% 和 32.86%(图 4-78A 和图 4-78C)。纳米 Fe₃O₄(6 nm)对小麦幼苗根系 SOD 和 POD 活性无影响(图 4-78B 和图 4-78D)。两种规格的 Fe₃O₄ 对小麦幼苗 SOD 和 POD 活性无显著影响(图 4-78A-B 和图 4-78C-D)。

本研究表明,添加 bulk-Fe₃O₄ 后,黄瓜幼苗和根系 MDA 含量变化不明显,而添加纳米

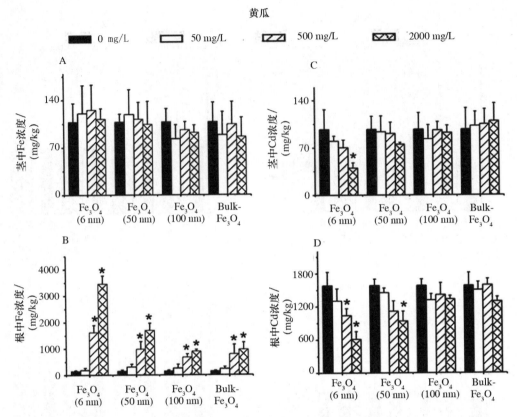

图 4-75 以 Cd 溶液(25 mg/L)为溶剂,将 0、50、500、2000 mg/L 的三种不同尺寸的纳米 Fe_3O_4 (6 nm、50 nm、100 nm)和 bulk-Fe_3O_4 在黄瓜幼苗茎和根中暴露 5 d 后,Fe 浓度(A-B)和 Cd 浓度(C-D)的变化。取平均值±SD 表示(标准差)4 个重复样本,每个重复 10 株幼苗。"＊"表示与对照组比较有显著性差异($P < 0.05$)

Fe_3O_4 (6 nm)后,幼苗和根系 MDA 含量下降(图 4-77E-F)。另一方面,在不同浓度的纳米 Fe_3O_4 (6 nm)处理下,黄瓜茎、根中 MDA 含量显著降低;不同浓度的纳米 Fe_3O_4 (6 nm)与对照(25mg/L Cd)在小麦幼苗中无显著差异。

其中,添加纳米 Fe_3O_4 (6 nm)处理后,在 500 mg/L 和 2000 mg/L 处理下,黄瓜幼苗 MDA 含量分别显著降低了 35.65％和 16.90％(图 4-77E)。在黄瓜根中,添加所有测试浓度的纳米 Fe_3O_4 (6 nm),分别在 50 mg/L、500 mg/L 和 2000 mg/L 时,MDA 浓度显著降低了 35.82％、42.60％和 38.10％(图 4-77F)。bulk-Fe_3O_4 的存在不影响黄瓜幼苗 MDA 的含量。结果还表明,与对照相比,纳米 Fe_3O_4 (6 nm)或 bulk-Fe_3O_4 对小麦幼苗 MDA 浓度无影响(图 4-78E-F)。

6. 纳米吸附剂和 bulk-Fe_3O_4 吸附剂的研究

为了解磁性纳米颗粒(Fe_3O_4)吸附镉的去除效果,并确定其对 Cd 诱导的幼苗氧化应激的减轻作用,分别添加不同尺寸(6 nm、50 nm 和 100 nm)磁性纳米颗粒和 bulk-Fe_3O_4 (2000 mg/L),Cd 溶液(25 mg/L)。采用电感耦合等离子体—质谱法(ICP-MS)测定三种不同时间(1 d、2 d 和 5 d)的镉浓度,然后用磁铁将纳米颗粒去除,在 10000g 和 4℃ 的 Cd 溶液中离心 15 min。

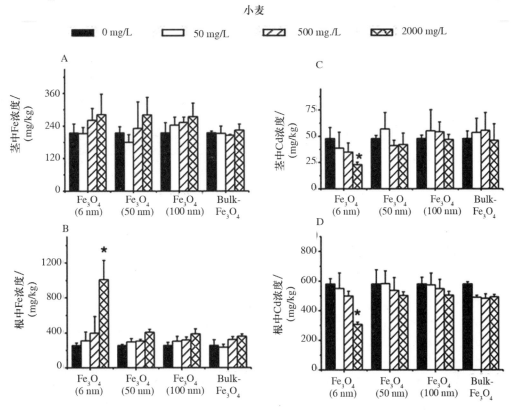

图 4-76　以 Cd 溶液(25 mg/L)为溶剂,将 0、50、500、2000 mg/L 的三种不同尺寸的纳米 Fe_3O_4(6 nm、50 nm、100 nm)和 bulk-Fe_3O_4 在小麦幼苗茎和根中分别暴露 5 d 后,Fe 浓度(A-B)和 Cd 浓度(C-D)的变化。用平均数±标准差(标准)表示(偏差)4 个重复样本,每个重复 10 株。与对照有显著差异(25 mg/L Cd)用"＊"号标记($P<0.05$)

表 4-32　不同粒径磁性纳米颗粒和块体对镉的去除率

| | Cd 浓度/(mg/L) | | |
	1 d	2 d	5 d
Cd	25.76±3.4	26.16±2.2	25.03±2.1
Fe_3O_4(6 nm)+Cd	0.081±0.1*	0.07±0.1*	0.06±0.03*
Fe_3O_4(50 nm)+Cd	20.76±3.4*	20.07±6.2*	19.1±2.7*
Fe_3O_4(100 nm)+Cd	24.18±2.7	23.76±7.3	23.56±6.9
bulk-Fe_3O_4+Cd	26.30±8.5	26.07±2.9	25.30±6.4

注:数值用均数±标准差(SD)表示。"＊"表示与对照组比较有显著性差异($P<0.05$)。处理方法:2000 mg/L(纳米或大块)+ 25 mg/L(Cd)。

从表 4-32 可以看出,随着加入小粒径纳米 Fe_3O_4(6 nm)和(50 nm),溶液中的镉浓度明显降低。与对照组相比,纳米 Fe_3O_4(100 nm)和 bulk-Fe_3O_4 对 Cd 浓度无明显影响($P<0.05$)。结果表明,镉的去除率为:6 nm>50 nm>100 nm、bulk。

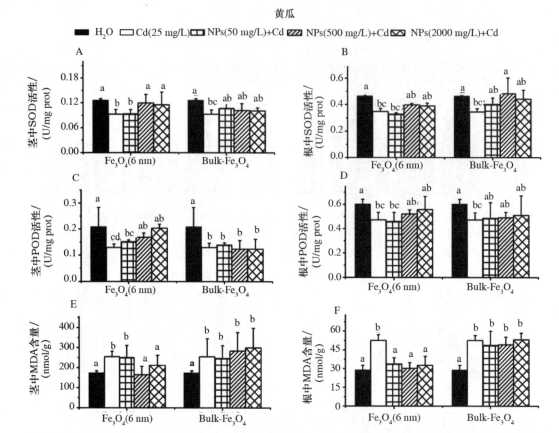

图 4-77 以 Cd 溶液(25 mg/L)为溶剂,将 0、50、500、2000 mg/L 纳米 Fe₃O₄(6 nm)和 bulk-Fe₃O₄ 分别置于黄瓜幼苗根和嫩枝中,5 d 后测定 SOD 活性(A-B)、POD 活性(C-D)和 MDA 含量(E-F)值表示为 4 个重复样本的平均值±SD(标准差),每个重复 10 株幼苗。用相同字母标记的值无显著性差异($P<0.05$)

4.14.3 磁性(Fe₃O₄)纳米颗粒对黄瓜和小麦幼苗中 4 种重金属(Pb、Zn、Cd、Cu)毒性的降低作用

4.14.3.1 材料和方法

本部分的目的是研究磁铁矿(Fe₃O₄)是否能降低另一种重金属的毒性。方法部分与 4.14.2.1 节中使用的方法相同。唯一不同的是,在本节中,测试了 4 种重金属(Pb、Zn、Cd、Cu)在 1 mmol/L 和 10 mmol/L 两种浓度下的效果。在浓度为 2000 mg/L 时,只使用了尺寸为 6 nm 的纳米 Fe₃O₄ 颗粒。分别在 1 mmol/L 和 10 mmol/L 条件下对幼苗生长进行了研究;而金属的积累和氧化应激,只研究了在 1 mm 的选定金属与或没有纳米 Fe₃O₄(2000 mg/L)。

4.14.3.2 结果与讨论

1. 纳米 Fe₃O₄ 和重金属(铅、锌、镉、铜)对幼苗生长的影响

本研究观察了 4 种重金属(Pb、Zn、Cd、Cu)对黄瓜和小麦幼苗生长的毒理影响(表 4-33 和表 4-34)。研究了不同金属对幼苗根系和茎长的抑制作用。总的来说,黄瓜和小麦幼苗对四种重金属表现出不同程度的敏感性。所有实验金属均降低了幼苗活力。在对照苗和纳米

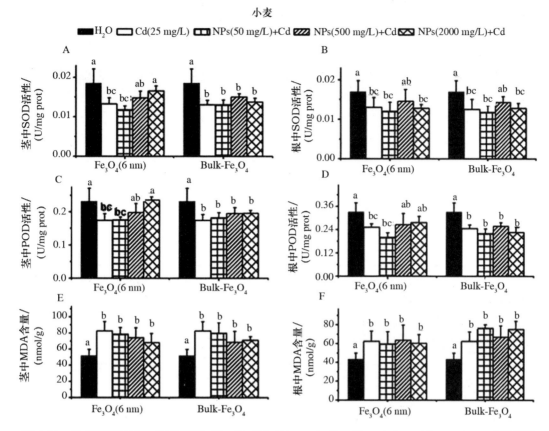

图4-78 以 Cd 溶液(25mg/L)为溶剂,将 0、50、500、2000 mg/L 的纳米 Fe₃O₄ (6 nm)和 bulk-Fe₃O₄ 分别置于小麦幼苗根和芽中,5 d 后测定幼苗 SOD 活性(A-B)、POD 活性(C-D)和 MDA 含量(E-F)。值表示为 4 个重复样本的平均值±SD(标准差),每个重复 10 株幼苗。用相同字母标记的值无显著性差异($P<0.05$)

Fe₃O₄处理两种被测物种中均观察到 100% 的存活率。结果表明,重金属(铅、锌、镉、铜)的检测浓度可降低幼苗的活力和生长。在 1 mmol/L 处理下,铅和锌对小麦幼苗存活率没有影响,但在相同浓度下,镉和铜对幼苗存活率有显著影响。Cd、Cu、Pb、Zn 在 1 mmol/L 时小麦幼苗活力抑制率分别为 40%、12.5%、7.5%、2.5%;在 10 mmol/L 时分别为 100%、100%、82.5%、22.5%。除铅外,其余金属对黄瓜幼苗活力均有显著的负影响。1 mmol/L 时 Cd 和 Cu 对幼苗活力有显著影响,其次是 Zn。金属处理对幼苗活力的抑制率显著降低,顺序为 Cu>Cd>Zn>Pb(分别为 35%、47.5%、60%、95%)。在 10 mmol/L 时,所有测试金属对黄瓜幼苗存活率的影响均为 100% 左右。研究了四种重金属(铅、锌、镉、铜)对黄瓜和小麦幼苗生长的毒理作用。结果表明,2000 mg/L 纳米 Fe₃O₄ 与对照(DI-water)相比,5 d 后黄瓜和小麦幼苗(表 4-33 和表 4-34)无显著性差异($P<0.05$)。当小麦和黄瓜幼苗暴露于 1 mmol/L 浓度的铅和锌处理时,幼苗生长非常缓慢,而 Cd 和 Cu 则更慢。这些结果与之前报道的紫花苜蓿、长叶根和水稻幼苗的根和茎长度下降的研究结果一致。重金属处理下幼苗根系长度的减少可能是由于根系分生组织区有丝分裂细胞减少所致,这可能是抑制根系生长的主要原因之一。

表 4-33   重金属暴露与黄瓜幼苗生长

NPs 或重金属	浓度	根长/cm	抑制率/%	茎长/cm	抑制率/%
H₂O	0	5.57±1.8	0	6.71±1.5	0
NPs	2000 mg/L	5.71±1.7	−2.47	6.97±1.5	−3.99
Pb		1.86±0.6*	66.55	4.69±1.1*	30.09
Zn	1 mmol/L	1.64±0.9*	70.48	3.55±1.3*	46.96
Cd		0.45±0.1*	91.80	2.52±0.9*	62.34
Cu		0.31±0.2*	94.48	1.68±0.4*	74.97
Pb		0	100	0	100
Zn	10 mmol/L	0	100	0	100
Cd		0	100	0	100
Cu		0	100	0	100

注:取 4 个重复样品,每个重复 10 粒种子,取平均值±SD(标准差)表示。与对照组比较有显著性差异($P<0.05$),用"*"表示。

表 4-34   重金属暴露与小麦幼苗生长

NPs 或重金属	浓度	根长/cm	抑制率/%	茎长/cm	抑制率/%
H₂O	0	10.93±2.3	0	7.03±1.6	0
纳米 Fe₃O₄	2000 mg/L	11.32±2.0	−3.57	8.03±1.8	−14.22
Pb		3.01±1.0*	72.46	4.06±0.7*	42.23
Zn	1 mmol/L	4.06±1*	62.85	5.11±0.8*	27.31
Cd		1.62±0.4*	85.18	2.14±0.2*	69.56
Cu		2.33±1.4*	78.77	3.14±0.6*	55.33
Pb		1.51±0.7*	83.53	1.61±0.4*	77.09
Zn	10 mmol/L	1.64±0.7*	84.99	2.06±0.5*	70.70
Cd		0	100	0	100
Cu		0	100	0	100

注:取 4 个重复样品,每个重复 10 粒种子,取平均值±SD(标准差)表示。"*"表示与对照组比较有显著性差异($P<0.05$)。

在 10 mmol/L 时,小麦幼苗生长受到严重阻碍,Pb 和 Zn 处理均出现短褐根,而在相同浓度(10 mmol/L)下,与对照相比,造成黄瓜幼苗死亡($P<0.05$)。镉、铜处理在 10 mmol/L 浓度下抑制黄瓜、小麦幼苗生长,甚至导致幼苗死亡(表 4-33、表 4-34)。镉和铜已经被认为对许多植物都是非常有毒的,这在本研究中通过对受测物种的幼苗也证实了这一点。重金属的最高浓度会对植物生长的许多参数造成负面影响,如营养元素和水分吸收的减少、水分平衡的紊乱、酶活性的抑制、代谢和光合呼吸的降低,甚至导致植物死亡。根伸长的金属毒性等级与茎伸长的结果相似。唯一的区别是根系的抑制作用要远远高于茎的抑制作用。这可能是由于在相同的金属处理下,小麦和黄瓜幼苗根系中所选择的金属比幼苗中积累的要

多。总的来说,在不同的植物重金属毒性研究中,Mahmood 等发现,铜对水稻和小麦幼苗根系长度的影响比铅和锌更明显,而增加铜、铅和锌对所有作物幼苗根系长度的影响都显著。在本实验中,锌对小麦根和茎伸长的抑制作用最低。Wang 等在小麦幼苗中证实了类似的结果。根据上面提到,重金属对小麦幼苗生长的毒害顺序为 Cd>Cu>Pb>Zn(表 4-32)。Wang 等在用同样的金属(不包括 Cd)处理小麦幼苗时也观察到了类似的毒性顺序。Munzuroglu 和 Jadia 与 Fulekar 在研究中也发现了 Cd、Cu、Pb、Zn 和另外的金属(Hg 和 Co;Ni)抑制小麦萌发。而在黄瓜幼苗中,金属元素的抑制顺序为:Cu>Cd>Zn>Pb(表 4-33)测试金属被发现对黄瓜幼苗的根伸长有抑制效应。研究报道发现,微量元素的毒性效应抑制的芥菜苗在降序排列如下,Cu>Se>Cd>Zn>Pb。然而,唯一的区别是在其研究中存在硒,而这不在本调查和植物物种中。铅和锌对小麦和黄瓜幼苗根系和枝条伸长的抑制作用最低,而铜和镉对幼苗根系和枝条伸长的抑制作用最低。实验重金属对小麦和黄瓜幼苗的影响存在以下几个差异:①Pb 和 Zn 严重延缓小麦幼苗生长,并在 10 mmol/L 时造成黄瓜幼苗死亡;②小麦幼苗和黄瓜幼苗的抑制顺序依次为 Cd>Cu>Pb>Zn 和 Cu>Cd>Zn>Pb;③锌(Zn)对小麦根、茎伸长的抑制作用最低,铅(Pb)对黄瓜根、茎伸长的抑制作用最低。重金属对小麦和黄瓜幼苗的影响差异表明,重金属的抑制作用可能取决于植物种类。综合以上实验结果表明,所选金属对黄瓜幼苗的影响比小麦幼苗更为严重。

2. 纳米 Fe_3O_4 对重金属(铅、锌、镉、铜)根系生长抑制的影响

研究磁性(Fe_3O_4)纳米颗粒在减少小麦和黄瓜幼苗生长中对重金属(铅、锌、镉和铜)毒性的影响,在另一个实验中,幼苗受到重金属(1 mol/L 和 10 mol/L)或金属(1 mol/L 和 10 mol/L)+ 纳米 Fe_3O_4(2000 mg/L)作用。将未添加纳米 Fe_3O_4 的金属浓度与添加纳米 Fe_3O_4 的金属浓度进行比较。

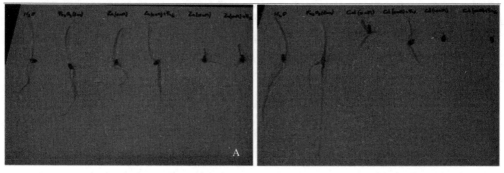

图 4-79　Zn (A)和 Cd(B)1 mmol/L 和 10 mmol/L 对小麦幼苗的影响

在纳米 Fe_3O_4 存在下,小麦和黄瓜幼苗对四种重金属表现出不同程度的敏感性。幼苗的茎和根的长度如图 4-79 和图 4-80 所示,纳米 Fe_3O_4 悬浮液对高浓度(10 mmol/L)小麦和黄瓜幼苗金属毒性无明显影响。在高浓度下,镉和铜的毒性不随纳米 Fe_3O_4 的加入而改变。在纳米 Fe_3O_4 存在的情况下,它们都在 10 mmol/L 浓度下导致 5 d 后被测幼苗死亡。Pb、Zn、Cd 和 Cu 的幼苗存活率分别为:92.5%、97.5%、60% 和 87.5%(小麦幼苗),以及 95%、60%、47.5% 和 35%(黄瓜幼苗)。有趣的是,随着纳米 Fe_3O_4 添加到金属溶液中,小麦和黄瓜幼苗的存活率分别增加了 97.5%、100%、100% 和 100%(小麦幼苗),而 Pb、Zn、Cd 和 Cu

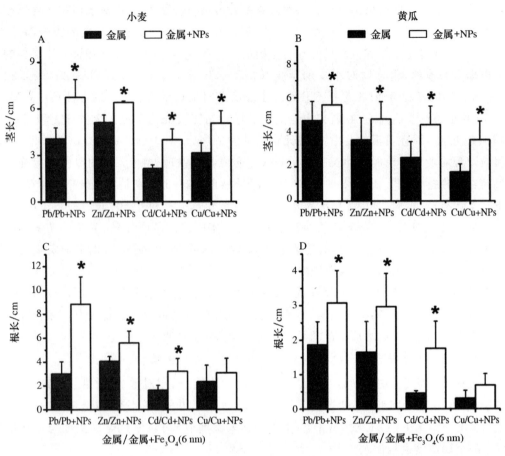

图 4-80　小麦和黄瓜幼苗置 1 mmol/L 和 10 mmol/L 的四种不同金属(铅、锌、镉、铜)溶液或 2000 mg/L 的纳米 Fe₃O₄(6 nm)暴露 5 d 后的茎长(A-B)和根长(C-D),以这四种不同金属(铅、锌、镉、铜)的溶液(1 mmol/L 和 10 mmol/L)为溶剂制备而成。值用 4 个重复样本的均值±SD(标准差)表示,每个重复 10株。与对照组(25 mg/L Cd)比较,用" * "表示显著差异($P<0.05$)

分别增加了 95%、95%、100% 和 67.5%(黄瓜幼苗)。与单独的金属溶液相比,添加纳米 Fe₃O₄(2000 mg/L)显著降低了所选金属(Pb、Zn、Cd、Cu)对幼苗活力的抑制作用。结果表明,纳米 Fe₃O₄ 对小麦和黄瓜幼苗根的生长和茎伸长存在正面影响,而金属解决方案(1 mmol/L),除了幼苗根接触铜溶液(1 mmol/L)无显著影响(图 4-80C 和 D)。在小麦幼苗中,添加纳米 Fe₃O₄(2000 mg/L)显著($P<0.05$)降低了所选重金属(Pb、Zn、Cd、Cu)在 1 mmol/L 浓度下对根系生长的抑制作用,分别为 193.91%、37.56%、97.72%、31.89%、65.75%、25.06%、87.35%、60.96%。所选重金属对小麦幼苗生长抑制作用降低的顺序依次为根部 Pb>Cd>Zn>Cu 和芽部 Cd>Pb>Cu>Zn(图 4-80B 和 D)。在黄瓜幼苗中,在 1 mmol/L 浓度下,纳米 Fe₃O₄(2000 mg/L)的存在显著降低了所选重金属(Pb、Zn、Cd、Cu)对根系生长的抑制作用,分别为 39.32%、44.50%、73.95%、37% 和 16.17%、25.30%、43% 和 52.79%(图 4-80A 和 C)。作者观察到,在氧化物纳米颗粒中,Fe₃O₄ 与对照(双蒸水)无显著差异。添加到 Cd 溶液中显示出积极的作用。在高浓度 Fe₃O₄(2000 mg/L)条件下,促进了供试种幼苗根系生长。这一结论在本研究黄瓜幼苗实验中得到了充分的证实。

3. 纳米 Fe_3O_4 对黄瓜、小麦幼苗重金属积累的影响

图 4-81 和表 4-35 分别显示了纳米 Fe_3O_4 对黄瓜和小麦幼苗重金属积累及其还原速率的影响。幼苗接受含或不含纳米 Fe_3O_4（2000 mg/L）的测试金属溶液（1 mmol/L）。从表 4-35 和表 4-36 可以看出，所有重金属（Pb、Zn、Cd、Cu）都被被测物种的茎和根吸收。大多数被测金属都是在根中积累的，而在嫩枝中积累的金属含量较低。小麦幼苗暴露于 1 mmol/L 不含纳米 Fe_3O_4 的重金属环境中，根样和茎样的金属累积量分别为 Pb＞Zn＞Cd＞Cu 和 Zn＞Pb＞Cd＞Cu（表 4-36）。Yoon 的研究表明，17 种植物中的 36 种重金属的积累顺序为 Pb＞Zn＞Cu。除 Cd 外，其研究中未发现 Cd 的这一顺序与本研究幼苗根系的结果一致。Lapalikar 等也发现重金属在麻疯树的叶片样品以 Zn＞Cd＞Cu 为序。除了 Pb 在他们的研究中不存在外，这个顺序与本研究中得到的小麦幼苗的结果一致。但是，当黄瓜幼苗暴露于不含纳米 Fe_3O_4 的被测金属溶液 1 mmol/L 浓度下时，根和茎样品的金属累积量分别为 Pb＞Cd＞Zn＞Cu 和 Zn＞Cd＞Pb＞Cu（表 4-35）。铅和锌处理后，根和茎中的浓度较高。Yilmaz 等和 Jadia 与 Fulekar 的在根系中铅积累的报道支持了这一结果。Wang 研究了嫩枝中锌的积累。之前的研究表明，向日葵植株中较高的金属含量来自于 Cu 和 Cd 处理后的锌处理。从吸收金属量分析可以看出，大部分被测金属都是在根系中积累的，只有较低水平的金属含量是在 5 d 后在幼芽中移位和积累的。在非金属超蓄能器的植物中（如根是植物螯合素合成的主要部位），因此也是金属积累的主要部位。Yoon 通过分析生长在受污染的佛罗里达地区的植物中铅、铜和锌的积累，发现植物中被测金属的最大值位于根部。在葱、小麦幼苗和水葫芦中也发现了类似的结果。本研究发现，添加纳米 Fe_3O_4 可以显著降低黄瓜和小麦幼苗体内的重金属积累。与单独生长在金属溶液中的植物相比，纳米 Fe_3O_4 的存在显著减少了植物体内的金属积累。结果如表 4-35 和 4-36 所示。

添加纳米 Fe_3O_4 降低了黄瓜幼苗体内的金属浓度，改变了黄瓜幼苗体内的金属积累顺序，分别为：根样 Pb＞Zn＞Cd＞Cu 和根样 Zn＞Cd＞Cu＞Pb。幼苗金属浓度的降低速率随重金属种类的不同而不同：Cd＞Pb＞Cu＞Zn。根中金属元素的减少顺序与茎中金属元素的减少顺序相似。其中，添加纳米 Fe_3O_4（2000 mg/L）显著（$P<0.05$）降低了 1 mmol/L 浓度下黄瓜幼苗根系对金属（Pb、Zn、Cd、Cu）的吸收，分别降低了 76.06%、60.09%、85.51%、62.04%，幼苗对金属（Pb、Zn、Cd、Cu）的吸收分别降低了 86.63%、44.54%、88.45%、50.99%（表 4-35）。

表 4-35　黄瓜幼苗中重金属（Pb、Zn、Cd、Cu）的含量　　　　　　　　　mg/kg

重金属	茎部		根部	
	金属－NPs	金属＋NPs	金属－NPs	金属＋NPs
Pb	32.91±0.9	4.4±0.2*	702.04±4.0	148.07±1.1*
Zn	64.03±1.2	35.51±0.8*	410.17±2.1	163.69±1.3*
Cd	56.66±1.2	6.54±0.6*	507.13±4.3	73.44±1.4*
Cu	9.08±0.6	4.45±0.3*	164.95±1.7	62.62±0.7*

注：数值用均数±标准差（SD）表示。与对照组（相应的金属溶液中不含纳米 Fe_3O_4）比较，"＊"表示显著差异（$P<0.05$）。

　　根中除锌外,其余金属浓度均显著降低 50% 以上,而添加纳米 Fe_3O_4 后,只有镉和铜的浓度显著降低。有趣的是,纳米 Fe_3O_4 降低了小麦幼苗芽中 99% 的镉浓度。添加纳米 Fe_3O_4 显著($P<0.05$)降低了根和芽中铅、锌、镉、铜的浓度,分别为 54.04%、23.95%、65.51%、68.64% 和 17.75%、11.39%、99.59%、52.94%。值得注意的是,随着纳米 Fe_3O_4 的加入,镉和铜在根系中金属积累的顺序没有发生变化,而在幼苗中金属积累的顺序发生了变化。在金属溶液中存在纳米 Fe_3O_4 的情况下,芽中的富集顺序为锌>铅>铜>镉(表 4-36)。

表 4-36　小麦幼苗中重金属(Pb、Zn、Cd 和 Cu)的含量　　　　　　　　　mg/kg

重金属	茎部		根部	
	金属－NPs	金属＋NPs	金属－NPs	金属＋NPs
Pb	13.07±1.6	10.75±1.4	808.53±6.7	371.54±2.3*
Zn	39.22±1.0	34.75±1.3	238.78±2.2	181.6±3.4*
Cd	7.30±0.9	0.03±0.0*	139.86±1.4	48.24±0.9*
Cu	5.95±0.6	2.8±0.5*	109.68±17.4	34.40±1.9*

注:数值用均数±标准差(SD)表示。与对照组(相应的金属溶液中不含纳米 Fe_3O_4)比较,"＊"表示显著差异($P<0.05$)。

4.抗氧化酶活性和脂质过氧化实验

(1)重金属对抗氧化酶活性和丙二醛含量的影响

　　在本实验中,幼苗暴露于纳米 Fe_3O_4 悬浮液,金属溶液(1 mmol/L)加入或不加入纳米 Fe_3O_4(2000 mg/L)。将纳米粒子或重金属与水的氧化作用进行比较,以确定金属引起的氧化应激。然后,研究了纳米 Fe_3O_4 对金属诱导的氧化应激的缓解作用。结果可知,2000 mg/L 纳米 Fe_3O_4 与对照相比,黄瓜、小麦幼苗 SOD、POD 活性及 MDA 含量无显著差异($P<0.05$)(图 4-81 和图 4-82)。其中,Cd 和 Cu 胁迫下,黄瓜幼苗根系和幼苗 SOD 活性显著下降(图 4-81A 和 B)。当黄瓜幼苗暴露于铅和锌溶液中时,与对照(双蒸水)相比,根系 SOD 活性显著增加,而茎部 SOD 活性没有变化。在被测金属中,只有 Cd 处理降低了黄瓜幼苗根和茎的 POD 活性,铜处理降低了根的 POD 活性(图 4-81A 和 B)。

　　但当小麦幼苗暴露于选定的重金属胁迫时,根系 SOD 和 POD 活性较对照显著降低($P<0.05$)。另一方面,在除锌外的金属胁迫下,小麦幼苗茎部的 SOD 活性显著降低,只有 Cd 处理显著降低了小麦幼苗茎部 POD 活性(图 4-82)。总的来说,与对照相比,小麦幼苗 SOD 和 POD 活性降低。抗氧化酶活性的降低可能是由于不同细胞间隔中产物 H_2O_2 含量过高抑制了酶的作用。Dey 等发现,在镉和铅胁迫下,小麦幼苗和根系 SOD 活性显著降低。重金属镉、铜等对黄瓜、水稻、豌豆中 SOD、POD 等抗氧化酶活性的影响已有研究。在较高的浓度,Pb 对水葫芦 SOD 的影响显著。在其他植物中,先前的研究表明,在金属胁迫下,SOD 和 POD 活性要么增加,要么减少,要么没有变化。本研究发现,在铅和锌胁迫下,黄瓜根系 SOD 活性增加(图 4-81B),这可能与黄瓜植株的金属耐受性有关。许多研究人员已经描述了重金属胁迫对植物生长的抑制作用。在胁迫条件下,植物可以进化出参与细胞内 ROS 清除的 SOD 和 POD 等抗氧化酶系统。POD 可以将 H_2O_2 转化为 H_2O,SOD 则催化超氧自由基分解为 H_2O_2 和 O_2。

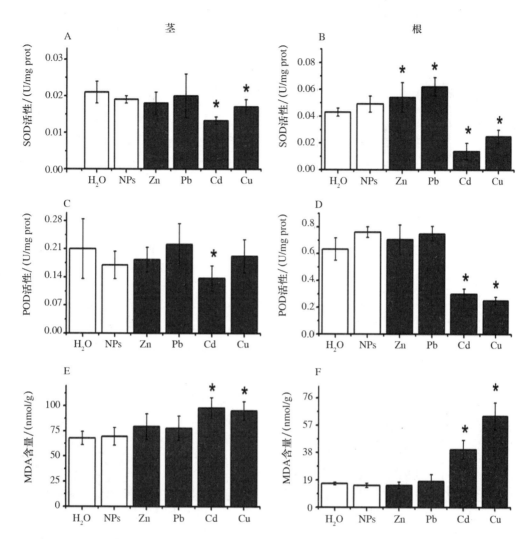

图4-81 以 H_2O 为对照,分别用 1 mmol/L 四种重金属(Pb、Zn、Cd、Cu)和纳米 Fe_3O_4(2000 mg/L)处理黄瓜幼苗根系和茎部 SOD、POD 活性和 MDA 含量。芽(A)、根(B)超氧化物歧化酶(SOD);茎(C)、根(D)过氧化物歧化酶(POD);茎(E)、根(F)过氧化物歧化酶(MDA)含量。"*"表示与对照组相比有显著性差异(对应的金属溶液中不含纳米 Fe_3O_4)($P<0.05$)

丙二醛是膜脂过氧化的最终产物,膜脂在植物受到氧化胁迫时可在植物体内积累。这就是为什么 MDA 浓度通常被用作氧化应激引起的脂质过氧化程度的指标。在本研究中,所选金属诱导氧化应激,具有显著的特征。MDA 含量明显高于对照($P<0.05$)。除锌外,金属溶液处理小麦幼苗根系 MDA 含量显著增加($P<0.05$),与对照相比无显著差异(图4-82)。而在幼苗中,只有镉和铜处理的小麦幼苗 MDA 含量明显高于对照($P<0.05$)。而镉、铜处理黄瓜幼苗根、芽中 MDA 含量明显高于对照组($P<0.05$)。铅(Pb)和锌处理对黄瓜幼苗根和芽 MDA 浓度的影响与对照(双蒸水)相比,无统计学意义(图4-81)。MDA 含量的增加提示 Cd 和 Cu 间接导致超氧自由基的产生,导致脂质过氧化产物的增加,导致被试幼苗氧化应激。这些结果得到了小麦幼苗、黄瓜、草莓和乳糖的报道的支持。MDA 在较高

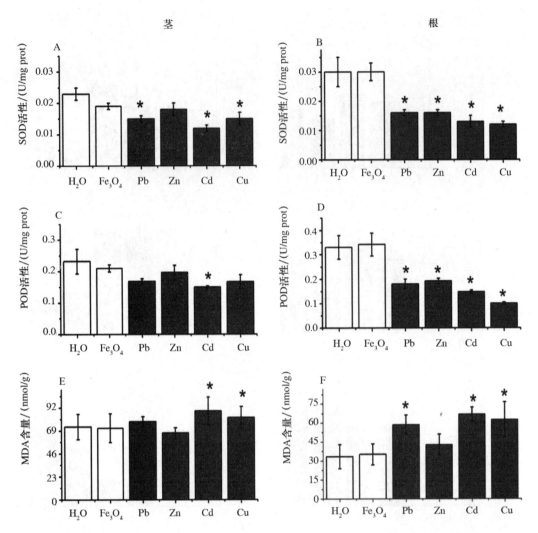

图 4-82　以 1 mmol/L 四种重金属(Pb、Zn、Cd、Cu)和纳米 Fe_3O_4(2000 mg/L)处理小麦幼苗,以 H_2O 为对照,处理后幼苗根系和茎部 SOD、POD 活性和 MDA 含量。芽(A)和(B)中的 SOD;茎(C)和根(D)过氧化物歧化酶(POD);茎(E)和根(F)的 MDA 含量,值为 4 次重复的平均值士标准差。"＊"表示与对照组相比有显著性差异(对应的金属溶液中不含纳米 Fe_3O_4)($P<0.05$)

水平的积累可以解释中毒活性氧种类的存在。当活性氧的产生超过抗氧化机制清除活性氧并保护植物细胞的能力时,就可能发生损伤。小麦幼苗在锌胁迫下幼苗 MDA 含量较低,黄瓜幼苗在锌和铅胁迫下幼苗 MDA 含量较低,这可能支持并证实了它们的耐受性(图 4-81 和图 4-82)。

(2)磁性(Fe_3O_4)纳米颗粒可以降低小麦和黄瓜幼苗中 4 种重金属的氧化应激

在选定的金属溶液中加入纳米 Fe_3O_4(2000 mg/L),研究其对小麦和黄瓜幼苗金属诱导氧化应激的影响。将纳米粒子加入每个金属溶液中,并与不加入纳米 Fe_3O_4 的相应金属溶液进行比较。总的来说,纳米 Fe_3O_4 的加入对被测重金属引起的氧化应激有不同程度的减轻作用。

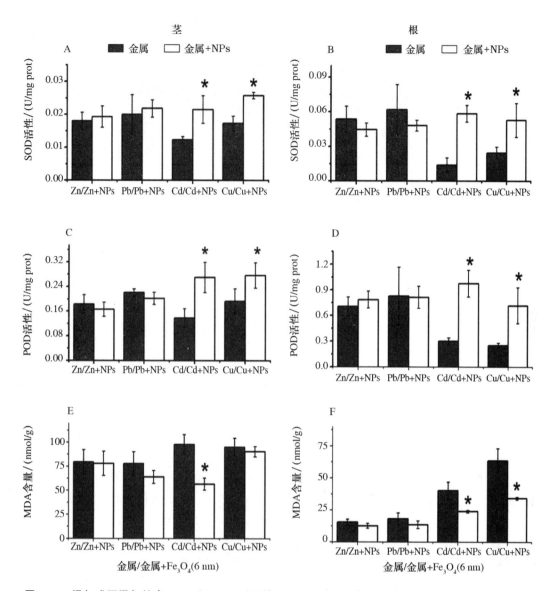

图 4-83 添加或不添加纳米 Fe_3O_4（2000 mg/L）处理 1 mmol/L 四种重金属（Pb、Zn、Cd、Cu）的黄瓜幼苗根系和茎部 SOD、POD 活性及 MDA 含量。芽（A）、根（B）超氧化物歧化酶（SOD）；茎（C）和根（D）过氧化物歧化酶（POD）；茎（E）和根（F）的 MDA 含量。值为 4 次重复的平均值±标准差。"＊"表示与对照组相比有显著性差异（对应的金属溶液中不含纳米 Fe_3O_4）（$P < 0.05$）

由图 4-83 可知，添加纳米 Fe_3O_4 和 Pb 或 Zn 对黄瓜幼苗 SOD 活性无明显影响。在 Cd 和 Cu 溶液（1 mmol/L）中加入纳米 Fe_3O_4 后，黄瓜幼苗茎部 SOD 活性分别显著提高 43.02％ 和 33％，根系 SOD 活性提高 76.06％ 和 53.55％。在黄瓜幼苗中，随着纳米 Fe_3O_4 分别添加到 Cd 和 Cu 溶液（1 mmol/L）中（图 4-83C 和 D），幼苗茎部 POD 活性显著增加，增加了 49.21％，根系 POD 活性增加，根系 POD 活性增加了 65.04％（图 4-83C 和 D）。在铅、锌溶液中添加纳米 Fe_3O_4 对黄瓜幼苗根、茎 POD 活性无显著影响。在小麦幼苗中，添加纳米 Fe_3O_4 分别在 Pb、Cd 和 Cu 溶液（1 mmol/L）中（图 4-84A），幼苗 SOD 活性显著提高

26.35％、38.13％和31.57％（图4-84A）。添加纳米Fe_3O_4和锌对小麦幼苗SOD活性无明显影响。但是，纳米Fe_3O_4对小麦幼苗根系SOD活性没有明显影响，只是在Pb溶液中添加了纳米Fe_3O_4，差异有统计学意义（$P<0.05$）。与对照（不含纳米Fe_3O_4的相应金属溶液）相比，$P<0.05$时根系SOD活性提高了71.61％。在小麦幼苗中，在所选择的金属中添加纳米Fe_3O_4对幼苗茎部POD活性均有正向影响。结果表明，添加纳米颗粒后，小麦幼苗POD活性显著提高，分别为28.98％、24.39％、39.05％、27.97％。在根中，添加纳米Fe_3O_4分别使Pb、Zn和Cu溶液中POD活性显著提高93.28％、39.11％和91.66％（图4-84C和D）。添加纳米Fe_3O_4和Cd对小麦幼苗根系POD活性无显著影响。

在高等植物中，重金属诱导氧化应激，其主要反应是SOD和POD活性的增加。SOD、POD等抗氧化酶的诱导是减轻植物氧化损伤的重要保护机制。实验金属处理（1 mmol/L）导致小麦和黄瓜幼苗SOD和POD活性下降，但小麦幼苗锌和黄瓜幼苗锌和铅除外。纳米Fe_3O_4的加入显著上调了幼苗体内抗氧化酶活性的降低。超氧化物歧化酶（SOD）活性的增加可能是由于纳米Fe_3O_4对黄瓜幼苗Cd和Cu胁迫的直接影响，以及对小麦幼苗Pb、Cd和Cu胁迫和根系Pb胁迫的直接影响。这表明，在纳米Fe_3O_4的存在下，SOD的氧清除功能被激活，以应对Cd和Cu对植物的损伤。在本研究中，可观察到的纳米Fe_3O_4并未改变锌对SOD活性的影响，但也有的锌、Cd和铜在根的小麦幼苗SOD（图4-84A和B）由于金属压力，而没有受到纳米Fe_3O_4存在的影响。除Cd（小麦根）、Zn和Pb（黄瓜幼苗）外，其余金属均添加了纳米Fe_3O_4，对幼苗和根系POD活性均有积极影响。这意味着纳米Fe_3O_4的存在可以增加POD活性，降低H_2O_2的积累，维持细胞膜的完整性。

重金属（如Pb、Cd、Cu）最初会引起氧化应激，进而导致脂质过氧化和H_2O_2的积累。在此，进行了一项实验，以了解外部纳米Fe_3O_4是否可以作为一种调节剂，或者是否能够启动抗氧化干预策略来应对重金属带来的氧化应激。MDA浓度是评价纳米Fe_3O_4对金属氧化应激影响的主要指标之一。结果还表明，添加纳米Fe_3O_4后，小麦幼苗MDA浓度变化不明显，除了根部添加纳米Fe_3O_4和Pb，茎部添加Cd，MDA浓度分别显著降低49.46％和51.46％（图4-84E和F）。从图4-83E和F可以看出，在Cd和Cu胁迫下，纳米Fe_3O_4的加入显著影响MDA的浓度；而在铅、锌溶液中添加纳米Fe_3O_4对黄瓜幼苗MDA含量的影响不显著。其中，随着纳米Fe_3O_4分别添加到Cd和Cu溶液中，黄瓜根中MDA浓度显著降低（$P<0.05$），分别为40.39％和46.21％（图4-83F）。在黄瓜幼苗中，只有添加纳米Fe_3O_4和Cd对MDA含量下降有正向影响（图4-83E）。在铅、锌溶液中加入纳米Fe_3O_4后，黄瓜幼苗MDA浓度变化不显著。镉、铜（黄瓜）、锌、镉（小麦）胁迫下MDA含量的下降可能是由于纳米Fe_3O_4的存在提高了抗氧化酶活性，降低了H_2O_2水平，提高了小麦和黄瓜幼苗清除自由基和还原膜损害的能力。我们认为，镉和铜对黄瓜幼苗氧化应激的缓解作用以及小麦幼苗镉和锌对氧化应激的缓解作用是SOD和POD活性协同作用的结果。之前的研究在番茄幼苗的根部中也发现了类似的结果。已有研究表明，镉毒性引起的氧化损伤可以通过酶促和非酶促抗氧化剂来减轻。Nadgorsk-socha等认为SOD等抗氧化酶参与了对抗重金属引起的氧化应激。在一项研究中，Guo等发现水杨酸（SA）的存在显著增加了受Cd胁迫负作用的水稻根系SOD和POD的活性，但也显著降低了水稻根系MDA的浓度。本研究为纳米Fe_3O_4对以铅和镉为主的重金属氧化应激的保护作用提供了有力的证据。

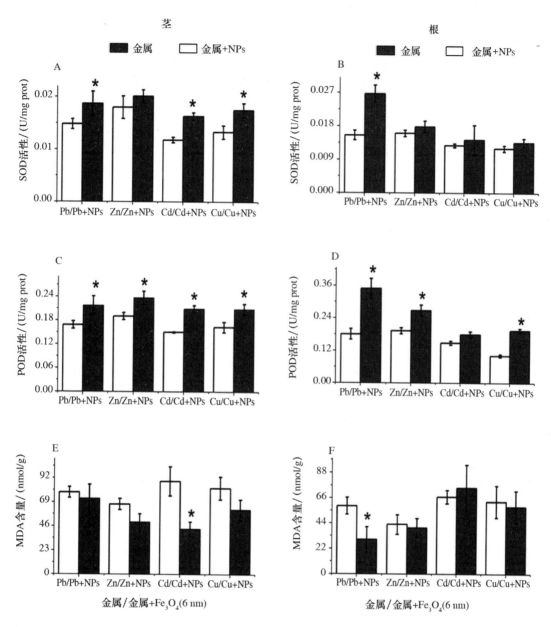

图 4-84 添加或不添加纳米 Fe_3O_4（2000 mg/L）处理 1 mmol/L 四种重金属（Pb、Zn、Cd、Cu）的小麦幼苗根系和茎部 SOD、POD 活性及 MDA 含量。芽（A）、根（B）超氧化物歧化酶（SOD）；茎（C）、根（D）过氧化物歧化酶（POD）；茎（E）、根（F）过氧化物歧化酶（MDA）含量以均数±SD 表示（标准差）4 次重复。"＊"表示与对照相比有显著差异（对应的金属溶液中不含纳米 Fe_3O_4）（$P<0.05$）

（3）纳米 Fe_3O_4 对铅、锌、镉、铜四种不同重金属的去除效果

为了了解被磁性（Fe_3O_4）纳米颗粒吸收的重金属的去除效率并确认它们对幼苗中重金属引起的生长抑制和氧化应激诱导的减少的影响，实验采用 ICP-MS 法，分别在 1 d、2 d、5 d 三种不同时间测定金属（Pb、Zn、Cd、Cu）在金属（1 mmol/L）或金属溶液中的浓度（1 mmol/L）＋纳米 Fe_3O_4（2000 mg/L），用磁铁将纳米粒子取出，在 10000g、4℃条件下离心 15 min。

结果表明,添加纳米 Fe_3O_4 溶液 5 d 后,所有被测金属的浓度均显著降低,与未添加纳米 Fe_3O_4 溶液相比。之前的研究表明,随着土壤中氧化铁纳米颗粒数量的增加,镉的浓度显著降低。本研究表明,被试金属的去除率为:Pb>Cu>Cd>Zn。Giraldo 等认为,磁性(Fe_3O_4)纳米粒子的吸附能力可能是由于重金属阳离子与负电荷吸附位点之间的静电吸引不同所致。本实验采用纳米 Fe_3O_4,通过 zeta 电位(12.7 ± 0.99) mV 与金属去除率的相关性,证实了本实验的观察结果。吸附解毒法是一种传统而有效地去除有毒金属离子和致病菌的方法。利用磁铁矿纳米颗粒作为吸附剂进行环境处理,可以为利用外加磁场分离和去除污染物提供一种方便的方法。综合以上研究结果表明,纳米 Fe_3O_4 对不同重金属的吸附能力可以降低小麦幼苗对重金属的毒性和积累。

4.14.3.3 结论

本研究结果表明,被验金属毒性诱导小麦幼苗生长抑制和氧化应激。重金属(铅、锌、镉、铜)对小麦、黄瓜幼苗生长和幼苗活力均有抑制作用。金属对幼苗生长参数的毒害作用可按抑制顺序排列如下:小麦幼苗 Cd>Cu>Pb>Zn 和黄瓜幼苗 Cu>Cd>Zn>Pb。结果表明,铜(Cu)和镉(Cd)对小麦和黄瓜幼苗生长的不利影响最大。大多数被测金属在根中积累,但只有较低水平的金属含量已经移位,并在芽中积累。黄瓜根、茎样品中金属的累积量依次为 Pb>Cd>Zn>Cu 和 Zn>Cd>Pb>Cu,小麦幼苗根、茎样品中分别为 Pb>Zn>Cd>Cu 和 Zn>Pb>Cd>Cu。在镉和铜胁迫下,小麦和黄瓜幼苗的根和芽中 SOD 和 POD 的总活性显著降低。在铅、锌溶液中,黄瓜幼苗根系 SOD 活性明显增加,但与对照(双蒸水)相比,茎部 SOD 活性无明显变化。另一方面,在镉和铜处理下,黄瓜幼苗根和芽中丙二醛(MDA)的浓度显著增加。铅、锌处理对黄瓜幼苗根、芽中 MDA 含量的影响与对照(双蒸水处理)相比,差异无统计学意义。在除锌外的不同金属胁迫下,小麦幼苗的 SOD 活性均显著降低。只有 Cd 处理显著降低了小麦幼苗茎部 POD 活性。除锌外,金属溶液处理小麦幼苗根系 MDA 含量显著增加($P<0.05$)。而在幼苗中,只有镉和铜处理的小麦幼苗 MDA 含量明显高于对照($P<0.05$)。添加纳米 Fe_3O_4 显著降低了黄瓜和小麦幼苗根系生长抑制作用,降低和减轻了重金属对幼苗的氧化应激。纳米 Fe_3O_4 对重金属毒性的影响可能取决于不同的参数,如植物种类、生长培养基中测试的浓度以及重金属的种类。然而,纳米 Fe_3O_4 对小麦和黄瓜幼苗的重金属毒性及其氧化应激的保护作用是复杂的。其作用机理主要与提高抗氧化酶活性(SOD 和 POD),降低根和茎中的金属浓度,从而减轻氧自由基有关。本研究结果表明,纳米 Fe_3O_4 颗粒激活了小麦和黄瓜幼苗根系生长抑制和重金属诱导的氧化应激的保护机制。实验重金属对小麦和黄瓜幼苗的影响存在以下几个差异:①Pb 和 Zn 严重延缓小麦幼苗生长,并在 10 mmol/L 时造成黄瓜幼苗死亡;②小麦幼苗和黄瓜幼苗抑制顺序依次为 Cd>Cu>Pb>Zn 和 Cu>Cd>Zn>Pb;③锌(Zn)对小麦根和芽伸长的抑制作用最低和铅对黄瓜根、茎伸长的抑制作用最低。重金属对小麦和黄瓜幼苗的影响差异表明,重金属的抑制作用可能取决于植物种类。综合以上实验结果表明,所选金属对黄瓜幼苗的影响比小麦幼苗更为严重。但在铅、锌胁迫下,黄瓜根系 SOD 活性增加,这可能与黄瓜植株对金属的耐受性有关。添加纳米 Fe_3O_4 对黄瓜幼苗氧化应激的抑制作用大于小麦幼苗,表现为在 Cd 和 Cu 溶液中添加纳米 Fe_3O_4 可以降低黄瓜幼苗 MDA 含量。本研究表明,纳米 Fe_3O_4

(6 nm)可以减轻金属诱导的小麦和黄瓜幼苗的氧化应激,抑制生长,提高金属耐受性。这一重要性对保护环境和公共卫生至关重要。

4.15 SiO_2、CeO_2、CuO 纳米颗粒在转基因棉花体内的吸收、转移、分布及影响

4.15.1 材料与方法

4.15.1.1 纳米粒子的制备和表征

SiO_2纳米粒子[平均直径(30 ± 10) nm]、CeO_2纳米粒子[平均直径(10 ± 3.2) nm]、CuO纳米粒子[平均直径(30 ± 10) nm]分别购自上海沪丰生物科技有限公司。其他化学品均为分析级,购自北京化工厂。在整个实验过程中使用去离子水。研究所用的纳米颗粒的水悬浮液之前已经用扫描电镜进行了表征。在经过过滤的$(0.45~\mu m)$纳米纯水(微孔,电阻率>18.2 $M\Omega/cm$)中分散纳米材料(4000 mg/L)。然后用 70%振幅的超声(DEX 130,130 Watts,20 kHz,Newtown,CT)来处理纳米材料的水溶液,超声 15 min,使纳米粒子均匀地分散在去离子水中,然后将纳米粒子放入铜网格中用透射电子显微镜进行观察。采用扫描电镜(JEOL JSM 5600,日本)观察了 SiO_2、CeO_2 和 CuO 纳米粒子的形态。采用日本 JEM 200CX 在 200 kV 以下获得了透射电镜图像。在分散于去离子水中并超声处理 30 min 后,通过 Coulter NicompTM 380 ZLS 粒度分析仪(美国圣巴巴贝拉)对 SiO_2、CeO_2 和 CuO 纳米粒子的粒径分布进行了动态光散射(DLS)分析。

4.15.1.2 棉花的栽培与暴露

采用中国农业科学院生产的转基因棉花(Bt29312)和常规棉(冀合 321)。实验依据 Li 等之前的研究进行。随机抽取棉籽,在 30% H_2O_2 中灭菌 15 min,去离子水冲洗,之后在去离子水中浸泡 12~15 h 后,使之在无菌湿润的沙土中萌发,将两株幼苗移栽到含 3.0 L 营养液的 4.0 L 盆中。一周后,将不同浓度的 SiO_2、CeO_2 和 CuO 纳米颗粒混于营养液中。用浓度分别为 0、10、100、500、2000 mg/L SiO_2纳米粒子处理转基因棉花和常规棉花,处理时间为 21 d;用浓度为 0、100 和 500 mg/L CeO_2纳米粒子处理 14 d;用浓度分别为 0、10、200、1000 mg/L 的 CuO 处理 10 d。将所有纳米粒子均分散于去离子水中,使用超声波清洗机(KQ3200DE)超声 30 min 后进行实验。2014 年 3 月至 4 月、5 月至 6 月、8 月至 9 月在中国农业大学大棚种植由 SiO_2、CeO_2、CuO 纳米粒子处理过的棉花籽,每次处理都进行 3 次重复。

4.15.1.3 株高、根长和生物量的测定

以纳米粒子处理后的生长点到子叶节点的长度和生长点到根点的长度分别作为株高(mm)和根长(mm)。

计数每个棉花根中的根毛数。

生物量测定:在经过 SiO_2、CeO_2、CuO 纳米粒子处理后,用自来水彻底冲洗棉株,再用去离子水冲洗。根和芽分别放在 80℃下干燥 24~36 h,直到在风机强制烘箱中达到恒重,然后

立即称重(g)。

4.15.1.4 营养素含量测定

1.木质部汁液的收集

木质部汁液的提取方法采用了 Wang 等先前描述的方法。在棉花 8～9 叶期,木质部汁液从子叶下方的根和芽中收集。将每个去顶部根系放置在压力室,压力室中含有营养液,用去离子水擦拭切割面,去除被破坏的细胞和残余细胞元素,然后在残根上方放置一根 5～10 mm 的柔性硅管,并紧密绑在离心管上。在 0.2～0.3 MPa 的压力下,收集 15 min 木质部汁液,采用 ICP-MS (DRC-Ⅱ)和 ICP-AES (iCAP 6000)方法测定营养成分。

2.营养成分测定

用高速粉碎机将干燥的根和枝条分别磨成细粉,每样取 20～30 mg,用 5 mL 硝酸(98%)浸泡 24 h,然后加入 3 mL H_2O_2,用 180℃ 电热板消化 4～5 h,直至剩余溶液量为 1 mL。然后用去离子水稀释,采用电感耦合等离子体质谱法(DRC-Ⅱ)测定 Ce、Cu 和 Zn 的含量;用电感耦合等离子体原子发射光谱法(iCAP 6000)测定了 Si、Ca、Na、K、Mg、Fe、Mn、B、Mo 和 P 的含量。

4.15.1.5 相关酶的提取和活性测定

用自来水和去离子水洗涤后,分别采收、切割和混合鲜叶和根。用铝纸包裹新鲜样品约 0.2 g,浸泡在液氮中以保护酶活性,4℃ 保存。每 0.2 g 样品混在 1.8 mL 生理盐水中,制成 10% 的混合液。然后将组织磨碎,用 3500 r/min 离心 10 min,提取液用于测定过氧化氢酶(CAT)、超氧化物歧化酶(SOD)和过氧化物酶(POD),如 Xu 和 Cho 等所述。通过测定 H_2O_2 在 240 nm 处的降解,测定过氧化氢酶的活性,SOD 活性通过检测亚硝基四氮唑在 560 nm 处的光化学还原抑制能力来测定。通过监测愈创木酚脱氢产物在 470 nm 处吸光度的增加,测定提取物中的 POD 活性。根据 Bradford 的研究,以牛血清白蛋白(BSA)为标准测定蛋白质含量。

4.15.1.6 相关激素的提取及浓度测定

在 He 等研究的基础上,对脱落酸(ABA)、吲哚-3-乙酸(IAA)、反式玉米核苷(t-ZR)和赤霉素(GA)进行了提取纯化。约 0.2 g 鲜叶和根样品中分别加入用 80% 甲醇(含 40 mg/L 丁基羟基甲苯)2 mL,在 −20℃ 下保存 48 h,然后 3500 r/min,离心 15 min。沉淀物在 −20℃ 下再重悬于 1 mL 80% 甲醇中 16 h,用 C_{18} 试剂盒(沃斯特,米尔德福,美国)对其进行纯化。样品在真空条件下蒸发去除有机溶剂,然后溶解在 2.0 mL 的 TBS 缓冲液中(TIRS 缓冲盐水;50 mmol/L TRIS,pH 7.8,1 mmol/L $MgCl_2$,10 mmol/L NaCl,0.1% 吐温,0.1% 明胶)。采用单克隆抗体酶联免疫吸附法(ELISA)检测 ABA、IAA、t-ZR 和 GA 水平。在 450 nm 处记录吸光度。

4.15.1.7 透射电镜观察

以苏云金芽孢杆菌转基因棉和常规棉为材料,分别用 SiO_2、CeO_2 和 CuO 纳米粒子处理后,用去离子水彻底清洗后,采集植物组织用透射电镜观察。样品按标准程序制备,将其在 2.5% 戊二醛中固定,然后用 0.1 mol/L pH 7.0 磷酸盐缓冲液洗涤,之后用 1% 四氧化锇固定,丙酮脱水,渗透并嵌入环氧树脂。根部、茎段和叶段用金刚刀切成薄片并用透射电镜观察。

4.15.1.8　数据分析

所有实验均重复 3 次,结果为平均值±标准差(SD)表示。统计分析采用 Microsoft Excel、方差分析(ANOVA)和 SPSS 22.0 软件进行独立样本 T 检验,置信度为 95%($P<0.05$)。

4.15.2　SiO_2 纳米粒子在转基因棉花中的吸收、转运、分布及影响

4.15.2.1　SiO_2 纳米粒子的特征

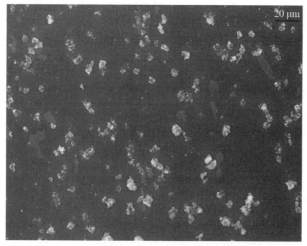

图 4-85　SiO_2 纳米粒子的透射电子显微镜图片

图 4-85 表明,SiO_2 纳米粒子的平均直径为(30 ± 10) nm,与供货商的描述值相近;0.0516 mV 的电动电位;0.404 的均匀性和良好的粒径分布。显微测量还表明,SiO_2 纳米粒子的颗粒形态为球形。在高真空条件下通过透射电镜观察到的纳米粒子悬浮液是干燥的,因此透射电镜观察不能准确地反映纳米粒子水溶液在培养基中的分散情况。因此,利用动态光散射技术来评价悬浮液中颗粒的粒径分布。

4.15.2.2　SiO_2 纳米粒子对棉花生长的影响

表 4-37 表明,苏云金芽孢杆菌转基因棉株高度与常规棉株高度差异显著($P<0.05$)。常规棉和苏云金芽孢杆菌转基因棉的株高分别为 18.14 cm 和 17.25 cm,随着 SiO_2 纳米粒子浓度的增加,其株高降低。在 500 mg/L SiO_2 纳米粒子处理下,SiO_2 纳米粒子对常规棉和苏云金芽孢杆菌转基因棉株高影响较小,但在 2000 mg/L SiO_2 纳米粒子处理下,普通的棉花和转基因棉花的最小高度分别为 12.81 cm 和 11.28 cm。这些结果与 Li 等的研究结果形成对比,后者报道苏云金芽孢杆菌转基因棉和常规棉的平均株高不受 CeO_2 纳米粒的影响。说明不同的纳米材料对同一品种有不同的影响。另一方面,无论是对照处理还是经过 SiO_2 纳米粒子处理,常规棉株高均高于苏云金芽孢杆菌转基因棉,但差异不显著。这些结果与 Mayee 等的研究结果一致。传统棉花的发育速度快于转基因的棉花。

表 4-37　二氧化硅纳米粒子对棉花生长的影响

指标	棉花种类	SiO₂ 浓度/(mg/L)				
		0	10	100	500	2000
株高/cm	冀合321	18.14 ± 1.85^a	16.19 ± 3.48^b	15.25 ± 4.18^c	14.75 ± 2.65^c	12.81 ± 2.78^d
	Bt29312	17.25 ± 2.92^a	15.19 ± 1.79^b	$15.44\pm3.02^{b'}$	13.63 ± 2.94^c	11.28 ± 2.48^d
茎部生物量/g	冀合321	1.36 ± 0.13^a	1.30 ± 0.18^a	1.14 ± 0.34^a	1.07 ± 0.23^a	0.96 ± 0.09^a
	Bt29312	1.24 ± 0.14^a	1.22 ± 0.26^a	1.13 ± 0.15^{ba}	1.04 ± 0.11^{ba}	0.85 ± 0.07^a
根部生物量/g	冀合321	0.28 ± 0.03^a	0.25 ± 0.04^b	0.23 ± 0.03^c	0.19 ± 0.06^d	0.18 ± 0.05^d
	Bt29312	0.26 ± 0.03^d	0.25 ± 0.05^{ab}	0.19 ± 0.03^{bc}	0.17 ± 0.02^{bd}	0.15 ± 0.02^{cd}

注:计算值为平均值±标准差(SD)。在相同 SiO₂ 浓度下,同一排的不同字母表示对照和 SiO₂ 纳米粒子暴露有显著性差异($P<0.05$),同一栏的不同字母表示在相同 SiO₂ 浓度下,转基因棉纤维与苏云金芽孢杆菌转基因棉纤维的差异显著($P<0.05$)。

　　测定了 SiO₂ 纳米粒子浓度对根系生物量的影响。表 4-37 表明,在同一品种根系生物量下,对照处理组与 SiO₂ 纳米粒子处理组间差异极显著($P<0.05$)。此外,随着 SiO₂ 纳米粒子浓度的增加,普通棉和苏云金芽孢杆菌转基因棉的根系生物量均呈下降趋势。在处理 21 d 后,控制处理的常规根生物量最大为 0.28 g,在 10、100 和 500 mg/L SiO₂ 纳米粒子处理时,其最大常规根生物量分别为 0.25 g、0.23 g 和 0.19 g,在 2000 mg/L SiO₂ 纳米粒子处理下,其常规根生物量最低为 0.18 g。在对照处理和 2000 mg/L SiO₂ 纳米粒子处理中,苏云金芽孢杆菌转基因根系生物量分别为 0.26 g 和 0.15 g。这些结果与之前对 Rao 等的研究相一致。普通棉和苏云金芽孢杆菌转基因棉株的茎部生物量随 SiO₂ 浓度的增加而降低,但仅在苏云金芽孢杆菌转基因棉的茎部生物量中才有显著性($P<0.05$)(表 4-37)。常规棉和苏云金芽孢杆菌转基因棉的最大茎部生物量分别为 1.36 g 和 1.24 g,在 2000 mg/L SiO₂ 纳米粒子处理时,最小生物量分别为 0.96 g 和 0.85 g。另一方面,常规棉和苏云金芽孢杆菌转基因棉的茎部生物量和根生物量在对照处理和 SiO₂ 纳米粒子处理上均无显著差异。然而,无论是对照处理还是 SiO₂ 纳米粒子处理,常规棉花茎部和根系生物量均高于苏云金芽孢杆菌转基因棉花。这说明常规棉比苏云金芽孢杆菌转基因棉发育得好,而苏云金芽孢杆菌转基因棉比常规棉受二氧化硅纳米粒子的影响更大。这一结果表明苏云金芽孢杆菌转基因棉花对 SiO₂ 纳米粒比常规棉更敏感。

4.15.2.3　二氧化硅纳米粒子对棉株养分含量的影响

1. 二氧化硅纳米粒子对茎部和根部养分含量的影响

　　常规棉花和苏云金芽孢杆菌转基因棉花的茎部和根部的营养元素,如 Fe、Mn、K、Zn、Na、Mg 和 Cu,在 21 d 后受到 SiO₂ 纳米粒子的影响,表 4-38 和表 4-39 显示了这一结果。

表 4-38　二氧化硅纳米粒子对嫩枝养分含量的影响

养分含量	棉花种类	SiO₂ 浓度/(mg/L)				
		0	10	100	500	2000
Fe/ (μg/g)	冀合 321	268.33±21.04ᵃ	228.90±14.67ᵃ	241.51±53.23ᵃ	250.70±15.51ᵃ	227.44±5.50ᵃ
	Bt29312	246.23±28.59ᵃ	217.44±18.52ᵃ	264.73±26.45ᵃ	224.52±17.11ᵃ	254.32±44.64ᵃ
Mn/ (μg/g)	冀合 321	27.12±1.62ᵃ	26.17±1.20ᵃ	29.26±0.58ᵃ	26.94±0.27ᵃ	27.99±0.27ᵃ
	Bt29312	27.42±7.47ᵃ	23.96±2.39ᵃ	29.27±5.70ᵃ	26.84±3.05ᵃ	30.34±3.65ᵃ
K/ (μg/g)	冀合 321	57.40±1.17ᵃ	55.96±5.30ᵃ	53.74±4.06ᵃ	55.51±2.35ᵃ	54.77±0.94ᵃ
	Bt29312	60.30±3.82ᵃ	58.60±0.84ᵃ	59.95±2.13ᵃ	55.33±2.67ᵃ	52.86±2.90ᵃ
Zn/ (μg/g)	冀合 321	31.84±3.65ᵃ	30.25±2.14ᵃ	35.48±3.07ᵃ	35.10±2.94ᵃ	34.25±3.11ᵃ
	Bt29312	36.85±4.48ᵃ	39.25±8.30ᵃ	34.96±2.82ᵃ	40.17±2.92ᵃ	35.18±3.27ᵃ
Na/ (μg/g)	冀合 321	269.14±45.18ᵃ	234.13±16.98ᴮ	312.03±37.22ᶜ	404.01±79.13ᵈ	407.54±33.40ᵈ
	Bt29312	321.62±80.56ᵃ	271.33±35.36ᵃᵇ	234.18±13.83ᵃᶜ	345.00±71.94ᵃᵈ	303.13±50.53ᵃᵈ
Mg/ (μg/g)	冀合 321	8.28±0.19ᵃ	7.62±0.23ᵇ	8.02±0.37ᶜ	8.06±0.19ᵇ	7.92±0.21ᵈ
	Bt29312	8.35±0.39ᵃ	7.79±0.28ᵇ	8.50±0.21ᶜ	8.07±0.35ᵇ	8.04±0.38ᵈ
Cu/ (μg/g)	冀合 321	10.69±0.69ᵃ	11.45±0.68ᵃ	14.40±0.22ᵃ	20.03±3.97ᵃ	16.73±7.40ᵃ
	Bt29312	9.08±0.81ᵃ	11.50±0.89ᵇ	18.88±1.10ᶜ	26.07±0.97ᵈ	19.36±0.92ᶜ

注：数值以平均值±标准差(SD)表示。在相同 SiO₂ 浓度下，同一排的不同字母表示对照和 SiO₂ 纳米粒子有显著性差异($P<0.05$)，同一栏的不同字母表示在相同 SiO₂ 浓度下，常规棉纤维与苏云金芽孢杆菌转基因棉纤维的差异显著($P<0.05$)。

表 4-38 结果表明，常规品种与转基因品种以及对照与 SiO₂ 纳米粒子处理的茎部的铁、锰、钾、锌含量差异不显著。根中 Mn、Zn、Mg 和 Cu 含量相似，而 Fe 含量在品种间和对照与 SiO₂ 纳米粒子处理之间差异极显著($P<0.05$)。如表 4-39 所示，对照处理和 10 和 100 mg/L SiO₂ 纳米粒子处理的苏云金芽孢杆菌转基因棉根系中 Fe 含量显著高于常规棉花(500 和 2000 mg/L SiO₂ 纳米粒子)。与对照相比，不同浓度 SiO₂ 纳米粒子处理的普通棉和苏云金芽孢杆菌转基因棉 的芽中 Mg 含量差异显著($P<0.05$)，Mg 含量随浓度的增加而增加，但随着 SiO₂ 浓度 100 mg/L 上升到 SiO₂ 浓度 2000 mg/L。在 100 和 500 mg/L SiO₂ 纳米粒子处理下，常规棉和苏云金芽孢杆菌转基因棉的 Cu 含量差异极显著($P<0.05$)，在 100 和 2000 mg/L SiO₂ 纳米粒子处理下，茎部 Na 含量差异显著($P<0.05$)。此外，对照与 SiO₂ 纳米粒子处理相比，常规棉茎部 Na 含量和根系 K 含量差异显著($P<0.05$)，而苏云金芽孢杆菌转基因棉花根系中 Cu 含量和 Na 含量与对照处理相比差异显著($P<0.05$)。从表 4-38 可以看出，苏云金芽孢杆菌转基因棉和常规棉茎部 Cu 含量随浓度升高而增加，在 500 mg/L SiO₂ 纳米粒子浓度下最高，分别为 26.07 μg/g 和 20.03 μg/g，在 2000 mg/L SiO₂ 纳米粒子浓度下，分别降至 19.36 μg/g 和 16.73 μg/g。在 500 mg/L 时，常规棉和苏云金芽孢杆菌转基因棉根系中 Cu 含量分别为 41.47 μg/g 和 44.8 μg/g，在 2000 mg/L SiO₂ 纳米粒子条件下，Cu 含量分别降至 34.47 μg/g 和 30.75 μg/g。苏云金芽孢杆菌转基因棉根系中 Na 含量最高为 7.63 mg/L，在 500 mg/g SiO₂ 纳米粒子条件下显著高于常规棉(表 4-39)。这些结果

表明,苏云金芽孢杆菌转基因棉的根系对 Cu 的吸收和转运量明显高于常规棉根。然而,与常规棉花相比,转基因棉花的根系对 Na 的吸收更多,但移栽到地上的数量却较少。

表 4-39   二氧化硅纳米粒子对根系养分含量的影响

养分含量	棉花种类	SiO$_2$ 浓度/(mg/L)				
		0	10	100	500	2000
Fe/	冀合 321	3.81±0.42^a	2.20±0.80^b	2.17±0.22^b	2.81±0.53^c	3.20±0.28^c
(μg/g)	Bt29312	4.74±1.10^a	2.74±0.17^b	3.84±0.01^{cb}	2.36±0.20^{bc}	2.82±0.47^{bc}
Mn/	冀合 321	14.81±2.85^a	12.52±4.74^a	15.34±2.38^a	15.36±2.91^a	14.10±2.56^a
(μg/g)	Bt29312	15.51±0.92^a	13.89±4.51^a	17.15±1.23^a	15.35±2.56^a	18.26±2.26^a
K/	冀合 321	74.73±5.93^a	74.39±6.71^a	86.32±3.58^a	82.84±0.23^b	79.24±0.84^c
(μg/g)	Bt29312	84.43±5.85^a	84.17±4.96^a	85.77±1.34^{ab}	79.41±3.50^{ab}	76.00±7.27^{ac}
Zn/	冀合 321	101.58±17.22^a	117.84±40.52^a	141.63±44.93^a	152.16±23.14^a	139.42±17.34^a
(μg/g)	Bt29312	122.69±31.61^a	185.19±79.78^a	157.98±14.73^a	146.75±8.35^a	161.91±22.76^a
Na/	冀合 321	5.40±2.12^a	3.80±1.63^a	3.22±0.66^a	5.41±1.43^a	6.03±1.87^a
(μg/g)	Bt29312	5.34±0.81^a	3.76±1.06^{ba}	3.29±0.36^{ba}	7.63±1.04^{ca}	5.03±1.00^a
Mg/	冀合 321	5.81±0.50^a	5.41±0.93^a	5.71±1.28^a	6.00±0.62^a	6.11±0.25^a
(μg/g)	Bt29312	6.47±1.01^a	5.68±0.71^a	7.01±1.09^a	5.38±0.17^a	5.90±1.31^a
Cu/	冀合 321	28.40±0.70^a	31.75±5.09^a	36.17±8.17^a	41.74±10.59^a	34.47±6.42^a
(μg/g)	Bt29312	32.52±10.05^a	38.45±3.02^a	31.46±2.62^a	44.80±13.03^a	30.75±7.82^a

注:数值以均值±标准差(SD)表示。在相同的 SiO$_2$ 纳米粒子浓度下,同一排的不同字母表示对照和 SiO$_2$ 纳米粒子有显著性差异($P<0.05$),同一栏的不同字母表示在相同 SiO$_2$ 纳米粒子浓度下,转基因棉纤维与苏云金芽孢杆菌转基因棉纤维的差异显著($P<0.05$)。

2. 二氧化硅纳米粒子对棉花木质部汁液养分含量的影响

木质部汁液在营养元素、矿物质从根系到叶片的运输中起着重要的作用。研究了在对照处理和 2000 mg/L SiO$_2$ 纳米粒子处理情况下,SiO$_2$ 纳米粒子对苏云金芽孢杆菌转基因棉花木质部液中营养元素运输的影响。结果表明,常规棉和苏云金芽孢杆菌转基因棉在对照与 2000 mg/L SiO$_2$ 纳米粒子处理情况下,木质部液中 Cu、Zn 含量差异显著($P<0.05$)。特别是在相同处理条件下,苏云金芽孢杆菌转基因棉花的 Cu、Zn 含量高于常规棉。对照处理苏云金芽孢杆菌转基因棉花的铜含量为 60.64 ng/mL,锌浓度为 207.55 ng/mL,常规棉仅分别为 37.97 ng/mL 和 148.1 ng/mL。在 2000 mg/L SiO$_2$ 纳米粒子处理的下,苏云金芽孢杆菌转基因棉花的 Cu 和 Zn 浓度分别为 67.88 ng/mL 和 177.31 ng/mL,而常规棉中的 Cu 和 Zn 仅为 34.33 ng/mL 和 139.51 ng/mL。在对照条件下常规棉和苏云金芽孢杆菌转基因棉木质部液中 Cu、Zn 含量与 2000 mg/L SiO$_2$ 纳米粒子处理情况下差异不显著。说明 SiO$_2$ 纳米粒子对常规棉和苏云金芽孢杆菌转基因棉木质部液中 Cu、Zn 含量没有影响(图 4-86)。

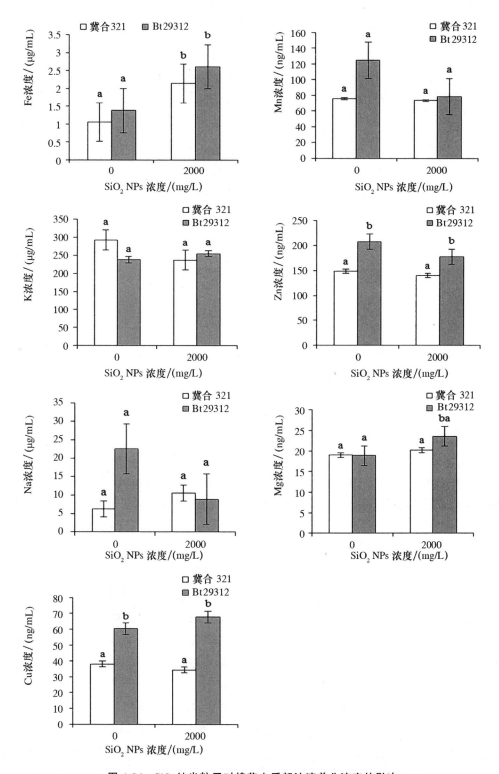

图 4-86 SiO₂ 纳米粒子对棉花木质部汁液养分浓度的影响

注：数值以平均值±标准差（SD）表示。同一品种不同的小写字母在 $P<0.05$ 水平上，SiO₂ 处理与对照处理差异极显著（$P<0.05$），在相同的 SiO₂ 纳米粒子浓度下，不同的小写字母在 $P<0.05$ 水平上，常规棉与苏云金芽孢杆菌转基因棉间的差异极显著（$P<0.05$）。

4.15.2.4　二氧化硅纳米粒子对棉株酶活性和激素浓度的影响

1.二氧化硅对棉花酶活性得的影响

表 4-40　SiO₂纳米粒子对棉株酶活性的影响

酶活性	棉花种类	CeO₂ 浓度/(mg/L)				
		0	10	100	500	2000
SOD/(U/mL)	冀合 321	34.46±1.13[a]	58.98±8.66[b]	31.16±9.41[a]	56.60±7.71[b]	38.40±9.43[a]
	Bt29312	39.39±4.62[ba]	79.51±11.70[a]	39.82±13.09[ba]	75.32±14.21[a]	40.09±9.72[ba]
POD/(U/mL)	冀合 321	11.42±6.96[a]	13.89±10.72[a]	10.96±5.55[a]	14.20±3.94[a]	16.36±4.29[a]
	Bt29312	10.03±2.82[a]	15.44±6.07[a]	18.83±4.98[ba]	19.29±2.04[a]	14.97±5.99[a]
CAT/(U/mL)	冀合 321	4.90±2.32[a]	9.14±1.71[a]	8.33±6.67[a]	5.74±4.57[a]	4.63±2.73[a]
	Bt29312	7.99±4.31[a]	4.67±3.94[a]	7.07±1.09[a]	5.62±2.06[a]	3.70±2.64[a]
蛋白质/(μg/mL)	冀合 321	0172487±0.000005[a]	0.172535±0.000006[a]	0.172522±0.000104[a]	0.172466±0.000002[a]	0.172453±0.000009[a]
	Bt29312	0.172506±0.000003[a]	0.172565±0.000006[a]	0.172524±0.000004[a]	0.172561±0.000127[a]	0.172617±0.000398[a]

注:数值以平均值±标准差(SD)表示。同一排不同小写字母表示对照和 SiO₂纳米粒子差异显著($P < 0.05$),同一列不同小写字母表示相同的 SiO₂浓度下,常规棉和转基因棉差异显著($P < 0.05$)。

从表 4-40 中可以看出,常规棉与苏云金芽孢杆菌转基因棉的蛋白质含量、过氧化氢酶和过氧酶物活性,以及在对照与 SiO₂纳米粒子处理下均无显著性差异。常规棉根系中蛋白质含量随 SiO₂纳米粒子浓度(10～2000 mg/L)增加而降低,而在转基因棉花根系中则随 SiO₂纳米粒子浓度升高而增加。随着 SiO₂纳米粒子浓度的增加,常规棉和转基因棉根系中过氧化氢酶活性明显降低。转基因的棉花根系在对照和 2000 mg/L SiO₂纳米粒子处理下过氧化氢酶活性最高和最低,分别为 7.99 U/mL 和 3.70 U/mL。同样在 10 mg/L SiO₂纳米粒子处理情况下,常规棉根系过氧化氢酶活性为 9.14 U/mL,在 2000 mg/L SiO₂纳米粒子处理下,过氧化氢酶活性下降至 4.63 U/mL。这些结果与以前对 Ali 的研究中纳米粒子对小麦的影响相一致。根据 Arnab 的说法,ZnO 纳米粒子浓度降低了青豌豆(*Pisum ativum* L.)的过氧化氢酶活性。结果表明,SiO₂纳米粒子对普通棉和转基因棉花根系中过氧化氢酶活性有负面影响。然而,经 SiO₂纳米粒子处理后,常规棉和转基因棉根系中过氧酶物酶活性均高于对照处理。过氧酶物酶活性随 SiO₂纳米粒子浓度达到 500 mg/L 而升高,在 2000 mg/L 时下降。这表明,在常规棉和转基因棉上,SiO₂纳米粒子浓度均低于 500 mg/L 时,过氧化物酶活性受到刺激。表 4-40 表明,常规棉和转基因棉的根系超氧化物歧化酶活性差异显著($P < 0.05$),常规棉和转基因棉的超氧化物歧化酶活性在 10 和 500 mg/L SiO₂纳米粒子处理条件下也有显著差异($P < 0.05$)。在 10 mg/L SiO₂纳米粒子处理下,常规棉和转基因棉的超氧化物歧化酶活性最高分别为 58.98 U/mL 和 79.51 U/mL,而在 100 和 2000 mg/L SiO₂纳米粒子处理和对照处理下,超氧化物歧化酶活性较低。这些结果表明,在最高 SiO₂纳米粒子处理浓度时,抗氧化酶活性显著下降。

2. 二氧化硅纳米粒子对棉花激素浓度的影响

吲哚-3-乙酸(IAA)和脱落酸(ABA)是具有不同生物学功能的植物激素。IAA 能促进细胞的伸长和分裂等生长过程,而 ABA 则控制植物的衰老和对胁迫的反应。图 4-87 显示了 SiO$_2$ 纳米粒子对常规棉和转基因棉的 ABA 和 IAA 激素的影响。

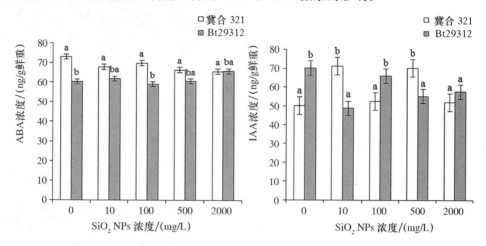

图 4-87　SiO$_2$ 纳米粒子对棉花植株激素浓度(ABA, IAA)的影响

注:数值以平均值±标准差(SD)表示。相同品种的不同小写字母表示对照和 SiO$_2$ 纳米粒子之间 $P<0.05$ 水平上显著差异,相同 SiO$_2$ 纳米粒子浓度的不同小写字母表示常规和转基因棉花之间 $P<0.05$ 水平上显著差异。

ABA 主要是从根中产生的,根系中 ABA 一部分被运输到叶片中。常规棉和转基因棉在 100 mg/L SiO$_2$ 纳米粒子处理条件下,根系 ABA 含量差异显著($P<0.05$)。在对照处理和 10、100、500 mg/L SiO$_2$ 纳米粒子处理时,常规根中 ABA 浓度在明显高于转基因棉花;72.98 ng/g 鲜重是在对照处理下的最高值,在 2000 mg/L SiO$_2$(65.57 ng/g 鲜重)下的最低值;转基因棉花根系 ABA 含量在 2000 和 100 mg/L SiO$_2$ 纳米粒子处理最大值为 65.80 ng/g 鲜重,最小值为 59.01 ng/g 鲜重。通过对照处理与 SiO$_2$ 纳米粒子处理相比,发现同一品种根系 ABA 含量不显著。同样在对照处理和 10 和 100 mg/L SiO$_2$ 纳米粒子处理的常规棉和转基因棉的 IAA 含量也存在显著差异($P<0.05$)。常规棉根的 IAA 含量在 10 和 500 mg/L SiO$_2$ 纳米粒子处理条件下明显高于转基因棉,而对照处理和 100 和 2000 mg/L SiO$_2$ 纳米粒子处理 IAA 含量较低。从图 4-87B 来看,在对照处理和 SiO$_2$ 纳米粒子处理的条件下,常规棉和转基因棉的根系中 IAA 含量存在显著差异($P<0.05$)。

4.15.2.5　棉株中二氧化硅纳米粒子的吸收与分布

1. 棉花木质部汁液中二氧化硅纳米粒子的分布

如图 4-88A 所示,普通棉和转基因棉木质部液中 Si 的浓度在同一品种上,经对照组与 SiO$_2$ 纳米粒子处理的结果差异显著($P<0.05$)。在 2000 mg/L SiO$_2$ 纳米粒子处理下,常规棉和转基因棉木质部液中 Si 含量分别为 10.68 g/mL 和 10.28 g/mL 。另外,在木质部液(图 4-88B 和 C)中还存在 SiO$_2$ 纳米粒子,透射电镜(TEM)分析表明,SiO$_2$ 纳米粒子是通过木质部液从根运输到芽的。Zhang 等报道说,二氧化铈纳米粒子可以从黄瓜植株的根转移到

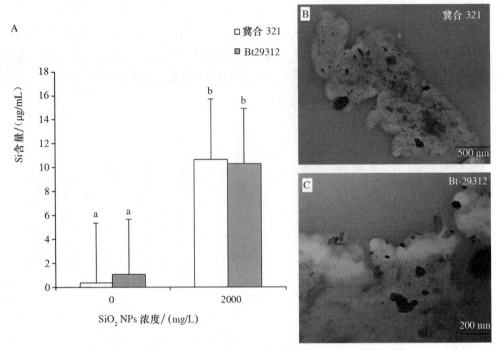

图 4-88　常规和转基因棉花木质部液(B 和 C)经 SiO₂ 纳米粒子处理 21 d 后木质部液中 Si 浓度(A)的 TEM 图像

注:数值以平均值±标准差(SD)表示。相同品种的不同小写字母表示对照和 SiO₂ 纳米粒子之间 $P<$ 0.05 水平的显著差异,相同 SiO₂ 纳米粒子浓度的不同小写字母表示常规和转基因棉花之间 $P<0.05$ 水平的显著差异。

芽上,并且在水稻中 C_{70} 纳米粒子也是通过此种方法由根然后运输到水稻植株的茎和叶中。这些结果表明,棉株吸收了 SiO₂ 纳米粒子。然而在对照和 2000 mg/L SiO₂ 纳米粒子处理的条件下,常规棉和转基因棉木质部液中 Si 含量差异不显著。TEM 图像显示,在常规棉和转基因棉的木质部液中均含有 SiO₂ 纳米粒子,说明 SiO₂ 纳米粒子是通过木质部液从根系输送到茎中的。

2. 二氧化硅纳米粒子在棉花的茎部和根部的吸收与分布

图 4-89 显示了常规棉和转基因棉在 SiO₂ 纳米粒子作用 21 d 后的茎部和根部 Si 含量。随着 SiO₂ 纳米粒子浓度的增加,植物组织中 Si 含量增加。对照与 SiO₂ 纳米粒子处理情况下,根系 Si 含量差异显著($P<0.05$),转基因棉与常规棉相比差异极显著($P<0.05$),对照处理与 10、500、2000 mg/L SiO₂ 纳米粒子处理相比差异也极显著($P<0.05$)。在 2000 mg/L SiO₂ 纳米粒子处理的情况下转基因棉花根中 Si 含量比对照高 24.6 倍,比常规棉高 1.1 倍(图 4-89A)。与之相似的是,对照组与 SiO₂ 纳米粒子处理情况下常规棉与转基因棉的茎部 Si 含量差异显著($P<0.05$)。转基因棉和常规棉在 2000 mg/L SiO₂ 纳米粒子处理下,茎部 Si 含量分别是对照组的 14.9 倍和 13.7 倍(图 4-89B)。这些结果表明,SiO₂ 纳米粒子被棉花吸收,并从根系输送到茎部。玉米通过根系吸收 SiO₂ 纳米粒子,并将 SiO₂ 纳米粒子从棉花根系输送到茎部。此外,不同的植物对 SiO₂ 纳米粒子的吸收能力不同,水稻、黄瓜和番茄对

Si 的累积从高到低。根据 Balakhnina 等的研究,Ma 和 Mamazji 等的文章报道,吸收 Si 对植物生长有好处,因为它在对抗生物和非生物胁迫方面起着重要的作用;此外,某些酶复合物中还存在 Si 促进和保护光合作用。然而,Hoecke 和同事发现,12.5 和 27.0 nm 二氧化硅纳米粒子(分别为 20.0 和 28.8 mg/L)对绿藻的毒性在 72 h 后下降了 20%。同样,在 10 和 20 nm 二氧化硅颗粒(分别为 388.1 mg/L 和 216.5 mg/L)的作用下,对绿藻的毒性在 72 和 96 h 后生长下降了 20%。此外,介孔二氧化硅纳米粒子已被证明可以穿透烟草叶肉细胞。FITC 标记的 Si 纳米粒子在水稻幼苗中的积累代表了 Si 纳米粒子在植物细胞生物标记中的应用前景。在一项研究中,Si 纳米粒子被吸收到拟南芥的根系中。根据 Nair 等的说法,植物是纳米粒子进入食物链和通过生态系统生物积累的一种潜在途径。图 4-90A 和 C 在 TEM 图像中显示,对照处理的转基因棉花和常规棉的根段是游离颗粒黏附。然而,SiO_2 纳米粒子在常规棉和转基因棉根部的吸附和聚集是明显的(图 4-90B 和 D)。在 2000 mg/L SiO_2 纳米粒子处理下,转基因棉花和常规棉花根系横断面的 TEM 图像显示,内胚层和维管柱中存在黑点(颗粒)。高倍透射电镜图像显示,在被细胞质覆盖的黑点中可以发现一个或几个纳米粒子。大部分 SiO_2 纳米粒子位于根外表皮,少数位于细胞间隙。这些结果表明,大部分 SiO_2 纳米粒子位于根表面,只有极少量的纳米粒子能够穿透根。此外,图 4-90 显示转基因棉和常规棉根部积累的 Si 含量,在 2000 mg/L SiO_2 纳米粒子处理后,转基因棉花根系中 Si 含量高于常规棉,说明转基因棉花的 SiO_2 纳米粒子比常规棉更容易渗入根系。由此可以看出,纳米 SiO_2 可以进入传统的棉花和转基因棉花的根系,对转基因棉花具有更大的潜在危害。

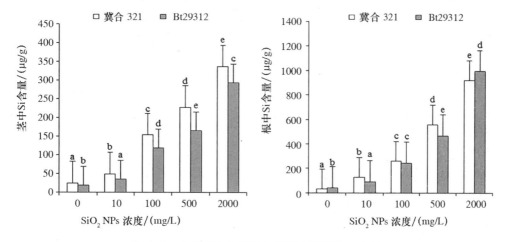

图 4-89 常规棉和转基因棉茎部和根部的 Si 含量

注:数值以平均值±标准差(SD)表示。相同品种的不同小写字母表示对照和 SiO_2 纳米粒子之间 $P<0.05$ 水平的显著差异,相同 SiO_2 纳米粒子浓度的不同小写字母表示常规和转基因棉花之间 $P<0.05$ 水平的显著差异。

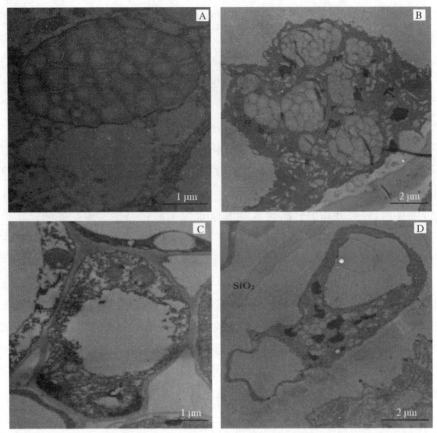

图 4-90 转基因棉(C-D)和常规棉(A-B)经 SiO₂纳米粒子处理 21 d 根系切片的 TEM 图像

注：A 和 C 是不经 SiO₂纳米粒子处理的普通棉和转基因棉的根；B 和 D 是常规棉和转基因棉经 2000 mg/L SiO₂纳米粒子处理后的根系。

4.15.3 CeO₂纳米粒子在转基因棉花的吸收、转运、分布及影响

4.15.3.1 纳米 CeO₂的表征

透射电镜测量了 CeO₂纳米粒子的 TEM 图像(图 4-91)，在实验前为(10±3.2) nm。TEM 还发现 CeO₂呈现八面体结构，容易聚集。

4.15.3.2 CeO₂纳米粒子对棉花株养分含量的影响

表 4-41 显示了 Bt 转基因棉花和常规棉花株在 CeO₂纳米粒子作用下木质部汁液中的营养浓度。CeO₂纳米粒子暴露后木质部液中 Zn、Mg、Fe 和 P 的水平 CeO₂纳米粒子处理后棉花株 Mn 含量显著降低($P<0.05$)，而 Mn 含量增加。经 CeO₂纳米粒子处理后，常规棉花株木质部液中 Zn 含量降低。随着暴露剂量的增加，对锌吸收的影响更大。然而，经 CeO₂纳米粒子处理的 Bt 转基因棉花与对照组相比，锌含量无显著性差异($P>0.05$)。Bt 转基因棉花中 Zn 含量显著低于对照组和常规棉花($P<0.05$)，尤以 500 mg/L CeO₂纳米粒子处理时最为显著($P<0.05$)。同样，Mg、Fe 和 P 经 CeO₂纳米粒子处理后，常规棉花木质部液中的浓

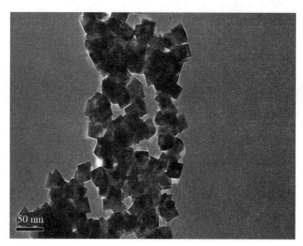

图 4-91　CeO_2 纳米粒子的透射电镜图像

度显著降低（$P<0.05$）。镁在光合作用中起着至关重要的作用；镁参与叶绿素的合成以及叶绿体的分化。经 CeO_2 纳米粒子处理后，常规棉花的 Mg 浓度显著低于对照组（$P<0.05$）（表 4-41）。

与对照组和常规棉花用 100 mg/L CeO_2 纳米粒子处理相比，转基因棉花中 Mg 含量显著降低。转基因棉花中，对照组与 CeO_2 纳米粒子处理组间差异无显著性（$P>0.05$）。同样，常规棉花中铁的含量与对照组相比有显著差异（$P<0.05$），但在转基因棉花和不同品种间，CeO_2 纳米粒子无显著影响。转基因棉花和常规棉花木质部液中 P 含量在 CeO_2 纳米粒子处理后均下降。高剂量 CeO_2 纳米粒子对常规棉花木质部液中磷含量有显著影响（$P<0.05$），而经 CeO_2 纳米粒子处理的 Bt 转基因棉花与对照组相比，P 水平无显著差异。而对照和 CeO_2 纳米粒子处理的常规棉花和 Bt 转基因棉花的 P 水平差异显著（$P<0.05$）。这些结果表明，CeO_2 基因不影响 Bt 转基因棉花木质部液中 P 的含量（表 4-41）。

常规棉花和 Bt 转基因棉花木质部液中 Cu、Ca、Mn 含量与对照无显著差异（表 4-41）。CeO_2 纳米粒子对转基因棉花木质部液中 Cu 含量的影响与常规棉花不同。转基因木质部液中铜的含量在两种 CeO_2 纳米粒子处理样品棉花均升高，但常规棉花无显著影响。Bt 转基因棉花 Cu 含量显著高于常规棉花（$P<0.05$）。这些结果表明转基因棉花对铜的吸收是对 CeO_2 纳米粒子的敏感性高于常规棉花。常规和 Bt 转基因棉花木质部液中 Ce 浓度随 CeO_2 纳米粒子浓度的增加而显著升高。未暴露于 CeO_2 纳米粒子的常规和转基因棉花植物的木质部液中发现了少量 Ce（表 4-41）。在 CeO_2 纳米粒子处理样品中，常规棉花和转基因棉花木质部液中 Ce 的浓度均显著升高，表明 CeO_2 纳米粒子可被根系吸收。通过木质部汁液运输到地上。用透射电镜（TEM）进一步证实了 Ce 在植物组织中的存在（图 4-92）。

在转基因棉花株和常规棉花株的木质部液中观察到 CeO_2 纳米粒子，表明 CeO_2 纳米粒子是通过木质部汁液从根部输送到嫩枝的。许多研究报告说，纳米粒子从根系转移到芽上。这些结果表明棉花株对 CeO_2 纳米粒子有一定的吸收作用。同样，前人的报告说，CeO_2 处理的芽中 Ce 浓度高于对照组，本研究结果表明 CeO_2 纳米粒子被转运并聚集成团簇。

表 4-41　CeO₂ 纳米粒子对棉花木质部汁液养分含量的影响

养分含量	棉花种类	CeO₂ 浓度/(mg/L)		
		0	100	500
Zn/	冀合 321	165.16±107.94ᵃ	114.99±21.22ᵇ	100.62±68.40ᶜ
(ng/mg)	Bt29312	72.16±41.61ᵃ	94.69±19.62ᵇ	59.06±28.73ᵇ
Cu/	冀合 321	30.83±3.02ᵃ	33.19±1.27ᵃ	34.29±4.98ᵃ
(ng/mg)	Bt29312	39.60±12.48ᵇᵃ	47.73±2.53ᵇ	45.94±3.60ᵇ
Ca/	冀合 321	56.66±9.71ᵃ	49.35±8.36ᵃ	36.19±9.66ᵃ
(ng/mg)	Bt29312	51.69±11.60ᵃ	44.60±9.95ᵃ	39.37±17.48ᵃ
Mg/	冀合 321	20.15±6.05ᵃ	13.28±3.01ᵃ	5.78±3.16ᵃ
(ng/mg)	Bt29312	9.03±1.42ᶜ	7.63±1.64ᶜ	6.90±2.90ᶜ
Fe/	冀合 321	1.61±0.17ᵃ	1.02±0.16ᵇ	0.78±0.49ᶜ
(ng/mg)	Bt29312	1.58±0.25ᵃᵇᶜ	1.23±0.22ᵃᵇᶜ	1.06±0.40ᵃᵇᶜ
Mn/	冀合 321	22.51±4.65ᵃ	24.62±13.20ᵃ	26.94±4.73ᵃ
(ng/mg)	Bt29312	24.15±10.91ᵃ	25.70±9.24ᵃ	27.98±3.43ᵃ
P/	冀合 321	15.79±4.36ᵃ	14.18±2.12ᵃ	7.94±1.80ᵇ
(ng/mg)	Bt29312	6.10±0.77ᶜ	4.27±0.55ᶜ	4.08±1.36ᶜ
Ce/	冀合 321	0.93±0.91ᵃ	2.15±0.38ᵇ	4.35±3.68ᶜ
(ng/mg)	Bt29312	0.42±0.07ᶜ	1.61±0.58ᵇ	3.95±3.45ᶜ

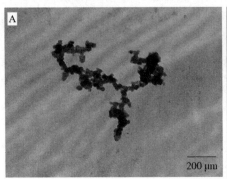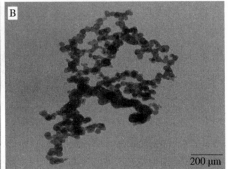

图 4-92　常规棉花(A)和转基因棉花(B)经 500 mg/L CeO₂ 纳米粒子处理后木质部液的 TEM 图像

4.15.3.3　CeO₂ 纳米粒子对棉花株酶活性和激素浓度的影响

1. CeO₂ 纳米粒子对棉花株酶活性的影响

　　无论是 Bt 转基因棉花还是常规棉花,无论是在 CeO₂ 纳米粒子处理样品还是对照样品之间,以及暴露在类似 CeO₂ 纳米粒子浓度下的品种之间,都发现根系过氧化物酶(POD)活性、叶片超氧化物歧化酶(SOD)活性和蛋白质含量差异不显著($P > 0.05$)(表 4-42)。Bt 转基因棉花在 500 mg/L CeO₂ 纳米粒子处理下叶片中 POD 活性显著高于常规棉花

（$P<0.05$）。

Bt 转基因棉花叶片和常规棉花叶片 SOD 活性在 CeO_2 纳米粒子处理组和对照组之间无显著性差异（$P>0.05$）。500 mg/L CeO_2 纳米粒子处理后，常规棉花根系 SOD 活性与对照组相比差异显著（$P<0.05$）。此外，不经 CeO_2 纳米粒子处理的 Bt 转基因棉花根的 SOD 活性显著低于常规棉花根（$P<0.05$）。然而，在 CeO_2 胁迫下，常规棉花株根系 SOD 活性与 Bt 转基因棉花无显著差异。表 4-42 显示了 CeO_2 纳米粒子对 Bt 转基因棉花和常规棉花叶片的根系中过氧化氢酶（CAT）活性的影响。经 CeO_2 处理后，常规棉花株叶片中 CAT 活性与对照组相比差异显著（$P<0.05$）。然而，100 mg/L CeO_2 纳米粒子处理的 Bt 转基因棉花样品和对照组之间的叶片和根部的 CAT 活性存在显著差异（$P<0.05$）。相比之下，对照组的常规棉花的 CAT 活性比 Bt 转基因棉花低，但明显高于 100 mg/L CeO_2 纳米粒子处理的 Bt 转基因棉花（$P<0.05$）。

在暴露于 100 mg/L CeO_2 纳米颗粒时，观察到关于根 CAT 活性的类似结果。这些结果与 Ali 先前的研究结果一致，后者研究了纳米粒子对小麦的影响。据 Zhao 等报道，在有机土壤中，400 mg/kg ZnO 纳米粒子处理的玉米植株中 CAT 活性下降。Arnab 报道了 ZnO 纳米粒子处理的豌豆 CAT 活性下降。

表 4-42　CeO_2 纳米粒子对棉花株酶活性的影响

酶活性	部位	棉花种类	CeO_2 NPs 浓度/(mg/L)		
			0	100	500
SOD/ (U/mL)	叶	冀合 321	27.72±2.03[a]	27.78±3.04[a]	22.95±5.93[a]
		Bt29312	28.43±3.94[a]	27.88±0.60[b]	25.16±4.88[a]
	根	冀合 321	51.68±7.72[a]	41.32±13.65[a]	31.41±6.10[b]
		Bt29312	28.36±7.08[c]	33.38±3.02[ca]	41.56±2.77[ab]
POD/ (U/mL)	叶	冀合 321	15.46±4.72[a]	17.67±0.89[a]	15.41±1.02[a]
		Bt29312	17.21±0.95[a]	16.76±0.60[b]	17.36±0.16[ab]
	根	冀合 321	16.09±1.77[a]	19.22±4.53[a]	13.95±0.53[a]
		Bt29312	11.36±2.50[a]	13.20±0.90[a]	13.69±1.82[a]
CAT/ (U/mL)	叶	冀合 321	36.16±32.20[a]	55.37±18.39[b]	67.72±47.84[c]
		Bt29312	75.91±30.34[c]	22.58±9.71[a]	70.49±43.41[c]
	根	冀合 321	45.14±27.54[a]	60.40±27.17[b]	42.43±19.04[a]
		Bt29312	50.08±17.08[a]	22.61±19.61[c]	40.17±11.92[a]
蛋白质/ (μg/mL)	叶	冀合 321	0.89±0.35[a]	1.13±0.26[a]	0.88±0.09[a]
		Bt29312	1.20±0.10[a]	1.06±0.14[b]	1.00±0.09[a]
	根	冀合 321	0.38±0.05[a]	0.49±0.19[a]	0.32±0.02[ab]
		Bt29312	0.28±0.03[b]	0.33±0.01[b]	0.26±0.02[b]

　　与对照组相比,常规和 Bt 转基因棉花的叶和根中的蛋白质浓度在暴露于 CeO_2 纳米粒子时没有受到影响(表 4-42)。在用 10 mg/L CeO_2 纳米粒子和对照组处理的常规和 Bt 转基因棉花样品之间注意到根蛋白质浓度的显著差异($P<0.05$)。对于对照组和暴露于 CeO_2 纳米粒子的样品,常规棉花中的根蛋白质浓度高于 Bt 转基因棉花(表 4-42)。这些结果表明,CeO_2 纳米粒子不影响常规和 Bt 转基因棉花植物的叶和根中的蛋白质浓度。这一发现与 Salama 的研究不同,该报告指出,在普通豆和玉米的蛋白质含量方面存在过多的研究。这一发现表明,不同的纳米粒子对不同植物的蛋白质含量有不同的影响。

　　2. CeO_2 纳米粒子对棉花株激素浓度的影响

表 4-43　CeO_2 纳米粒子对棉花株激素浓度的影响

激素浓度	部位	棉花种类	CeO_2 NPs 浓度/(mg/L)		
			0	100	500
IAA/ (ng/g FW)	叶	冀合 321	68.05±3.49[a]	78.20±3.90[a]	87.89±3.08[c]
		Bt29312	75.02±3.59[a]	67.87±9.57[a]	84.52±10.44[ac]
	根	冀合 321	47.53±6.90[a]	34.80±1.67[a]	42.37±2.98[a]
		Bt29312	49.62±3.44[ba]	43.52±2.63[b]	50.48±7.21[b]
ABA/ (ng/g FW)	叶	冀合 321	125.61±10.38[a]	103.38±4.88[a]	123.58±3.32[a]
		Bt29312	103.39±5.20[b]	108.11±6.46[ba]	95.87±6.57[b]
	根	冀合 321	55.86±1.42[a]	51.31±5.98[a]	48.22±3.99[a]
		Bt29312	56.06±3.42[a]	45.96±2.72[ba]	54.31±3.50[a]
t-ZR/ (ng/g FW)	叶	冀合 321	12.25±1.26[a]	11.26±0.54[b]	9.38±0.65[b]
		Bt29312	12.06±0.49[a]	11.77±0.91[b]	11.56±1.41[a]
	根	冀合 321	6.98±0.18[a]	6.88±0.27[b]	6.37±0.18[b]
		Bt29312	7.22±0.24[a]	7.07±0.28[a]	7.37±0.41[a]
GA/ (ng/g FW)	叶	冀合 321	7.29±0.43[a]	8.41±0.58[b]	8.44±0.55[a]
		Bt29312	7.50±1.10[ba]	6.11±0.28[b]	5.82±0.94[b]
	根	冀合 321	6.88±0.85[a]	5.64±0.49[b]	8.32±2.15[a]
		Bt29312	5.79±0.62[a]	7.84±1.57[a]	6.61±2.14[a]

　　表 4-43 表明 Bt 转基因棉花的叶和根中的 IAA 含量在 CeO_2 纳米粒子处理的样品和对照组之间没有显著差异。然而,常规棉花叶片中的 IAA 水平用 500 mg/L 的 CeO_2 纳米粒子处理比对照组高 1.29 倍($P<0.05$)。此外,暴露于 100 mg/L 和 500 mg/L CeO_2 纳米粒子的 Bt 转基因棉花的根部 IAA 水平分别比常规棉花高 1.25 倍和 1.19 倍($P<0.05$),Bt 转基因和常规棉花叶片中同浓度的 CeO_2 纳米粒子对 IAA 的影响不显著。与对照组相比,经 CeO_2 纳米粒子处理的常规或 Bt 转基因棉花叶片 ABA 含量无显著差异。经 100 mg/L CeO_2 纳米粒子处理后,Bt 转基因棉花根系 ABA 含量比对照组低 81.98%($P<0.05$),500 mg/L 处理无显著区别(表 4-43)。与对照组相比,Bt 转基因棉花叶片和根系中的反式玉米核苷

(t-ZR)含量不受 CeO_2 纳米粒子的影响。500 mg/L CeO_2 纳米粒子处理的常规棉花叶片和根系的反式玉米核苷含量分别比对照叶根低 76.57% 和 91.26%($P<0.05$)。此外,Bt 转基因棉花叶片和根系中 t-ZR 含量分别为 97.31% 和 86.43%($P<0.05$),与 500 mg/L CeO_2 纳米粒子处理的转基因棉花叶片和根系相比,t-ZR 含量分别为 97.31% 和 86.43%(表 4-43)。结果表明,高浓度 CeO_2 纳米粒子对常规棉花反式玉米核苷含量有影响,而 Bt 转基因棉花反式玉米核苷含量不受影响。经 CeO_2 处理的常规棉花株和 Bt 转基因的棉花株叶片和根系中赤霉素(GA)含量无显著差异($P>0.05$)(表 4-43)。经 CeO_2 纳米粒子处理后,常规棉花叶片 GA 含量显著高于 Bt 转基因棉花($P<0.05$)。此外,叶片中 IAA 和 ABA 的含量比 Bt 转基因的棉花和常规棉花的根系高出 2 倍,叶中 t-ZR 浓度是根的 1.5 倍。叶片 GA 含量与根中的含量相似。这些结果表明,在相同浓度的 CeO_2 纳米粒子处理下,叶片中激素浓度高于根系。这一结果表明,在 Bt 转基因的棉花株和常规棉花株中,CeO_2 纳米粒子对激素的影响不同,影响着不同的区域。

4.15.3.4　CeO_2 纳米粒子在棉花株中的吸收、分布以及转运

用 CeO_2 纳米粒子处理后的 Bt 转基因棉花株和常规棉花株叶片和茎中的 Ce 含量见图 4-93。叶片中 Ce 含量随剂量的增加而增加。在 100 mg/L CeO_2 纳米粒子存在下,Bt 转基因棉花叶片中 Ce 含量比常规棉花高 1.8 倍,比 Bt 转基因棉花高 12.5 倍。经 500 mg/L CeO_2 纳米粒子处理后,Bt 转基因棉花叶片中 Ce 含量显著高于常规棉花叶片。此外,500 mg/L CeO_2 纳米粒子处理的 Bt 转基因棉花中 Ce 含量分别是常规棉花和对照组的 2.1 倍和 26.4 倍。随着 CeO_2 纳米粒子浓度的增加,Bt 转基因棉花和常规棉花茎中 Ce 含量也随之增加。与常规棉花相比,用 500 mg/L CeO_2 纳米粒子处理,Bt 转基因棉花的茎中 Ce 含量大大增加。500 mg/L CeO_2 纳米粒子处理 Bt 转基因茎中的 Ce 含量为 80.15 $\mu g/g$,是相同处理常规棉花中 Ce 含量的 3.2 倍。这些结果表明,CeO_2 纳米粒子被棉花吸收并从根系输送到茎叶中。这一结果与先前关于 CeO_2 纳米粒子被从棉花根系输送到地上部的研究相一致,并且 CuO 纳米粒子通过根系进入玉米。林和兴报道了黑麦草吸收的 ZnO 纳米粒子,但很少有 ZnO 纳米粒子被运送到嫩枝上。

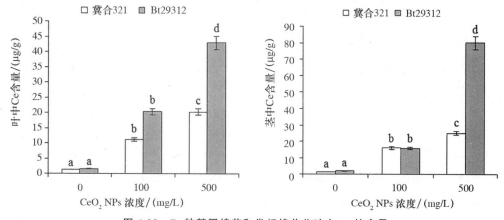

图 4-93　Bt 转基因棉花和常规棉花茎叶中 Ce 的含量

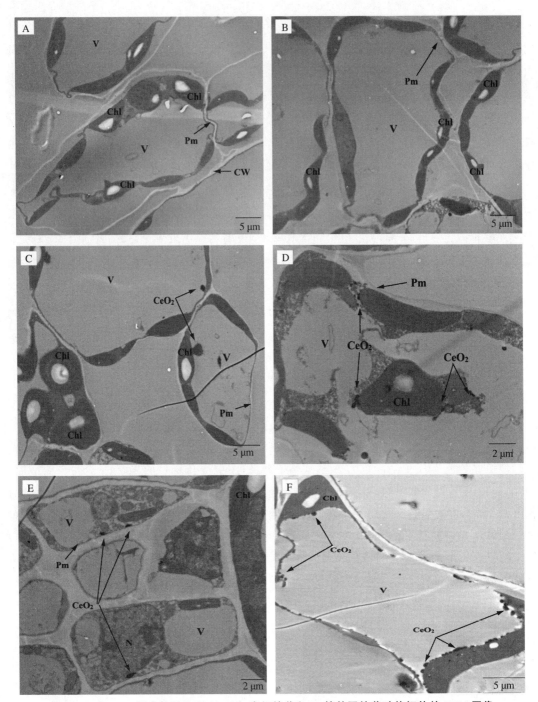

图 4-94　经 CeO_2 纳米粒子处理 14 d 后，常规棉花和 Bt 转基因棉花叶片切片的 TEM 图像

在常规和转基因棉花的叶片细胞中均观察到 CeO_2 纳米粒子，转基因棉花叶片中的 CeO_2 纳米粒子明显高于常规棉花(图 4-94)。在 100 mg/L CeO_2 纳米粒子下，大部分 CeO_2 纳米粒子分布在叶绿体周围，吸附在叶绿体外膜上的 CeO_2 纳米粒子较少。当 CeO_2 纳米粒子浓度增加到 500 mg/L 时，转基因棉花叶片叶绿体外膜吸附的 CeO_2 纳米粒子较多。此外，许多叶绿体开始膨胀,破裂,并出现畸形。相反,常规棉花叶片叶绿体变化不明显。这些观察结果与 Li 等的结论一致,Bt 转基因棉花对 CeO_2 纳米粒子的敏感性高于常规棉花。所有这些数据表明,叶绿体是叶片中最脆弱的细胞器,转基因棉花的叶绿体比常规棉花更易受伤害。

在 100 mg/L CeO_2 纳米粒子作用下,常规棉花和转基因棉花均发现了大量维管束碎片。与常规棉花维管束内壁上的 CeO_2 纳米粒子分布相比,转基因棉花的纳米粒子较少(图4-95C 和 D)。在 500 mg/L CeO_2 纳米粒子作用下,常规棉花的维管束发生变形和损伤(图 4-95E 和 F)。这些结果表明,大多数 CeO_2 纳米粒子被滞留在常规棉花的维管束中,而大部分 CeO_2 纳米粒子则被转运到转基因棉花的叶片中。

图 4-96 显示了不同处理下常规和 Bt 转基因棉花根系的 TEM 图像。Bt 转基因棉花和常规棉花对 CeO_2 纳米粒子在根系细胞中的吸附和 CeO_2 纳米粒子在根系表面的聚集作用都是显著的。在 Jose 等的研究中,对同步辐射微聚焦 X 射线荧光(μ-XRF)和微 X 射线吸收近边缘结构(μ-XANES)进行了分析,以确定大豆组织中的 CeO_2 纳米粒子的存在。用 X 射线吸收光谱法(XAS)研究了苜蓿、玉米、黄瓜和番茄对 CeO_2 纳米粒子的吸收。

4.15.4 CuO 纳米粒子在 Bt 转基因棉花中的吸收、转运、分布及影响

4.15.4.1 CuO 纳米粒子的表征

透射电子显微镜(TEM)图像的合成 CuO 纳米颗粒如图 4-97 所示。纳米粒子分散良好,平均粒径为(30±10) nm,与厂家提供的值相当。它们还显示出 0.416 mV zeta 电位和 388.2 nm zeta 平均直径。显微照片还表明,CuO 纳米粒子的形状是球形的。

4.15.4.2 CuO 纳米粒子对棉花生长的影响

图 4-98 显示,随着 CuO 纳米粒子暴露剂量的增加,CuO 纳米粒子对传统棉花和转基因棉花的生长都有影响,这取决于棉花的高度、根长、根毛数和生物量。10 mg/L CuO 纳米粒子处理的常规棉花和转基因棉花的 4 种生长参数与对照组相比均无显著性差异($P>0.05$)。当 CuO 纳米粒子浓度达到 200 mg/L 时,常规棉花的茎高、根长和根毛分别比对照降低 21.9%、53.1% 和 33.9%(图 4-98A-C)。转基因棉花经 200 mg/L CuO 纳米粒子处理后,除根数有显著下降外,其余均未见显著下降。转基因棉花与常规棉花差异不显著。在 1000 mg/L CuO 纳米粒子浓度下,两种植物的生长受到严重抑制。在这两种植物类型中,根长和根毛减少了 50% 以上。1000 mg/L 处理对芽高的抑制作用,常规棉花和转基因棉花分别为 30.5% 和 26.4%,这表明 CuO 纳米粒子对植物地上部分的毒性相对较小。这些结果与先前的一项研究是一致的,在其研究中,2000 mg/L CuO 对大豆幼苗的根系(100%)和地上部(100%)的生长有显著的抑制作用,显著降低了木豆幼苗根部(78%)和地上部(100%)的生长。较高剂量下棉花枝条和根系生长的下降可能与 CuO 纳米粒子的毒性有关。这些结果表明,传统棉花纤维和转基因棉花纤维在有限的范围内对添加的纳米粒子有反应,超过这一范围,就会达到毒性生长放缓的水平。

干生物量是评价两种棉花品种 CuO 纳米粒子毒性的重要指标。地上部和根的生物量

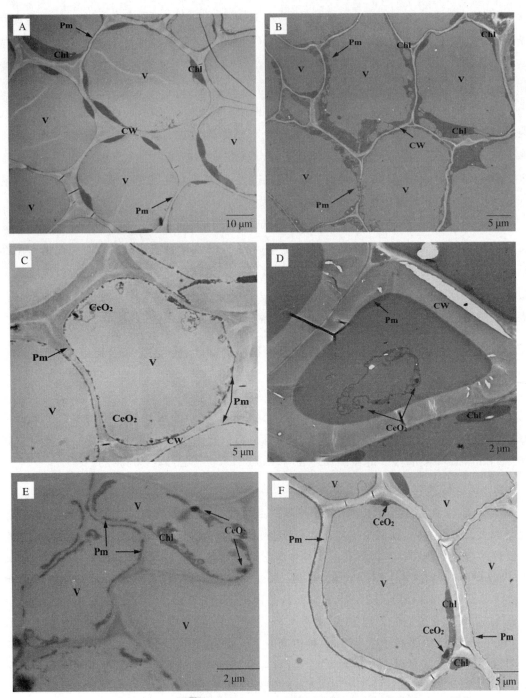

图 4-95　常规棉花和 Bt 转基因棉花经 CeO₂ 纳米粒子处理 14 d 后茎段的 TEM 图像

如图 4-98D 和 E 所示,与茎高和根长相似,低浓度的 CuO 纳米粒子对地上部和根系生物量无影响。但是 200 mg/L CuO 纳米粒子处理可降低生物量。200 mg/L CuO 纳米粒子处理的常规棉花和转基因棉花的地上部生物量分别下降了 24.5% 和 35.1%。与地上部生物量相比,CuO 纳米粒子对两种棉花品种的根系生长都有较大的毒害作用。常规棉花和转基因

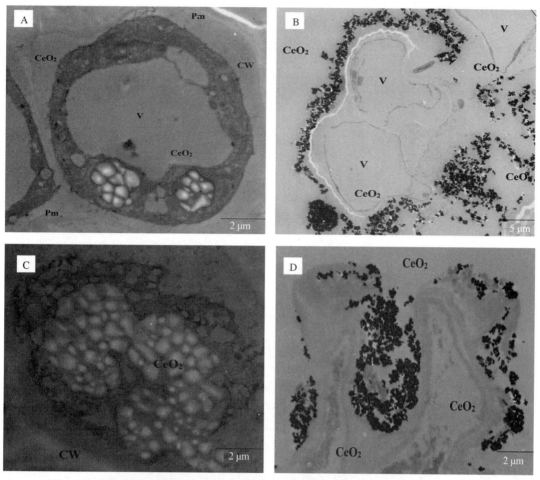

图 4-96 常规棉花和 **Bt** 转基因棉花经 CeO₂ 纳米粒子处理 14 d 后根系切片的 TEM 图像

图 4-97 CuO 纳米粒子的透射电镜(TEM)图像

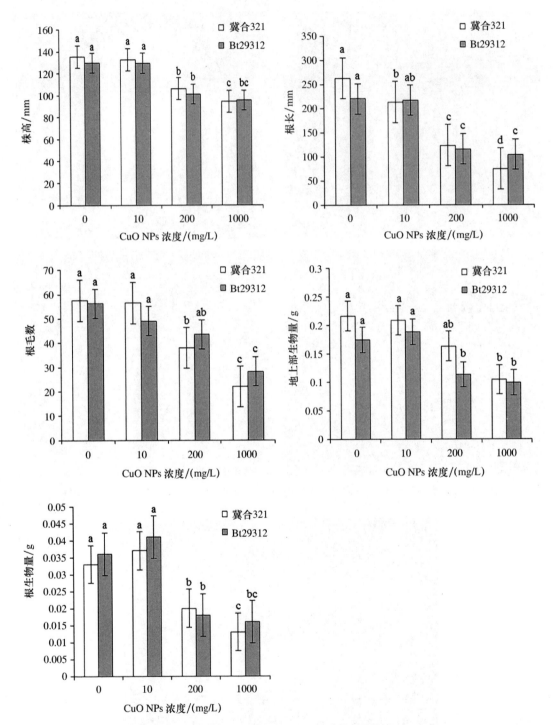

图 4-98　CuO 纳米粒子对常规和转基因棉花株高(A)、根长(B)、根毛数(C)、地上部生物量(D)和根生物量(E)的影响

棉花的根系生物量分别下降了 39.4% 和 50%。虽然 CuO 纳米粒子可能对转基因棉花的生物量造成更大的损害,但对于任何一种 CuO 纳米粒子处理,常规棉花和转基因棉花之间并没有显著性差异。根据 Tapan 等的研究,与对照相比,2000 mg/L CuO 纳米粒子使大豆幼苗地上部生物量下降 100%,根系生物量下降 100%。在 Le 等的一项研究中,常规棉花和转基因棉花的生物量随着 SiO$_2$ 纳米粒子浓度的增加而降低,在 2000 mg/L 时最小。在一定浓度下生物量的增加表明了常规和转基因棉花生长的最佳剂量限制,超过这个浓度的生物量的下降表明 CuO 纳米粒子的毒性效应。

4.15.4.3　CuO 纳米粒子对棉花株养分含量的影响

10 mg/L 和 200 mg/L CuO 纳米粒子对常规棉花和转基因棉花地上部铁含量均无影响。随着 CuO 浓度增加到 1000 mg/L,转基因棉花 Fe 含量显著降低($P<0.05$),而常规棉花 Fe 含量增加。CuO 纳米粒子处理的转基因棉花对 Zn 的吸收存在显著差异($P<0.05$)。地上部锌含量在 10 mg/L CuO 纳米粒子处理组增加,随着 CuO 纳米粒子剂量增加到 200 mg/L 和 1000 mg/L,与对照组相比 Zn 含量下降(表 4-44)。在 10 和 200 mg/L CuO 纳米粒子处理下,转基因棉花的铁含量显著高于常规棉花($P<0.05$),但 1000 mg/L 纳米粒子处理较低。转基因棉花与常规棉花接触 CuO 纳米粒子后锌含量也有相似的结果。另外,低浓度 CuO 纳米粒子(10 mg/L)对常规棉花和转基因棉花地上部 Mg、Ca、K、Mn、Mo、B 或 P 含量没影响。这些养分的含量随着 CuO 纳米粒子浓度的增加而增加,直至 1000 mg/L。然而,与对照组相比,经 CuO 纳米粒子处理的常规棉花和转基因棉花的 Na 含量差异不显著。此外,经 CuO 纳米粒子处理后,转基因棉花中大部分养分含量与常规棉花差异不显著。

从表 4-45 中可以清楚地看出,CuO 纳米粒子对常规棉花和转基因棉花根系养分含量的影响不同。CuO 纳米粒子处理对 Ca、B 含量无显著影响,常规处理和转基因棉花中 Fe 含量均显著高于对照组($P<0.05$)。转基因棉花中 Zn、Mg、K、Mn 含量与对照组相比差异极显著($P<0.05$)。转基因棉花中 Zn、Mg、K 含量随 CuO 纳米粒子浓度的增加而显著降低($P<0.05$),而 Mn 含量则显著升高($P<0.05$)。在常规棉花上,10 和 200 mg/L 处理对 K 含量有影响,1000 mg/L 处理对 Mn 含量有影响,而纳米粒子对根部的 Zn、Mg 的含量无影响。与对照组相比,随着 CuO 纳米粒子暴露剂量的增加,常规棉花的 Na 含量显著增加($P<0.05$),而 1000 mg/L CuO 纳米粒子处理的转基因棉花中 Na 含量较高($P<0.05$)。高浓度 CuO 纳米粒子(1000 mg/L)处理的转基因棉花根系中 Fe、Na 和 Mo 含量差异显著($P<0.05$)。在 1000 mg/L 处理时,与常规棉花相比,CuO 纳米粒子对钙、锰、钼、磷的吸收无明显影响(表 4-45)这些结果表明,CuO 纳米粒子暴露对棉花不同养分的吸收有不同程度的影响,在不同 CuO 纳米粒子处理下转基因棉花与常规棉花对养分的吸收存在差异。

表 4-44　CuO 纳米粒子对棉花地上部养分含量的影响

地上部养分含量	棉花种类	CuO NPs 浓度/(mg/L)			
		0	10	100	1000
Fe/(μg/g)	冀合 321	146.30 ± 36.15^a	131.52 ± 7.30^a	127.94 ± 6.76^a	193.35 ± 61.93^b
	Bt-29317	150.30 ± 36.59^{ba}	161.36 ± 13.72^b	156.44 ± 47.29^b	118.15 ± 8.28^c
Zn/(μg/g)	冀合 321	35.04 ± 2.31^a	38.90 ± 3.30^a	34.05 ± 2.70^a	30.87 ± 1.70^a
	Bt29317	35.96 ± 4.17^a	44.32 ± 5.33^b	26.54 ± 1.56^c	22.47 ± 0.70^c
Mg/(μg/g)	冀合 321	7358.64 ± 298.60^a	7412.31 ± 234.30^a	6111.21 ± 923.67^b	5155.97 ± 211.26^c
	Bt29317	8215.22 ± 350.25^d	8193.30 ± 291.38^d	5553.17 ± 137.85^c	4822.46 ± 254.21^{bc}
Ca/(μg/g)	冀合 321	31586.60 ± 1814.80^a	30727.23 ± 2536.31^a	20386.86 ± 5584.93^b	11325.86 ± 517.48^c
	Bt29317	33295.98 ± 4416.88^a	32168.58 ± 2919.96^a	14988.97 ± 748.26^d	10430.21 ± 825.85^c
K/(μg/g)	冀合 321	40418.88 ± 1321.59^a	40847.44 ± 1179.42^a	30123.86 ± 2946.33^b	27038.46 ± 1281.27^b
	Bt29317	44378.86 ± 3253.70^a	46748.53 ± 5490.17^a	29546.64 ± 2840.51^b	25206.58 ± 3472.33^b
Na/(μg/g)	冀合 321	517.64 ± 32.49^a	512.90 ± 66.26^a	448.84 ± 95.97^a	464.49 ± 44.43^a
	Bt29317	361.98 ± 43.65^b	345.51 ± 28.87^b	399.12 ± 16.97^{ba}	470.31 ± 125.24^{ba}
Mn/(μg/g)	冀合 321	31.48 ± 0.62^a	31.70 ± 1.16^a	19.25 ± 3.20^b	18.25 ± 2.48^b
	Bt29317	32.67 ± 5.12^a	31.21 ± 2.37^a	17.55 ± 2.33^b	14.28 ± 0.80^b
Mo/(μg/g)	冀合 321	2.43 ± 0.08^a	2.33 ± 0.09^a	0.89 ± 0.15^b	0.54 ± 0.02^b
	Bt29317	33.49 ± 1.52^a	34.64 ± 1.11^a	26.62 ± 2.60^{ab}	23.28 ± 1.06^b
B/(μg/g)	冀合 321	33.49 ± 1.52^a	34.64 ± 1.11^a	26.62 ± 2.60^{ab}	23.28 ± 1.06^b
	Bt29317	36.87 ± 2.50^a	36.38 ± 1.49^a	28.93 ± 2.22^b	24.29 ± 1.16^b
P/(μg/g)	冀合 321	12747.90 ± 305.28^a	12147.31 ± 645.21^a	7091.92 ± 854.11^b	6728.10 ± 440.52^b
	Bt29317	15406.81 ± 2121.17^c	14753.81 ± 782.77^c	7094.84 ± 150.95^b	5768.90 ± 416.66^b

表 4-45　CuO 纳米粒子对棉花根系养分含量的影响

根系养分含量	棉花种类	CuO NPs 浓度/(mg/L)			
		0	10	100	1000
Fe/(µg/g)	冀合 321	3582.50±426.78[a]	3334.31±250.04[a]	4327.09±499.11[a]	8805.90±105.13[b]
	Bt29317	2410.15±621.46[a]	3279.03±642.66[a]	5797.62±279.29[c]	6520.88±124.27[c]
Zn/(µg/g)	冀合 321	89.88±7.56[a]	104.13±4.75[a]	94.48±4.93[a]	85.55±0.35[a]
	Bt29317	118.82±10.62[b]	149.64±9.27[c]	85.72±2.20[d]	72.87±1.92[c]
Mg/(µg/g)	冀合 321	2890.21±313.90[a]	3263.31±192.30[a]	2670.02±20.77[a]	3061.23±200.90[a]
	Bt29317	3362.38±133.88[b]	3320.05±126.84[ba]	2628.25±20.28[ca]	2621.53±145.84[c]
Ca/(µg/g)	冀合 321	13757.47±1862.82[a]	11828.79±2806.28[a]	11541.55±1103.94[a]	8669.80±1022.86[b]
	Bt29317	10002.84±2501.15[b]	11093.86±3011.30[ba]	8568.77±1139.29[b]	9179.97±137.39[b]
K/(µg/g)	冀合 321	23419.51±2788.06[a]	41158.80±13299.69[b]	41017.50±9203.42[b]	26948.87±162.11[a]
	Bt29317	38972.39±8752.56[b]	31643.16±3100.96[c]	22882.99±2715.62[d]	18316.39±2712.22[d]
Na/(µg/g)	冀合 321	1035.57±129.12[a]	1295.72±243.63[b]	1562.54±175.72[c]	1731.86±97.55[c]
	Bt29317	1157.17±70.68[a]	1282.17±185.95[ab]	128.46±175.71[a]	1523.99±54.20[d]
Mn/(µg/g)	冀合 321	60.05±4.79[a]	53.87±6.23[a]	54.77±1.48[a]	83.45±4.14[b]
	Bt29317	38.13±9.37[c]	53.78±10.08[a]	70.03±8.65[b]	79.99±7.89[b]
Mo/(µg/g)	冀合 321	8.07±0.76[a]	9.41±0.64[a]	15.63±1.34[b]	11.99±1.29[a]
	Bt29317	14.23±1.71[b]	18.21±2.56[b]	14.84±1.46[b]	14.51±0.03[b]
B/(µg/g)	冀合 321	20.39±0.89[a]	19.84±0.69[a]	19.35±1.47[a]	17.95±0.46[a]
	Bt29317	21.32±0.95[a]	24.13±5.74[a]	21.90±1.92[a]	17.38±0.24[a]
P/(µg/g)	冀合 321	6934.52±388.29[a]	8434.72±340.55[b]	7569.66±437.89[a]	5487.77±486.49[c]
	Bt29317	8915.72±720.58[c]	9171.62±226.88[c]	7569.81±533.79[a]	4817.89±203.31[c]

4.15.4.4　CuO 纳米粒子对棉花株激素浓度的影响

表 4-46　CuO 纳米粒子对棉花叶片激素浓度的影响

叶中激素浓度	棉花种类	CuO NPs 浓度/(mg/L)			
		0	10	200	1000
IAA/ (ng/g 鲜重)	冀合 321	70.11 ± 0.54^a	72.58 ± 0.37^b	71.31 ± 0.54^{ab}	80.00 ± 1.32^c
	Bt29317	76.88 ± 0.49^b	95.61 ± 1.09^a	91.53 ± 0.58^c	72.58 ± 0.37^d
ABA/ (ng/g 鲜重)	冀合 321	100.16 ± 0.72^a	64.90 ± 0.47^b	165.02 ± 1.01^c	181.87 ± 2.11^d
	Bt29317	90.99 ± 1.11^b	98.21 ± 0.64^c	171.64 ± 0.30^a	174.24 ± 0.97^a
GA/ (ng/g 鲜重)	冀合 321	7.54 ± 0.10^a	5.97 ± 0.05^b	5.18 ± 0.05^c	8.79 ± 0.17^d
	Bt29317	5.43 ± 0.07^c	5.38 ± 0.04^c	6.11 ± 0.05^b	5.60 ± 0.03^c
ZR/ (ng/g 鲜重)	冀合 321	10.12 ± 0.10^a	9.47 ± 0.07^b	9.35 ± 0.08^b	10.38 ± 0.09^a
	Bt29317	9.80 ± 0.09^d	9.21 ± 0.04^c	10.79 ± 0.07^a	10.24 ± 0.19^{da}

表 4-46 显示 CuO 纳米粒子对常规棉花和转基因棉花激素的产生都有影响。在棉花叶片中,随着 CuO 纳米粒子的增加,常规棉花中 IAA 的含量增加。与对照相比,10 和 200 mg/L CuO 纳米粒子处理的转基因棉花 IAA 水平分别提高了 24.4% 和 19.1%。两种棉花品种 ABA 含量的测定结果一致。在 1000 mg/L CuO 纳米粒子处理时,常规棉花和转基因棉花分别提高了地上部 ABA 含量,为 81.6% 和 91.5%。虽然这两种棉花中赤霉素(GA)的含量都受到 CuO 纳米粒子的影响,转基因棉花 GA 水平在 1000 mg/L CuO 纳米粒子和 200 mg/L CuO 纳米粒子处理水平时升高。常规棉花中玉米素核苷(ZR)含量无显著差异,但 10 和 200 mg/L CuO 纳米粒子处理略有下降。而在 200 mg/L CuO 纳米粒子转基因棉花中,ZR 水平显著高于对照组。同样,10、200 和 1000 mg/L CuO 纳米粒子处理的转基因根中 IAA 含量分别是对照组的 1.17 倍、1.52 倍和 1.12 倍。不同类型棉花的所有 CuO 纳米粒子处理 ABA 浓度均提高,而在 200 mg/L CuO 纳米粒子下,两种棉花品种的 GA 含量仅增加了 200 ng/g 鲜重。常规棉花经 CuO 纳米粒子处理后,ZR 水平较低,而转基因棉花 ZR 水平较高 (表 4-47)。

表 4-47　CuO 纳米粒子对棉花根系激素浓度的影响

根系激素浓度	棉花种类	CuO NPs 浓度/(mg/L)			
		0	10	200	1000
IAA/ (ng/g 鲜重)	冀合 321	70.23 ± 0.18^a	66.20 ± 0.54^B	63.84 ± 0.49^c	43.66 ± 0.37^d
	Bt29312	41.80 ± 0.32^b	48.84 ± 0.96^a	63.45 ± 0.32^c	46.76 ± 0.60^a
ABA/ (ng/g 鲜重)	冀合 321	69.41 ± 0.46^a	50.55 ± 0.46^b	66.27 ± 0.70^c	80.70 ± 0.47^d
	Bt29312	48.83 ± 0.38^d	65.51 ± 0.23^c	79.58 ± 0.44^b	60.70 ± 0.40^a
GA/ (ng/g 鲜重)	冀合 321	4.27 ± 0.08^a	4.68 ± 0.05^b	5.26 ± 0.10^c	4.07 ± 0.06^a
	Bt29312	10.60 ± 0.15^c	5.07 ± 0.07^a	11.86 ± 0.27^b	4.28 ± 0.30^a
ZR/ (ng/g 鲜重)	冀合 321	10.08 ± 0.07^a	8.77 ± 0.09^b	7.39 ± 0.06^c	7.12 ± 0.04^d
	Bt29312	7.03 ± 0.04^d	8.46 ± 0.12^a	8.39 ± 0.07^a	8.31 ± 0.02^a

4.15.4.5 CuO 纳米粒子在棉花株中的吸收与分布

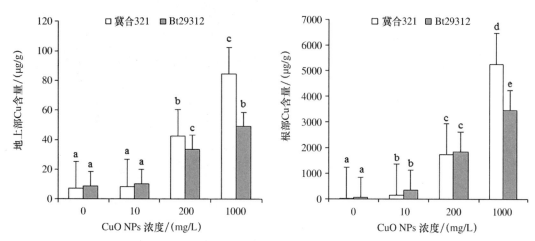

图 4-99 Bt 转基因棉花和常规棉花茎叶中 Cu 的含量

图 4-99 显示了常规棉花和转基因棉花地上部和根部的铜含量。在这两种棉花的地上部分,铜含量随着暴露剂量的增加而增加。与对照组相比,除 10 mg/L CuO 纳米粒子处理棉花外,随暴露剂量的增加,Cu 含量增加。有趣的是,与转基因棉花相比,常规棉花能更多地从根部向地上部转运 Cu。在 200 mg/L CuO 纳米粒子浓度和 1000 mg/L CuO 纳米粒子浓度下,常规棉花地上部铜含量显著高于转基因棉花。1000 mg/L CuO 纳米粒子处理棉花根系中铜的吸收量明显高于转基因棉花。此外,随着暴露剂量的增加,两种植物根系中 Cu 的含量也随之增加。结果表明,无论棉花类型如何,Cu 都能被棉花吸收并迁移到棉花地上部。他人的研究结果与本研究发现是一致的。Li 等报道了 CeO₂ 纳米粒子在棉花中的吸收和转运。在另一项研究中,玉米通过根系吸收 CuO 纳米粒子。Nguyen 认为,在含铜土壤中生长时,芥菜对 Cu 有吸收和积累作用。本系列研究表明,在纳米粒子处理的棉花地上部,SiO₂ 纳米粒子可以通过木质部途径积累。此外,Nguyen 等还报道了西班牙针叶、报春花、柳树和菠菜对铜的吸收情况。Nair 等表明植物是纳米粒子在食物链和其他生态系统中生物积累的潜在途径。图 4-100 显示了 1000 mg/L CuO 纳米粒子处理的常规和转基因棉花叶片和根系的透射电镜图像。CuO 纳米粒子聚集在常规棉花叶片的表皮上,而通过细胞内吞作用进入转基因棉花叶片的细胞(图 4-100A 和 C)。CuO 纳米粒子及其团聚体在根系表面的吸附显著(图 4-100B 和 D)。大部分 CuO 纳米粒子聚集在根部外表皮,少数位于细胞间隙。这与 Zhang 等先前的研究是一致的,结果表明,大多数纳米粒子位于根表面,只有极少量的纳米粒子能穿透根系。此外,在 1000 mg/L CuO 纳米粒子浓度下,转基因棉花根系中 CuO 纳米粒子明显高于常规棉花根。据 Li 等报道,转基因棉花比常规棉花对 CeO₂ 纳米粒子更加敏感。这些结果表明,CuO 的纳米粒子对转基因棉花的潜在危害比传统的棉花要大。

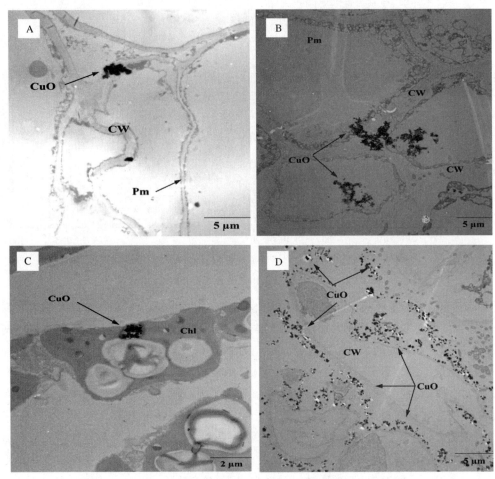

图 4-100　常规棉花(A-B)和转 Bt-基因(C-D)棉花经 CuO 纳米粒子
处理 10 d 后叶片和根系切片的 TEM 图像

第5章　纳米材料对微生物的毒理学效应

5.1　纳米 CeO_2 和 Ce^{3+} 离子对土壤细菌群落的影响

5.1.1　引言

在本实验中,黄瓜($Cucumis\ sativus$ L.)作为模式植物。黄瓜植株土培实验中,分别设置 1000 mg/kg 纳米 CeO_2 组和 Ce^{3+} 离子暴露组定义为根际土,模拟高剂量的纳米材料释放到自然环境中的情形。施加相同材料且无黄瓜的组定义为非根际土。经过 21 d 的暴露实验,测定根际土与非根际土中细菌群落,探究两种外源物质对土壤微生物群落结构的影响。采用高通量测序,以评估土壤细菌群落的组成及多样性。本研究的目的是综合考察广泛使用的纳米材料和离子处理组对土壤细菌结构的影响,探究纳米材料毒性来源,并对根际在此过程中所发挥的作用进行初步探索。

5.1.2　材料与方法

5.1.2.1　土壤准备

土壤为中国农业大学上庄实验站玉米-小麦轮作的农耕土。为了使空间变异性最小化,随机收集 10 个 2 kg 土壤样品并混合以形成一个复合样品。除去可见的岩石、根和新鲜的枯枝落叶后,收集上层土壤(0~20 cm),放入密封的无菌自封袋中,并在冰上运输至实验室。待完全风干后,使土壤通过 2 mm 的筛子,留在筛上的土块再倒在牛皮纸上重新研磨。如此步骤重复多次,直到土壤全部通过为止。石砾切勿压碎且不要抛弃或遗漏。筛子上的石砾拣出称重并保存,在石砾称重计算时用。同时筛的土样需要进行称重,并计算石砾质量分数。风干土在 4℃ 冰箱中保存备用。

5.1.2.2　CeO_2 NPs 合成

称取 0.4 g NaOH 于烧杯中,加入 128 mL 二次水置于磁力搅拌器上搅拌,再称取 1.736 g $Ce(NO_3)_3 \cdot 6H_2O$ 倒入,室温搅拌 48 h。静置过夜。弃上清液,转速为 10000 r/min 的条件下离心 15 min;弃上清,加入二次水离心,超声 10 min 使其均匀分散,10800 r/min,重复上述过程分别离心 30、40、50 min。

5.1.2.3 CeO₂ NPs 悬浮液的配制

编号 10 个 500 μL 离心管,称量质量并记录,此时重量记为 W_1。将制备好的 CeO₂ NPs 母液超声 10 min,分别吸取 200 μL 加到已编号的离心管中,置于烘箱中 60℃条件下烘干至恒重,称量离心管重量,记为 W_2。$C_{母液浓度}=(W_2-W_1)/200$ mg/kg。根据得到的母液浓度与目标浓度之间的关系,取得一定量的 CeO₂ NPs,加入二次水,超声分散喷洒到土壤中,使土壤中铈含量为 1000 mg/kg。同时,根据以前关于含金属纳米颗粒释放的金属离子生物有效性更强、毒性更大的研究结果,将金属盐的浓度定为纳米材料中铈元素含量的 10%。本实验中选择使用 CeCl₃,实验用浓度为 216 mg/kg。

5.1.2.4 植物培养和实验处理

实验中所用植物为黄瓜(*Cucumis sativus* L.),品种为中农 16 号,选育单位为中国农业科学院蔬菜花卉研究所,购于中国农业科学研究院。种子萌发前先用自来水浮选去掉瘪粒,将新买的次氯酸钠溶液与去离子水按比例 1:10 进行稀释,种子在用次氯酸钠稀释后的溶液中浸泡 15 min 左右,种子浸泡后用去离子水洗涤约 10 次,直到闻不到次氯酸的味道为止。圆形滤纸是用大张滤纸剪成适合的尺寸,一个培养皿底部放置一张滤纸,均匀地将浸泡好的种子摆放在滤纸上,之后用封口膜将培养皿封住以避免水分蒸发,在人工气候箱中进行培养观察。气候箱条件设置为:温度 25℃,湿度 50%,无光照。萌发 3~4 d。将萌发好的种子按照尺寸大小分成 5 组,均匀分到每组处理。称取 60 g 添加材料的土壤加入聚乙烯塑料穴盘中(盆的尺寸是直径 12 cm,高 10.8 cm),将分好的植物移栽到穴盘中,此穴盘中土壤视作根际土,另一半没有植入植物的土壤为非根际土,没有加材料的穴盘作为对照组。移植当天称为暴露实验的第 0 天。根据蒸发情况,每天浇灌一定体积的 Hoagland 溶液。在 16 h 光照[光强为 1.76×10^4 μmol/(m²·s)],25℃/18℃昼夜温度和湿度 50%日照/70%夜间培养 21 d。

5.1.2.5 土壤收集

在暴露 21 d 后,一天内收集植物和土壤,以测量纳米 CeO₂ 对非根际土和根际中细菌群落的影响。对于植株处理,人工去除根表土壤,然后通过过筛收集作为根际土壤。土壤在 -80℃保存,以表征 DNA 提取后的土壤中细菌群落结构及多样性变化。

5.1.2.6 测定项目与方法

1. CeO₂ NPs 的表征

(1)形貌和粒径

从母液吸取少量的纳米 CeO₂ 用二次水稀释,超声分散 15 min 后,取一滴(大约 20 μL)滴加在普通碳支撑的铜网上,待自然风干后用 TEM 进行观察,拍照。用 Gatan Digital Micrograph 3.7 软件分析纳米颗粒,得到粒径大小,并可获得高分辨 TEM 照片,得到纳米颗粒的晶格结构。

(2)晶体结构

在纳米材料的性能中,物相结构和晶体结构都会发挥非常重要的作用。实验中我们使用 X 射线衍射法(X-ray diffraction,XRD)合成的 CeO₂ 的物相结构进行测定。取少量纳米 CeO₂ 粉末均匀地平铺在具有特定圆形凹槽的样品框检测板上,用小抹刀和载玻片把粉末压紧、压实成一薄平面,放入 X 射线粉末衍射仪中进行测量,θ角测量的范围设置为 $20°\sim90°$。对比标准 PDF 卡片便可得到样品信息。

2. 土壤基因组 DNA 提取

土壤基因组 DNA 提取试剂盒(DP336)购于天根生化科技(北京)有限公司,并按照说明书步骤进行测定。

3. DNA 浓度及纯度检测

提取的基因组 DNA 片段的大小受样品保存时间、操作过程中的剪切力等各因素影响。可用琼脂糖凝胶电泳和紫外分光光度计对回收得到的 DNA 片段检测浓度与纯度。

在 OD 为 260 nm 时 DNA 表现出显著吸收峰,OD_{260} 值为 1 相当于大约 50 $\mu g/mL$ 双链 DNA、40 $\mu g/mL$ 单链 DNA。OD_{260}/OD_{280} 比值应为 $1.7\sim1.9$,如果洗脱时不使用洗脱缓冲液,而使用 ddH_2O,比值会偏低,因为 pH 和离子的存在会影响光吸收值,但并不表示纯度低。

4. PCR 扩增

按指定测序区域,合成带有 Barcode 的特异引物对样本的 16S rDNA V4 区域进行扩增。
Primer $5'\rightarrow3'$:515F(5'-GTGCCAGCMGCCGCGGTAA-3') ;
806R(5'-GGACTACHVGGGTWTCTAAT-3')。
PCR 采用 KOD-401B:TOYOBO KOD-Plus-Neo DNA Polymerase。
PCR 仪:AppliedBiosystems® Gene Amp® PCR System 9700。

每个样本设置 3 个重复,每个 PCR 反应终止于线性扩增期,用 1.5% 琼脂糖凝胶电泳同一样本的 PCR 产物混合物进行检测,使用 QIAquick 凝胶回收试剂盒(QIAGEN 公司)切胶回收 PCR 产物,TE 缓冲液洗脱回收目标 DNA 片段;使用 2% 琼脂糖电泳检测,检测条件 5 V/cm,20 min。

待测样本定量、文库构建、MiSeq 测序、生物信息分析及统计分析均由北京理化分析测试中心完成。

5.1.3 实验结果

5.1.3.1 纳米 CeO_2 的表征

图 5-1 显示了利用水热法合成 CeO_2 在 50 nm 和 5 nm 单位尺寸下 TEM 的照片,从 TEM 图中可以看出,纳米 CeO_2 的形貌为正八面体结构,粒径较为均一,粒径大小范围是 $3\sim5$ nm。通过 X 射线衍射分析表征合成的纳米二氧化铈的物相结构,结果如图 5-2 所示。

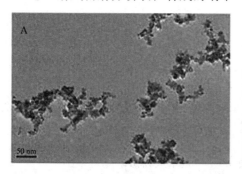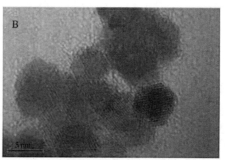

图 5-1 CeO_2 NPs 在 50 nm(A)和 5 nm(B)单位尺寸下透射电镜图

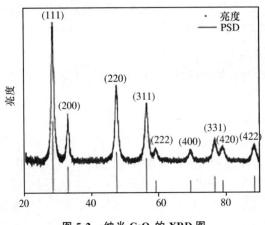

图 5-2   纳米 CeO₂ 的 XRD 图

将合成的 CeO₂ NPs 的 XRD 结果与标准 PDF 卡片上的衍射峰进行对比,经查阅对比所得到的产物纳米 CeO₂ 的表征物是立方萤石结构,且所得产物为单一晶态,晶型相对比较完整,属于立方晶系。

5.1.3.2   主成分分析

主成分分析(principal component analysis,PCA)是一种通过将数据降维来进行分析的多元统计方法。主要是通过对多个变量进行线性变换进而找出关键变量,以达到将复杂数据降维简化的目的,同时最大程度地保持原有数据的信息,从而揭示出数据背后最主要的结构和趋势。基于 PCA 的结果,提取出能最大化反应样品间差异趋势的几个坐标轴,然后通过作图可将多维数据的差异呈现在二维或三维坐标图上。样品组成越相似,它们在图中的距离也会越近。当存在响应变量时主成分分析可以与回归结合起来使用,这种方法叫作主成分回归,主要的操作是降维、构建回归模型、映射回原自变量。

PCA 分析表明,受纳米 CeO₂ 和 Ce³⁺ 离子污染的土壤中的微生物群落与对照组分离(PC1 总变异 23.1%)。此外,用纳米 CeO₂、Ce³⁺ 离子和对照在土壤群体中处理的土壤微生物群落与根际群落中的处理(PC2 总变异 21.1%)分开(图 5-3)。聚类结果的这种差异表明不同的处理组中存在不同的优势种。土壤微生物群落结构的这种转变也表明纳米 CeO₂,Ce³⁺ 离子和/或植物可能影响土壤微生物群体。

5.1.3.3   维恩图

维恩图,又叫文氏图(Venn diagram),主要是用封闭的曲线和固定的交叉环来表示集合及其他关系。在操作分类单元(OTU)分析中,维恩图用来表示多个组样品中 OTU 独有和共有情况。图中括号内的百分比数据为相对应的 OTU 在总的 OTU 中所占到的序列百分比,总的 OTU 指的是维恩图中的总 OTU。图 5-4 表示的是纳米 CeO₂ 材料和 Ce³⁺ 离子对黄瓜根际和非根际土壤环境中细菌种群结果的变化的维恩图,非根际环境与根际土环境群落结构产生了明显变化。在对照、纳米 CeO₂ 和 Ce³⁺ 离子处理土壤样品中,分别有 183、152 和 189 个 OTU,并且由于黄瓜根的存在,根际土壤比非根际土壤拥有更多的 OTU。与对照相比,暴露于纳米 CeO₂ 约 40 个 OTU 下降,而根际中的 Ce³⁺ 离子样品中有 45 个 OTU 增加。

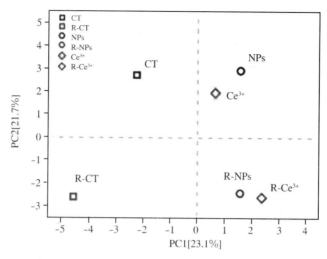

图 5-3 根际与非根际土中纳米 CeO_2、Ce^{3+} 离子处理组和对照组土壤的 PCA 分析

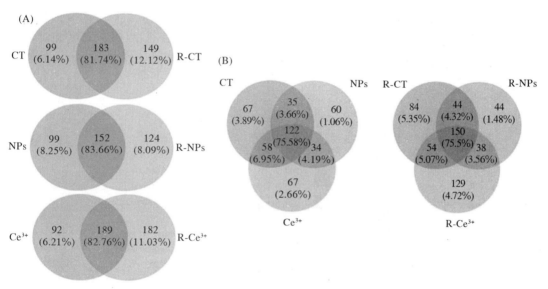

图 5-4 从测序数据获得的对照组和处理组 OTUs 的分析结果。A 表示同一处理,根际土与非根际土之间的区别;B 为 3 种不同处理分别在根际土、非根际土中的区别

5.1.3.4 群落组成分析

根据分类学分析结果,可以比较一个或多个样本在各个分类水平上的分类学情况。在结果中,可以看到两种类型的信息:一是样品中主要包括什么微生物;二是样品中每种微生物的相对丰度,即所占比例。因此,可以使用多种数据的展示方法观测样本在不同分类水平上的群落结构或组成差别。由于图片能展示的类群有限,因此如果某个分类水平下的类群数太多,可以选择一些高丰度的类群进行展示。在每个系统发生水平上暴露于纳米 CeO_2 和 Ce^{3+} 处理导致细菌群落的组成受到影响。不同处理的细菌类型比例不一致。在门的水平,变形菌(Proteobacteria)是最主要的群体,占细菌总数的 60% 以上,说明它们在土壤环境中广泛存在。与对照相比,在黄瓜存在下暴露于纳米 CeO_2 和 Ce^{3+} 时,厚壁菌(Firmicutes)的

相对丰度降低。然而,在不存在植物的情况下,在纳米 CeO_2 和 Ce^{3+} 暴露下,拟杆菌(Bacteroidetes)的相对丰度表现出增加。更具体地说,NPs 和离子处理分别倾向于增强拟杆菌丰富度,但与有或无黄瓜植物的对照相比,疣微菌门(Verrucomicrobia)的相对丰度较低。与对照处理相比,暴露于 CeO_2 NPs 和 Ce^{3+} 离子时,细菌组合物在纲和属水平都显著改变。无论采用何种处理方法,该类生物类群主要由 β-变形菌(β-Proteobacteria)(相对丰度 30.7%~48.1%),γ-变形杆菌(γ-Proteobacteria)(11.1%~7.2%),α-变形杆菌(α-Proteobacteria)(9.9%~4.9%)和硝化螺旋菌(Nitrospira)(3.1%~5.4%),所有其他细菌类别的相对丰度均低于 40%。变形杆菌门中的 β-变形菌在 NPs 和离子处理前后群落结构发生了很大变化,这种变化在根际土壤中表现得更为明显。对照组和 Ce^{3+} 处理分别下降到 30.76% 和 36.1%,而 NPs 的存在显著地将其相对丰度从 33.1% 显著提高到了 48.1%。在 NPs 和 Ce^{3+} 离子处理下,相对丰度比对照增加了 2%,而在根际则降低了。在植物根存在的情况下,相对于对照,纳米 CeO_2 和 Ce^{3+} 处理的酸杆菌门(Acidobacteria)相对丰度分别降低了 6% 和 3%。在没有植物根的组中发现相反的趋势。进一步的分析表明,在纳米 CeO_2 暴露下,土壤微生物群落的组成也有明显的变化。在属的水平上,纳米 CeO_2 和有和无植物离子处理下,Massilia 和发光杆菌(Photobacterium)的相对丰度增加,而 Azohydromonas 的相对丰度降低。另外,非根际土中 Azohydromonas 的相对丰度均比种植的群体增强。

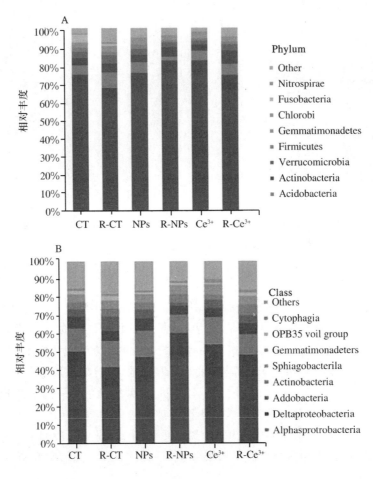

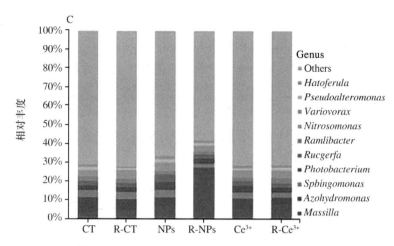

图 5-5 CeO$_2$ NPs and CeCl$_3$ 暴露下根际土和非根际土中门(A)、纲(B)、属(C)水平上细菌群落的相对丰度

5.1.4 讨论

目前的研究表明,CeO$_2$ NPs 和 Ce^{3+} 对土壤细菌群落结构产生了一定影响,使群落结构发生了改变。在 CeO$_2$ NPs 和 Ce^{3+} 处理下降低了根际中硝化螺旋菌在门水平中的相对丰度。由于硝化螺旋菌与植物硝化过程存在一定关系,故而 CeO$_2$ NPs 和 Ce^{3+} 可能会对土壤氮素循环产生负面影响。蓝细菌在固氮、光合作用和促进植物生长中起着重要作用。在 Ce^{3+} 离子处理的根际土壤中,蓝藻(Cyanobacteria)的相对丰度增加。蓝藻丰富度的变化与实验根干重结果相切合,结果表明 Ce^{3+} 处理的根干重高于对照。另外,还有许多数据也表明了 NPs 对土壤微生物功能和群落组成造成的影响。Khodakovskaya 等发现 CNTs 可使拟杆菌和厚壁菌的相对丰度增加,而变形杆菌和疣状菌的相对丰度随着碳纳米管浓度的增加而降低,但微生物多样性却没有发生显著变化。在最近的一项研究中,Hao 等还发现 rGO、MWCNTs 和 C$_{60}$ 可以降低硝化螺旋菌属的相对丰度,并且存在剂量依赖性。由于目前研究有限,且不同纳米材料造成的毒性机理也并不完全相同,故而纳米材料对微生物功能与结构的影响机理还未完全了解清楚。普遍可归结为,直接接触、释放毒性离子、诱导产生活性氧等方式造成细胞信号传输受阻。纳米 CeO$_2$ 和 Ce^{3+} 离子作用结果不同,初步可以推断两种材料的毒性来源不同。Garcíasalamanca 等认为,某些细菌群落与玉米根系分泌物一起发育,是非生物胁迫的结果可间接影响群落丰富度。与本实验中,根际土微生物差异性减小类似,猜测可能是由于黄瓜根的存在,根际分泌物缓解了外来物质的胁迫作用。

5.1.5 小结

本实验中,我们研究了纳米 CeO$_2$ 和 Ce^{3+} 离子对根际土和非根际土中微生物群落的影响。结果表明,纳米 CeO$_2$ 和 Ce^{3+} 离子会对土壤细菌群落产生不同程度影响。PCA 分析,外源物质已经使土壤中微生物群落发生变化,植物根的存在也会在微生物受胁迫的过程中发挥一定作用。由 OTUs 分析结果可得,Ce^{3+} 离子处理组中 OTUs 数量最大,纳米 CeO$_2$ 处理组最小;而在根际土中,细菌多样性均高于非根际土且处理组之间差异性减小。测序数据表明,纳米 CeO_2 和 Ce^{3+} 离子对土壤中主要种群并未产生显著变化,但由于材料的不同,对具体细菌群落产生了不同影响。该实验是纳米材料毒性与植物作用的初步探究,其潜在的作用机理还需要进一步研究。

5.2 纳米 CeO_2 和 Ce^{3+} 离子对土壤酶活性的影响

5.2.1 引言

在本实验中,以黄瓜作为模式植物进行土培实验,设置 CeO_2 NPs 的浓度为 1000 mg/kg,移栽黄瓜的穴盘中土壤定义为根际土,施加相同材料且无黄瓜的组定义为非根际土。经过 21 d 的暴露实验,测定根际土与非根际土中 7 种土壤酶活性,以评估 CeO_2 NPs 和 Ce^{3+} 离子对土壤微生物活性的影响。本研究的目的是综合考察广泛使用的纳米材料对土壤酶活性的影响及其毒性来源,并进一步探讨根际在此过程中所发挥的作用。

5.2.2 材料与方法

5.2.2.1 土壤准备

方法步骤参见 5.1.2.1。

5.2.2.2 CeO_2 NPs 合成

方法步骤参见 5.1.2.2。

5.2.2.3 CeO_2 NPs 悬浮液的配制

方法步骤参见 5.1.2.3。

5.2.2.4 植物培养和实验处理

方法步骤参见 5.1.2.4。

5.2.2.5 土壤收集

在暴露 21 d 后,一天内收集植物和土壤,以测量 CeO_2 NPs 对非根际土和根际中酶活性影响。对于植株处理,人工去除根表土壤,然后过筛,收集作为根际土壤。一般情况下,一部分筛分土壤贮藏在 4℃ 下用于土壤酶活性测定。

5.2.2.6 磷酸酶、芳基硫酸酯酶、β-葡糖苷酶

1. 样品准备

如果样品的干重未知,获得新鲜土壤或样品,将其分成两部分。一部分称重,记录质量,置于牛皮纸袋中,在 60～105℃ 干燥至恒重。称取其他部分(1～2 g 湿重),记录质量,并置于标记的 500 mL 容器中。加入 125 mL 乙酸盐缓冲液并在最高速度下混合 1 min 以制备匀

浆,匀浆制好后尽快进行测定。

2. 实验试剂及配制

(1)将 6.804 g 醋酸钠溶于 1 L 去离子水中,用醋酸调节 pH 至 5.0,4℃下储存 2 周。

(2)氢氧化钠溶液(1 mol/L):取 0.4 g NaOH 溶于约 10 mL 去离子水中。

(3)甲基伞形酮标准溶液(100 μmol/L):将 1.76 mg 甲基伞形酮溶于丙酮,用去离子水定容至 100 mL。分装并将溶液冻结。分析时提前 0.5 h 取出室温解冻。

(4)4-MUB phosphate:称取 5.12 mg 溶于 100 mL 水中。

(5)4-MUB-sulfate:称取 5.88 mg 溶于 100 mL 水中。

(6)4-MUB-β-D-glucopyranoside:称取 6.77 mg 溶于 100 mL 水中。

3. 样品测定

使用多通道移液器和宽口尖(如有必要用剪刀剪掉尖端),将 200 μL 土壤浆液移入 96 孔板中。第 1,第 2 和第 3 是不同的样本。所有的分析板按如下方法进行移液,留下第 1~3 列的空柱(以 N 表示):

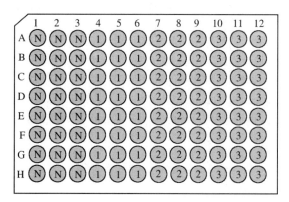

接下来,添加以下数量(μL)的乙酸钠缓冲液:

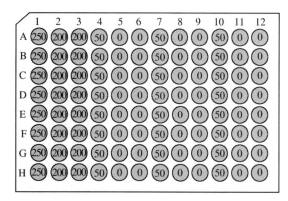

接下来,添加以下数量(μL)的 MUB:

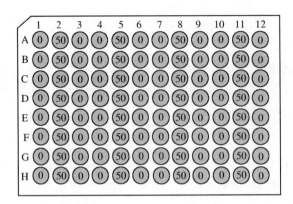

最后,添加以下数量(μL)的底物。

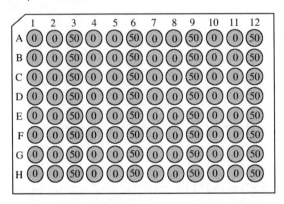

25℃水浴避光培养,根据酶活类型不同,培养时间不同,其中磷酸酶为 30 min,β-葡糖苷酶为 3 h,芳基硫酸酯酶为 3 h。培养结束后,每孔加入 10 μL 1 mol/L NaOH 中止反应,酶标仪设置参数 365 nm 激发和 450 nm 发射,读取荧光数据。

4. 结果计算

计算从底物中提取的荧光强度(nmol MU):标准×(对照−空白)/(标准−空白)其中,标准是 1 nmol。

计算测定的荧光强度(nmol MU):标准×(测定−淬灭空白)/(淬灭标准−淬灭空白)其中标准是 1 nmol。

乘以稀释系数:溶液的总体积(mL)/土壤悬浮液的体积(mL)/干土质量(g)。

除以测定培养时间。

5.2.2.7 过氧化物酶

1. 原理

过氧化物酶可以氧化土壤中的有机物质,过氧化物酶酶促邻苯三酚氧化为醌,用乙醚提取生成的紫色没食子素,比色着色的乙醚相,该乙醚相在 430 nm 处有最大光吸收值,采用的是邻苯三酚比色法。

2. 试剂配制

(1)1‰邻苯三酚溶液:1 g 邻苯三酚溶于二次水中,定容至 100 mL。溶液易氧化为淡黄色,最好现配现用。一般来说,4℃可储存 1 周左右,在棕色瓶中时间会稍长一些。

(2)0.5％ H_2O_2 溶液。

(3)乙醚,分析纯,北京化工厂。

(4)0.5 mol/L HCl:取 10.43 mL 浓盐酸用二次水定容至 2 500 mL。

(5)pH 4.5 柠檬酸-磷酸缓冲溶液。

(6)0.1mol/L 柠檬酸溶液:9.6 g $C_6H_7O_8$ 溶解后用二次水定容至 500 mL。0.2 mol/L 磷酸氢二钠溶液:26.82 g $Na_2HPO_4 \cdot 7H_2O$ 或者 71.7 g $Na_2HPO_4 \cdot 12H_2O$ 溶至 500 mL。取 10.65 mL 柠檬酸和 9.35 mL Na_2HPO_4 混匀(用量较多可以乘以倍数配制),之后再用这两种溶液调节 pH 即可。

(7)重铬酸钾标准溶液以及标准曲线:0.75 g 重铬酸钾加到 1 L 0.5 mol HCl 中溶解。此时溶液相当于 50 mL 醚中含有 5 mg 紫色没食子素。

3. 操作步骤

取 1 g 土壤置于 150 mL 三角瓶中,然后加入 1％邻苯三酚溶液 10 mL 和 0.5％ H_2O_2 溶液 2 mL。振荡后放置在恒温培养箱中30℃条件下培养 2 h。取出后加 pH 4.5 的柠檬酸-磷酸缓冲溶液 4 mL,再加 35 mL 乙醚,用力振荡数次后萃取 30 min。将含溶解的紫色没食子素的着色乙醚相比色。比色波长为 430 nm。为了防止因乙醚产生的误差,每次比色后用无水乙醇清洗比色皿一次。实验需设置空白组以及无基质组(不加邻苯三酚)作为对比。过氧化氢酶活性以 2 h 后 1 g 土壤生成的紫色没食子素毫克数表示。过氧化物酶活性 = $(A_{样品}-A_{空白}-A_{无基质}) \times V/m$。

A 为标准曲线上相应浓度,V 为测定体积,即乙醚的体积 35 mL。

5.2.2.8　蔗糖酶

1. 原理

蔗糖酶与土壤有机质、氮、磷含量,微生物数量及土壤呼吸强度等许多因子都具有相关性。一般情况下,土壤肥力越高,蔗糖酶活性越高。利用 3,5-二硝基水杨酸溶液和还原糖溶液共热后可被还原成棕红色的氨基化合物,其在波长为 520 nm 处有最大吸收峰,在一定范围内其吸光度与还原糖含量呈线性关系。

2. 试剂制备

(1)超纯水:Millipore,18.2 MΩ。

(2)甲苯,分析纯,北京化工厂。

(3)8％蔗糖溶液:称量 8 g 蔗糖加到 250 mL 烧杯中,用二次水质量定容到 100 g,用玻璃棒搅拌至溶解。

(4)pH 5.5 的磷酸缓冲液。

(5)3,5-二硝基水杨酸试剂:甲液为在 60.8 mL NaOH 溶液(10％)中,加入 27.6 苯酚,用二次水稀释体系至 276 mL。再加入 27.6 g Na_2SO_3,混合均匀后避光保存。乙液为于

1200 mL NaOH 溶液(10％)中,加入 900 g 酒石酸钾钠,再加入 3520 mL 3,5-二硝基水杨酸溶液(1％);甲、乙两液混合均匀,过滤,盛放于棕色瓶中避光储存,室温下放置 7～10 d 后即可使用。

(6)5 mg/kg 的葡萄糖母液:500 mg 葡萄糖用饱和苯甲酸溶液定容至 100 mL。

(7)饱和苯甲酸溶液:在 100 mL 二次水中添加苯甲酸试剂,直至试剂不再溶解为止。

3. 测定方法

50 mL 三角瓶中加入 5 g 土,加入 5 滴甲苯,15 min 后加试剂 15 mL 8％蔗糖溶液和 5 mL pH 5.5 磷酸缓冲液,摇匀混合物后,放入恒温培育箱,在 37℃下培养 24 h。到时取出,迅速过滤。从中吸取滤液 1 mL,注入 50 mL 容量瓶中,加 3 mL 3,5-二硝基水杨酸,并在沸腾的水浴锅中加热 5 min,随即将容量瓶移至自来水流下冷却 3 min。溶液因生成 3-氨基-5-硝基水杨酸而呈橙黄色,最后用二次水稀释至 50 mL,并在分光光度计上于波长 508 nm 处比色。

4. 结果计算

蔗糖酶的活性(Suc)以 1 g 土壤 24 h 后葡萄糖的质量(mg)进行表示。

$$Suc(土壤蔗糖酶活性)=(A_{样品管}-A_{无土管}-A_{无基质管})\times V\times n/m$$

式中,A 样品为根据标准曲线计算得到的样品葡萄糖浓度(mg/kg);$A_{无土管}$ 为根据标准曲线计算得到的无土对照葡萄糖浓度(mg/kg);$A_{无基质管}$ 为根据标准曲线计算得到的无基质对照葡萄糖浓度(mg/kg);V 为显色液体积;n 为分取倍数,浸出液体积与吸取滤液体积之比;m 为烘干土重(mg)。

5. 注意事项

(1)每一份样品都应有无基质的对照,也就是说用等体积的二次水来替代基质,其他的操作步骤均与实验样品相同,从而排除土样中自身存在的葡萄糖对实验结果的影响。

(2)每一份样品都应做一个无土的对照,也就是说不加土样,其他的操作步骤均与实验样品相同,从而排除试剂的纯度以及基质自身的分解对实验结果的影响。

5.2.2.9　脲酶

1. 原理

以尿素作为基质,根据酶促的产物氨可与苯酚-次氯酸钠作用生成蓝色靛酚,测定释放的硝态氮量。

2. 实验试剂及配制

(1)超纯水:Millipore,18.2 MΩ。

(2)甲苯,分析纯,北京化工厂。

(3)10％ 尿素:10 g 的尿素置于 250 mL 烧杯中,用二次水质量定容至 100 g。

(4)pH 6.7 的柠檬酸盐缓冲液:取 184 g 柠檬酸溶解于 300 mL 二次水中,再取 147.5 g 氢氧化钾溶解于二次水中,将得到的两种溶液相混合,之后用 1 mol/L 的 NaOH 溶液调节 pH 为 6.7,最后将其用水定容至 1000 mL。

(5)1.35 mol/L 的苯酚钠溶液:A 液称取 62.5 g 的苯酚溶解于少量乙醇中,之后加入 2 mL 甲醇以及 18.5 mL 丙酮,然后用乙醇将其稀释并定容至 100 mL,溶液放置在 4℃的环境下保存。B 液称取 13.5 g 的 NaOH 用二次水溶解,稀释定容至 50 mL,在 4℃冰箱中密封保存;取 A 液和 B 液各 20 mL,将其混合,并用二次水定容至 100 mL 即可使用。

(6)次氯酸钠溶液:次氯酸钠试剂用二次水稀释,直至活性氯的浓度成 0.9%(1.9 g 次氯酸钠溶于 1 L 水中),并置于 4℃冷藏保存。

(7)氮的标准溶液:准确称取 0.118 g 硫酸铵溶解于水中并稀释至 250 mL,则可得到 1 mL 含 0.1 mg 氮的标准溶液,再将此液稀释 10 倍制成氮工作液(0.01 mg/kg)。

3. 测定方法

将 5 g 风干土壤放入 50 mL 容量瓶中,加入 1 mL 甲苯,盖紧瓶塞轻轻摇动 15 min;将 5 mL 的 10%尿素溶液和 10 mL 柠檬酸盐缓冲液(pH 6.7)添加到瓶子中,混匀。在恒温箱中 37℃条件下培养 24 h。然后再用 38℃的二次水将其稀释至刻度(甲苯应浮在刻度以上),振荡,过滤悬液。取滤液 1 mL 加到 50 mL 容量瓶中,用二次水稀释至 10 mL,然后加入 4 mL 苯酚钠溶液,并立即加入 3 mL 次氯酸钠溶液,每加入一种新试剂后,将混合物立即摇晃混匀,20 min 后,将混合物稀释至刻度,在波长 578 nm 处测定吸光值。将脲酶活性与样品吸光度值与对照样品吸光度值的差值进行比较,并从标准曲线计算出氨氮量。

标准曲线绘制:分别量取 0、1、3、5、7、9、11、13 mL 氮工作液加到 50 mL 容量瓶中,加二次水至 20 mL,再加入 4 mL 苯酚钠溶液和 3 mL 次氯酸钠溶液,边加边摇匀,20 min 后显色,定容。1 h 内于分光光度计上在 578 nm 处进行比色。

4. 结果计算

脲酶活性(Ure)以 1 g 土壤 24 h 后硝态氮的质量(mg)表示。

$$Ure = a \times V \times n/m$$

式中,a 为由标准曲线求得的硝态氮浓度(mg/kg);V 为显色液体积(50 mL);n 为分取倍数;m 为烘干土重(g)。

5. 注意事项

(1)在紫外分光光度计上用 1 cm 比色皿在 1 h 内(靛酚的蓝色在 1 h 内保持稳定),于 578 nm 处对显色液进行比色测定。

(2)无土对照:容量瓶不加土壤,其他操作与样品实验均相同。用来检验试剂纯度,整个实验设置一个对照。

(3)无基质对照:用等体积的水代替基质,其他操作与样品实验相同。

(4)每个土样都需要设置对照。

5.2.2.10　脱氢酶

1. 原理

氢受体 2,3,5-氯化三苯基四氮唑(2,3,5-triphenyl tetrazolium chloride,TTC)在细胞

呼吸过程中接受氢以后,被还原为三苯基甲䐶(triphenyl formazone,TF),TF 呈现红色,在波长 485 nm 处有最大吸收峰,采用分光光度法于 485 nm 测定其吸光值,即得土壤脱氢酶活性。

2. 测定方法

采用苏州科技生物技术有限公司的土壤脱氢酶试剂盒,具体操作如表 5-1 所示。

表 5-1 脱氢酶测定步骤表

	空白管	测定管
样品/g		0.05
试剂一/μL		100
试剂二/μL	100	
充分混匀,37℃培养 24 h		
试剂三/μL	900	900

振荡 1 h,8000×g,25℃,离心 5 min 后,取 200 μL 上清液加到 96 孔板中,测定 485 nm 处吸光度,$\Delta A = A_{测定} - A_{空白管}$。空白管只要做一管。

3. 结果计算

标准曲线如下。

$$y = 0.0211x - 0.0312 \quad (R^2 = 0.9988);$$

式中,x 为标准品浓度(μg/mL),y 为吸光值。

酶活单位定义:在 37℃时,每克土壤样品每天催化产生 1 μg TF 为一个酶活性单位。

$sDHA[μg /(d \cdot g\ 土壤)] = (\Delta A + 0.0312) \div 0.0211 \times V_{反总} \div W \div T = 47.39 \times (\Delta A + 0.0312)/W$。

5.2.3 结果与分析

5.2.3.1 对磷酸酶活性的影响

按照上述实验方法对根际土与非根际土中磷酸酶活性进行研究,得到了 CeO₂ NPs 和 Ce³⁺ 离子对土壤磷酸酶的影响,如图 5-6 所示。从图中可以看出,相同处理组在有植物存在时,根际土中磷酸酶活性整体高于非根际土中酶活性,纳米材料处理后的土壤中酶活性显著高于对照组,在非根际土中是对照组的 2 倍,在根际土中是对照组的 1.4 倍,而离子处理组与对照组相比无显著性差异。离子处理组没有显著性影响,说明对土壤酶活性的影响源于纳米颗粒性质而非离子性质。这可能是由于 CeO₂ NPs 的优点,CeO₂ NPs 对磷酸酶活性的刺激作用可能是由于微生物群落向与磷酸酶相关的微生物群体的转变所引起的,如它们的数量和活力。

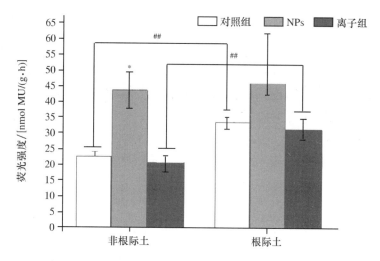

图 5-6 CeO₂ NPs 和 Ce³⁺ 离子暴露 21 d 后,黄瓜根际土壤和非根际土壤中的磷酸酶活性(n=5)("＊" 表示与非根际土壤和根际土壤对照的比较;"＃"表示在相同暴露条件下非根际土壤与根际之间的比较; ＊,P＜0.05;＃＃,P＜0.01)

5.2.3.2 对芳基硫酸酯酶活性的影响

按照上述实验方法对根际土与非根际土中芳基硫酸酯酶活性进行研究,得到了 CeO₂ NPs 和 Ce³⁺ 离子对土壤芳基硫酸酯酶的影响,如图 5-7 所示。从图中可以看出,在非根际 土中,CeO₂ NPs 可显著提高芳基硫酸酯酶活性,同时,Ce³⁺ 离子处理组虽低于对照组但未表 现出显著性。在根际土中,CeO₂ NPs 暴露下酶活性为最大值,离子处理组次之,对照组最 低。在非根际土中具有显著性的纳米材料处理组当有根际存在时,促进作用得到缓解,与对 照组相比无显著性。

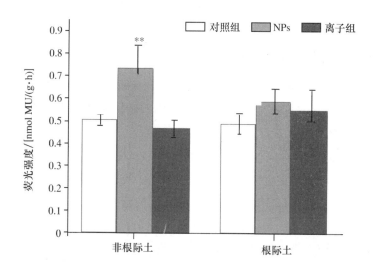

图 5-7 CeO₂ NPs 和 Ce³⁺ 离子暴露 21 d 后,黄瓜根际土壤和非根际土壤中的芳基硫酸酯酶活性(n=5) ("＊"表示与非根际土壤和根际土壤对照的比较;"＃"表示在相同暴露条件下非根际土壤与根际之间的 比较;＊＊,P＜0.01)

5.2.3.3　对过氧化物酶活性的影响

按照上述实验方法对根际土与非根际土中过氧化物酶活性进行研究,得到了 CeO_2 NPs 和 Ce^{3+} 离子对土壤过氧化物酶的影响,如图 5-8 所示。从图中可以看出,与芳基硫酸酯酶活性效应相同,在非根际土中,CeO_2 NPs 可显著提高过氧化物酶活性,同时,Ce^{3+} 离子处理组虽低于对照组但未表现出显著性。在根际土中,CeO_2 NPs 暴露下酶活性最高,离子处理组次之,对照组最低。在非根际土中具有显著性的纳米材料处理组当有根际存在时,促进作用得到缓解,与对照相比无显著性。

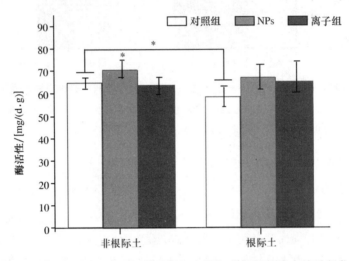

图 5-8　CeO_2 NPs 和 Ce^{3+} 离子暴露 21 d 后,黄瓜根际土壤和非根际土壤中的过氧化物酶活性($n=5$)("*"表示与非根际土壤和根际土壤对照的比较,# 表示在相同暴露条件下非根际土壤与根际之间的比较;*,$P<0.05$)

5.2.3.4　对蔗糖酶活性的影响

按照上述实验方法对根际土与非根际土中蔗糖酶酶活性进行研究,得到了 CeO_2 NPs 和 Ce^{3+} 离子对土壤蔗糖酶的影响,如图 5-9 所示。从图中可以看出,根际土中蔗糖酶活性总体低于非根际土中对应处理的蔗糖酶活性。不管是根际土还是非根际土,酶活活性强弱依次为:Ce^{3+} 离子组＞对照组＞CeO_2 NPs 处理组。在非根际土中,对照组酶活性为 6.59 mg/(d•g 土壤),而 Ce^{3+} 离子的存在显著促进了酶活性,活性为 7.55 mg/(d•g 土壤),由于纳米材料处理组与对照组无显著差异,同样为 6.59 mg/(d•g 土壤),可以推测活性升高源于离子效应。在根际土中离子处理组促进效应得到缓解。

按照上述实验方法对根际土与非根际土中其他酶活性进行研究,如脲酶、脱氢酶、β-葡糖苷酶,得到了 CeO_2 NPs 和 Ce^{3+} 离子对土壤中这些酶的影响,如表 5-2 所示。由表中可以看出,无论有无植物存在,施加纳米 CeO_2 和 Ce^{3+} 离子对以上几种酶活均无显著性影响。

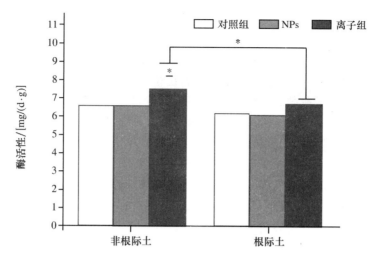

图 5-9 CeO₂ NPs 和 Ce³⁺ 离子暴露 21 d 后,黄瓜根际土壤和非根际土壤中的蔗糖酶活性($n=5$)("*"
表示与非根际土壤和根际土壤对照的比较;"#"表示在相同暴露条件下非根际土壤与根际之间的比较;
*,$P<0.05$)

表 5-2 CeO₂ NPs 和 Ce³⁺ 离子暴露 21 d 后,黄瓜根际土壤和非根际土壤中的酶活性($n=5$)

酶活性	非根际土			根际土		
	对照组	NPs	离子组	对照组	NPs	离子组
脱氢酶/[μmol/(d·g)]	464.26±54.87	469.09±32.31	501.35±9.51	501.41±67.43	460.96±42.14	462.01±20.30
脲酶/[μg/(d·g)]	423.63±43.04	431.79±11.62	452.62±13.66	436.01±9.92	433.87±5.39	457.55±22.71
β-葡糖苷酶/[nmol MU/(g·h)]	23.62±3.3	22.48±3.6	20.20±2.7	22.23±1.7	23.24±3.9	21.88±1.4

5.2.4 讨论

土壤磷酸酶作为一种水解酶,能够催化土壤中有机磷化合物,有助于促进磷元素活化,
进而促使植物提高磷的吸收利用率。Li 等发现 CeO₂ NPs 能促进土壤磷酸酶活性,可能的
原因是磷酸酶相关微生物的变化以及其活力和数量的增强。此外,离子处理组相比于对照
组,有促进磷酸酶活性的作用,但没有显著性差异,这意味着 Ce³⁺ 离子对 P 吸收以及土壤磷
酸酶活性影响很小。我们的结果也观察到了磷酸酶的显著增加。然而,电感耦合等离子体
质谱仪(ICP-MS)数据显示暴露于 CeO₂ NPs 的根中 P 含量低于对照和离子处理,对照和离
子处理之间没有差异,这与以前的报道一致。我们认为 CeO₂ NPs 在实验过程中起到了锁磷
的作用,使磷元素固定在土壤中,减少了植物对其的吸收量,但结果需要实验进一步证实。
植物根系可向周围环境释放各种代谢产物,影响土壤养分、有机质含量、根际微生物群落结
构、土壤酶活性,并在植物和其他生物之间传播信息。根系分泌物具有形成土壤结构,活化
土壤养分和缓解环境压力的作用。因此,与非根际土壤中相比,芳基硫酸酯酶、过氧化物酶、
蔗糖酶活性显著改变,而在植物存在时处理土壤和对照之间没有引起任何差异,根系分泌物
在其中起到了一定的作用。在 CeO₂ NPs 处理中,由于植物对生物胁迫的防御效应,根分泌

物的数量和组成可能会改变。一项研究报道,小麦根系分泌物可通过覆盖纳米颗粒而形成物理屏障以防止纳米颗粒转变为离子,进而降低纳米颗粒的生物活性。Caldwell 等也发现了对土壤微生物的保护作用部分可能归因于土壤中腐殖酸包裹 Ag NPs。新引入的有机化合物可以通过固定 NPs 或螯合可溶性金属氧化物 NPs 释放的金属离子来减弱 NPs 的毒性。缓解效应也可能部分归因于由根分泌物引入的有机物质的额外投入以及植物根部脱落的根细胞。正如 McLean 等所讨论的那样,根表面上的某些代谢物可能与游离金属离子形成复合物,并可以改变金属的生物活性。

此外,土壤细菌群落的变化也可能影响土壤酶活性。Kim 等指出 C-循环酶与 Proteobacteria,Acidobacteria 和 Cyanobacteria 的相对丰度呈正相关;木糖苷酶也与 α-Proteobacteria,β-Proteobacteria,Lactic acid bacillus 和 Solibacteres 的丰度。β-葡萄糖苷酶在碳循环中起重要作用。在我们的研究中,β-Proteobacteria 的相对丰度在 NPs 下表现出增加的趋势,而在块根和根际之间趋于减少并没有表现出统计学意义,这与我们研究中的 β-葡糖苷酶活性呈正相关。总的来说,在根际土中,负效应可以得到缓解主要可能是外源刺激影响根系分泌物和根际微生物群落。

5.2.5 小结

本实验中,我们研究了纳米 CeO_2 和 Ce^{3+} 离子对根际土和非根际土中 7 种酶活性的作用。结果显示,CeO_2 NPs 对磷酸酶的促进作用是最大的,与之相反的是,含 Ce^{3+} 离子的暴露土壤中的磷酸酶活性与对照相比没有显著差异。由此可得,纳米 CeO_2 可促进土壤中 P 循环。此外,黄瓜植株的存在缓解了 NPs 对植物土壤中芳基硫酸酯酶和过氧化物酶活性的影响,同时也缓解了 Ce^{3+} 离子对蔗糖酶的促进作用,这部分归因于植物根系分泌物引入的有机物质。我们的研究结果表明,纳米 CeO_2 在进入土壤生态系统后具有改变土壤微生物活性的潜力。在日后的工作中应加强工程纳米材料对土壤微生态环境影响的理解,以评估 NPs 的生态效应。

5.3 纳米材料对玫瑰花病原菌灰霉菌的抑制作用

5.3.1 引言

一直以来,以细菌、真菌、病毒等微生物为侵染原的植物病害种类繁多,特别是进入大规模生产的现代化农业时代,病原菌的增殖、变异速率加快,其抵抗传统抗菌剂、抗生素的能力加强,各种植物病害的发生、流行、传播对种植业构成了重大威胁。随着经济社会的发展和人民生活水平的提高,在广大的发达国家、新兴的发展中国家,人们对农产品的品质提出了更高的要求,与此同时各种农药的施用量也逐渐增加。目前,各种有机杀菌剂农药的使用非常普遍,随着病原菌抗药性的提高,使用剂量也日渐加大,导致了十分严重的农药污染与食品安全问题,引起社会各界的广泛关注。特别是在发展中国家,一方面相关的食品安全监管体系还不健全,另一方面在农业生产资料端还严重缺乏监管,这就更加剧了农药的滥用。

作为世界上最大的发展中国家,我国是农药生产和使用的大国之一。面对着较大的人口消费压力以及有限的农业用地,我国每年要生产满足社会需求的最基本农产品产量,导致每年施用的农药量高达 50 万～60 万 t,其种类包括除草剂、杀虫剂和杀菌剂等农用化学品。纵观过去二十多年内,在全国范围内农药的利用效率很低,其中约 80% 的农药直接进入环境。按农作物播种面积来算,农药使用量的增长速度远远高于农作物播种面积的增长速度,是同期(1991—2013 年)农作物播种面积增长速度的 9 倍。

由于长期、大量和不合理的使用,农药在发挥其保障作物产量巨大功效的同时,也对环境造成了污染,严重影响食品安全和人类的身体健康。虽然相关研究表明,采用微生物降解的方法能够有效修复农药污染,但是这种手段仍然不能从根本上解决农药残留问题,甚至会提高农产品的生产成本,造成农业生产基础设施的超额投资。纳米材料的抗菌性质得益于其本身所具有的物理性质以及对植物所造成的一些有益影响,从经济效益和改善农产品品质的角度来说,作为有机杀菌剂潜在替代品的纳米材料抗菌剂具有非常广阔的应用前景。

在农业、园林和花卉种植产业中,已经有越来越多的纳米材料抗菌剂被研究甚至是投入生产实践中。这主要是由于纳米材料的一些特殊物理性质使其不仅能够起到替代传统抗菌剂的抗菌效果,还能改善植物的生长状况或是提高农作物产量。例如,相关研究已经证实,纳米 TiO_2 溶胶不仅对多种植物病害具有显著的防治效果,同时还可以促进光合作用并加速植物生长。因此,开发以纳米 TiO_2 光半导体材料为主要有效成分的植物抗菌剂与保护剂具有一定的现实性和可能性,有可能为作物病害的无公害防治,特别是设施园艺作物食品安全性的提高开辟新途径。

此外,有研究表明,纳米银制剂也表现出较为显著的抗菌效果,其对供试的 8 种植物病原细菌都有一定的抑制作用,说明纳米银作为新型杀菌剂具有较为广谱的杀菌效果。然而,相对于本实验中所用到的碳纳米材料和另外 3 种金属氧化物纳米材料,纳米银虽然具有较强抗菌作用,但是其生产成本相对较高,并不是最理想的植物抗菌材料。

纳米技术和纳米材料在水、土壤等生态环境治理以及其他方面都有着广泛的用途,但与此同时,纳米材料在被大量使用的同时也会不可避免地进入大气层、水圈和生物圈。目前关于纳米材料进入大气、水和土壤等环境后的迁徙及转化还了解的比较少,再者由于其表现出了众多不同于微米级颗粒的特征,其对环境可能存在的负面影响也是一个不容忽视的问题。

生活中人造纳米材料可能通过下列途径进入水体环境:大批量人工生产的纳米材料可能会在生产、运输或加工处理过程中溢出到水体环境;个人清洗下来的含纳米材料成分的防晒霜或化妆品等防护产品随生活污水进入水体环境;纳米材料产品的大量使用,如喷洒含纳米材料的农药或植物肥料,容易导致大量剩余纳米材料进入水体环境。一旦进入水体的纳米材料渗入土壤,可干扰固氮菌与植物宿主之间的信号传导,对作物生产产生经济及生态双方面的不利影响。

同时,纳米材料由于尺寸较小,扩散性较强,虽然大多数纳米材料制品存在于液相或固相之中,但是仍然有非常多生产生活、科研实验中的纳米材料以袋装或瓶装形式保存,导致其在使用过程的每一个环节都有可能向外界环境泄漏。此外,现存的纳米材料使用规范也严重欠缺或者没有统一标准,因此这些先前密封状态下保存的纳米材料极易在开封后的人为操作过程中有意无意地向环境中泄漏,而泄漏的纳米材料几乎不能有效收集,进而极易造成微环境中的空气污染,使空气中可吸入颗粒物浓度大大增加。

相关研究表明,纳米颗粒能够通过皮肤进入人体血液甚至是脑部,导致长期接触纳米材料的科研人员容易患上呼吸系统疾病。此外,纳米颗粒易成为空气中的粉尘,对废弃纳米材料回收处理厂的工作人员产生职业危害。

除了直接造成危害,纳米材料也会通过食物链富集进而影响人体健康。众所周知,鱼类、许多哺乳动物、蔬菜等作为人类的日常食物,都可能成为废弃纳米材料的载体。废弃纳米材料将通过食物链不断地进入并累积于人体内,通过母乳可能将其传递给婴儿,必将对人类健康产生极大的危害。因此某些纳米材料可能如同持久性有机污染物一样,具有生物累积性。

病原真菌和疾病能够严重影响作物产量,降低农产品质量,进而有可能引发全球范围内对农业安全的恐慌。因此,最近几年,抑制真菌病的农药生产和应用量都大大提高,然而真菌抑制剂在抑制真菌侵染的同时,也带来了新的环境风险。基于这个原因,研究具有高效抗菌活性、低环境毒理性质的新型杀菌剂就具有重大意义。玫瑰花是最受欢迎的花园绿化植物和高品质鲜切花的代表,已经有几千年的种植历史。近些年,玫瑰花每年的全球贸易量为数百亿美元。由空气传播的病原菌灰霉菌可导致玫瑰花灰霉病,是世界范围内对玫瑰花破坏力最大的植物病原体,每年能够导致玫瑰花产量损失30%。除了玫瑰花,灰霉菌还能侵染超过200种较为常见的寄主植物,降低花卉的品质的同时,也减少了花农的经济收益。

本研究评估了6种纳米材料 Fe_2O_3 NPs、CuO NPs、TiO_2 NPs、MWCNTs、C_{60} 和 rGO 对灰霉菌的抗菌活性,同时通过扫描电子显微镜来观察探究其潜在的抗菌机制。实验结果显示6种纳米材料对玫瑰花上的灰霉菌有着不同程度的抗菌效应。

5.3.2 材料和方法

5.3.2.1 纳米材料准备以及六种纳米材料的性质

本次实验中所用到的 Fe_2O_3 NPs,CuO NPs 和 TiO_2 NPs 购自上海攀田粉体材料有限公司,多壁碳纳米管 MWCNTs 由清华大学吕瑞涛教授实验室提供,富勒烯 C_{60} 购自河南濮阳永新富勒烯科技有限公司,rGO 购自四川成都有机化学厂;这六种纳米材料在实验前都经过了提纯;在实验开始前,用 TEM 透射电子显微镜(JEM-2100,JEOL,日本)来确定纳米材料的形态和尺寸。

透射电子显微镜(TEM)观察样品的准备流程:将纳米材料溶解在酒精中;经过超声振荡;超声振荡之后倒入铜网筛子。

六种纳米材料都用去离子水制成两种浓度的悬浮液,之后用超声振荡机进行超声振荡30 min,以制成目标浓度的悬浮液。

5.3.2.2 培养基的准备

通过在配制好的标准浓度纳米悬浮液(50 mg/L 和 200 mg/L)中加相应量的琼脂粉末来配制成为浓度是 0.4% 的琼脂培养基(六种纳米材料:MWCNTs,rGO,C_{60},CuO NPs,Fe_2O_3 NPs 和 TiO_2 NPs)。将制备好的培养基放入耐高温的锥形瓶中,并用带孔封口膜封口。之后放入高温灭菌锅中,在 121℃ 消毒 2 h。消毒结束之后,将含有纳米材料的实验组琼脂培养基及不含有纳米材料的对照组琼脂培养基分别倒入无菌培养皿,为玫瑰花瓣的铺板做好准备。

5.3.2.3 灰霉菌的稀释制备

此实验中使用的灰霉菌为 *Botrytis cinerea* B05.10(全基因组序列编号来自 BROAD 数

据库）。*B. cinerea strain* B05.10 能在 22℃ 的 Potato Dextrose Agar/Potato Dextrose Broth，(PDA/PDB) 混合培养基环境中正常生长。灰霉菌分生孢子收获自 7～14 d 的含有 20 mL 真菌培养液的培养盘中。使用自来水冲洗分生孢子悬浮液。将重悬浮的分生孢子再次在 PDA/PDB 培养基溶液（7 mL PDA/100 mL PDB）中调整到最终浓度 10^5 分生孢子/mL，其中实验组稀释灰霉菌所使用的 PDA/PDB 培养基溶液含相应浓度的纳米材料悬浮液（50 mg/L 或 200 mg/L），对照组稀释灰霉菌所用 PDA/PDB 培养基溶液中不含纳米材料。

5.3.2.4　玫瑰花接种真菌

本次实验所采用的接种植株为玫瑰花杂交种 Samantha。将鲜切玫瑰花运回实验室之后采取必要的保鲜手段，并迅速地收集玫瑰花瓣；使用花瓣打孔器在玫瑰花花瓣的中心切出直径 1 cm 的花瓣圆盘作为实验材料；使用自来水缓缓地冲洗切好的花瓣圆盘，之后将花瓣圆盘放在已经制备好的含有纳米材料的实验组琼脂培养基培养皿以及不含纳米材料的对照组琼脂培养基培养皿上；花瓣铺板完成后，使用移液枪向花瓣圆盘上接种灰霉菌孢子悬浮液滴（每片花瓣接种量：2 μL，浓度：10^5 分生孢子/mL），其中，实验组接种所使用的灰霉菌孢子悬浮液含有 50 mg/L 或者 200 mg/L 的纳米悬浮液，而对照组接种所使用的灰霉菌孢子悬浮液则不含纳米材料。接种完成之后，将玫瑰花瓣迅速转移到 22℃ 的培养箱中（P9X-450D，宁波海曙赛福实验仪器厂）；72 h 之后，通过观察菌斑的大小来评估接种灰霉菌后的玫瑰花花瓣被侵染的情况。

5.3.2.5　扫描电子显微镜观察及拍照记录

接种灰霉菌之后 72 h，使用相机（Sony α7RII）拍照记录实验材料的花瓣菌斑状态；使用扫描电子显微镜（SEM）（Phenom ProX，Phenom，NLD）观测灰霉菌在玫瑰花瓣中的形态、大小及生长状态。

5.3.2.6　数据统计

在本研究中，所有实验样品都设计了 3 个重复样，使用单向方差分析法以及 Dunnett T3 检验法来进行统计分析，分析操作系统为 Windows 版 SPSS19.0（SPSS，Chicago，IL，美国）。在所有统计分析情况下，$P<0.05$ 被视为具有统计的显著性；使用 ImageJ 来计算玫瑰花的菌斑直径大小。

5.3.3　实验结果

5.3.3.1　六种纳米材料的性质

图 5-10 列出了实验所使用的六种标准纳米材料：Fe_2O_3 NPs，CuO NPs，TiO_2 NPs，MWCNTs，C_{60} 和 rGO 的透射电子显微镜 TEM 观察图。实验中使用的 Fe_2O_3 NPs 的直径为 40～100 nm（图 5-10A）；CuO NPs 的直径为 20～30 nm（图 5-10B）；TiO_2 NPs 的尺寸为 20 nm（图 5-10C）；MWCNTs 经过团聚和融合，其横切面直径为 20～30 nm（图 5-10D）；C_{60} 为球形，具有聚集性质，直径大约为 50 nm（图 5-10E）；还原性氧化石墨烯的直径约为 500 nm，单层厚度为 0.55～3.74 nm（图 5-10F）。

5.3.3.2　真菌侵染对玫瑰花的影响

使用灰霉菌侵染玫瑰花瓣 3 h（72 h）后，观察并评估六种纳米材料处理下的灰霉菌对玫

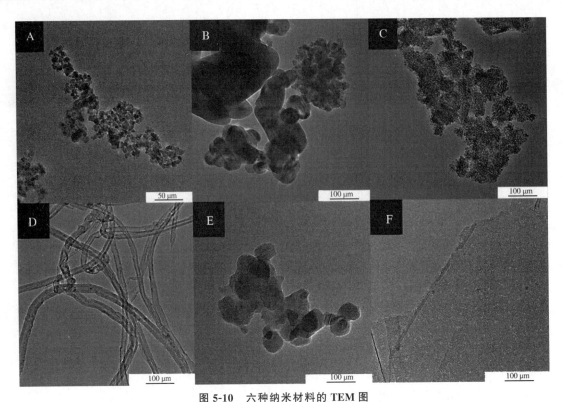

图 5-10 六种纳米材料的 TEM 图

Fe_2O_3 NPs (A), CuO NPs (B), TiO_2 NPs (C), MWCNTs (D), C_{60} (E)和 rGO (F)。

瑰花的侵染水平和玫瑰花对灰霉菌的抵抗力，然后使用相机(Sony α7RII)拍照记录玫瑰花瓣的菌斑情况(图 5-11)。与对照组对比，纳米氧化铜 CuO NPs、多壁碳纳米管 MWCNTs、还原性氧化石墨烯 rGO 处理组的颜色由红色变为了深红色。根据图 5-11 所知，纳米材料处理后，最显著的变化是灰霉菌侵染的菌落直径变化，其中 50 mg/L Fe_2O_3，50 mg/L CuO，50 mg/L C_{60} 以及 200 mg/L MWCNTs 和 200 mg/L rGO 几个处理组显著抑制了灰霉菌的侵染(图 5-11)。这几个抑制组当中，从表观上看，抗菌效果最突出的是 50 mg/L CuO 和 50 mg/L C_{60}。

图 5-12 列出了玫瑰花瓣上灰霉菌菌落的直径统计数据(使用 ImageJ 统计)。所有统计结果都与观察和照片相一致，根据该柱状图可知，50 mg/L 的所有纳米材料都显著抑制了灰霉菌的侵染，另外 200 mg/L TiO_2，200 mg/L MWCNTs，200 mg/L C_{60} 和 200 mg/L rGO 也抑制了灰霉菌的生长。因为实验中所使用的三种碳纳米材料(MWCNTs，C_{60} 和 rGO)是环境友好型纳米材料，且在此实验中高、低浓度的三种碳纳米材料均不同程度地抑制了灰霉菌的生长，所以相对于金属氧化物纳米材料，碳纳米材料是最理想的植物真菌病抑制剂。

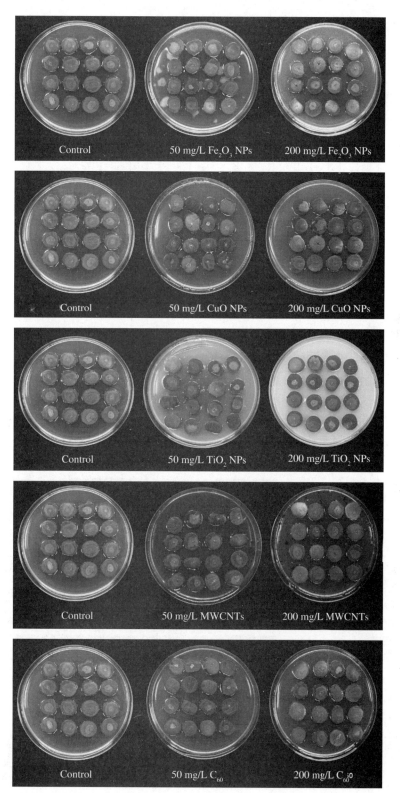

图 5-11 经过加有纳米材料的灰霉菌侵染后的玫瑰花照片

纳米材料：Fe$_2$O$_3$ NPs，CuO NPs，TiO$_2$ NPs，MWCNT，C$_{60}$ 和 rGO；浓度：50 mg/L 和 200 mg/L。

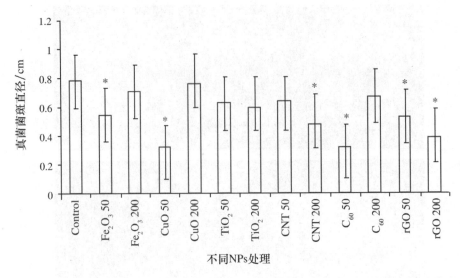

图 5-12　与不同纳米材料混合培养的灰霉菌侵染玫瑰花瓣后 72 h 的病原菌菌斑尺寸统计图
纳米材料：Fe_2O_3 NPs，CuO NPs，TiO_2 NPs，MWCNT，C_{60} 和 rGO；浓度：50 mg/L 和 200 mg/L。
注：在 $P < 0.05$ 情况下，在纳米材料处理组与空白组之间存在显著差异的标"*"。

5.3.3.3　真菌侵染后的玫瑰花花瓣显微观察

接种真菌后的 72 h，使用扫描电子显微镜来观察经过不同纳米材料处理的玫瑰花瓣。如图 5-13 所示，经过观察 SEM 图可知，灰霉菌在延伸到菌斑边缘处显示的形态差别很大。与对照组相比，实验组经过纳米材料处理后的真菌数量较少，菌丝细长且缺乏活性，该现象表明纳米材料对灰霉菌生长产生了显著的抑制作用。这些 SEM 观察结果都证明了本实验中使用的纳米材料对灰霉菌侵染玫瑰花表现出了抗菌性质。

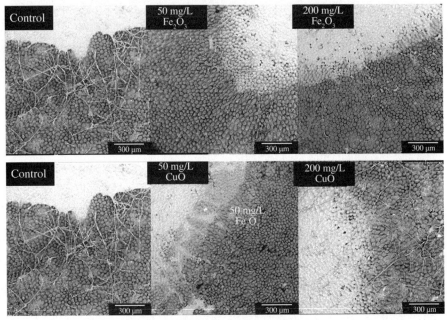

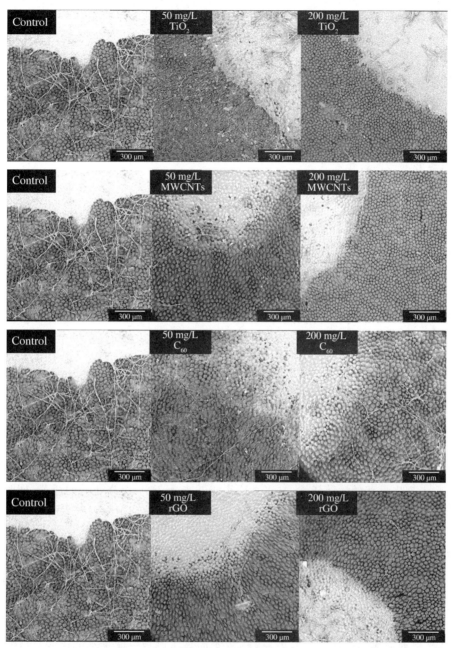

图 5-13　经过与不同纳米材料处理的灰霉菌侵染 72 h 后的玫瑰花 SEM 图

纳米材料：Fe_2O_3 NPs，CuO NPs，TiO_2 NPs，MWCNT，C_{60} 和 rGO，浓度：50 mg/L 和 200 mg/L。

5.3.4　讨论

　　在本研究中，三种碳纳米材料都抑制了灰霉菌在玫瑰花瓣上的侵染。其中 rGO 对灰霉菌的抑制作用在高浓度和低浓度都非常显著，尤其是在 200 mg/L 的浓度条件下，rGO 的抗菌作用表现得更为突出。石墨烯的抗菌作用主要是由于石墨烯薄片能够破坏真菌的结构，其锋利的边缘能够切割细胞，同时其产生的 ROS 能够进一步发挥出抗菌效果，这种毒理机制能够较好地解释 rGO 对灰霉菌的抑制作用。同样地,受到多壁碳纳米管 MWCNTs 处理的灰霉菌侵染玫瑰花的能力也受到抑制,且其抑制趋势类似于 rGO,所有处理组都减小了真菌菌斑的直径大小。相对于低浓度纳米材料处理组,高浓度的 MWCNTs 处理组表现出较明显的抗菌作用,而在低浓度处理组中的抑制作用则没有同浓度下 rGO 的效果明显。另外,C_{60} 在低浓度 50 mg/L 条件下也显著地抑制了灰霉菌的生长。与本次实验结果相似,Wang 等发现 MWCNTs 和 rGO 能够通过抑制孢子生长(纳米材料浓度梯度为 62.5,125,250 和 500 mg/L)来抑制禾谷镰刀菌 *F. graminearum* 的生长,而在其研究中 C_{60} 的抑制作用在相同浓度下表现得并不显著。

与碳纳米材料相似,本研究中 Fe_2O_3 和 CuO 纳米材料在植物实验中都表现出对玫瑰花上灰霉菌侵染的抗菌作用,这揭示了它们在花卉防菌保护中的潜在应用前景。然而氧化铜纳米颗粒的抗菌作用在 50 mg/L 时特别明显,而在 200 mg/L 时不明显。氧化铜纳米颗粒的抗菌作用主要源自其所释放的铜离子,这是众多铜纳米材料的一个主要毒理机制,如 Cu NPs,CuO NPs 和 Cu_2O NPs 。与本实验结果相似,氧化铜纳米颗粒也能够通过抑制密褐褶孔菌 *G. trabeum* 和云芝栓孔菌 *T. versicolor* 的活性来减缓木材的腐烂,这说明氧化铜纳米颗粒在木材保护中的潜在应用前景。相似地,氧化铁纳米颗粒在低浓度 50 mg/L 时能够显著抑制真菌的生长,而在高浓度 200 mg/L 时也未表现出显著的抗菌作用。

5.3.5　小结

本研究中,作为潜在的抗真菌剂,三种碳纳米材料(rGO,MWCNTs,C_{60})和 TiO_2 NPs 在 50 mg/L 和 200 mg/L 两个浓度下均抑制了灰霉菌对玫瑰花花瓣的侵染,而 CuO NPs 和 Fe_2O_3 NPs 只在 50 mg/L 浓度下表现出抗菌活性,这说明了灰霉菌对不同种类纳米材料存在着不同的敏感性。在低浓度 50 mg/L 条件下,C_{60} 和 CuO NPs 能够非常有效地抑制灰霉菌的侵染,表现出显著的抗菌活性,有潜力应用于花卉生产中,提高花卉的质量,同时减少高浓度纳米材料释放所带来的环境风险。与此同时,由于这两种纳米材料发挥抗菌作用所要求的浓度较低,也降低了新型抑制真菌剂的生产成本,其经济效益较高。

本研究同时揭示了纳米材料在园艺产业中的巨大应用前景。考虑到不同纳米材料复杂的生物毒性,任何纳米材料抗菌剂的应用都应该充分考虑到其潜在的环境风险,特别是在食物链上存在的对生物体的健康风险。此外,由于现存的有关纳米材料的使用规范还严重欠缺,世界各国针对纳米材料的应用还没一个统一的评价指标体系,因此纳米材料作为抗菌剂在进行大规模商业化生产及应用之前,还需要综合地评估其所能带来的生态效应和社会经济方面的综合效益。

5.4　纳米材料对月季白粉菌的抑制作用

5.4.1　引言

纳米材料由一种原子或分子聚集体作为基本单元而构成,在三维空间内,尺寸为 1～100 nm。从 20 世纪 70 年代中期发展至今,纳米材料的历史已经快有 50 年了。由于其结构的微小,比表面积巨大,同时具有高表面能,接近电子相干长度,其性质比原本组织的性质有了很大发生变化,这是它们在力学、光电学、微生物学、环境修复、医学、众多工程领域和材料科学中广泛使用的最重要特征。兰丽贞、赵群芬等发现以拟南芥为实验对象,用特定浓度的纳米 TiO_2 处理,其根部和叶部对纳米 TiO_2 的敏感度不同,主要表现为叶片受到抑制但促进根部生长。徐成等发现纳米载体以复合的氧化石墨烯材料为基础,可以承载生化有关物质,将其转移至目标靶位,由于纳米材料自身磁性属性,使其治疗恶性癌细胞成为可能。无机纳米材料已经用于食品有关方面几十年,如金属氧化物、全碳基材料等。无定形二氧化硅(SAS)在食品加工中作为抗结块剂使用多年;由有机纳米材料与生物活性成分组成的纳米胶囊提高了营养素(维生素、矿物质)、农用化学药物的稳定性,同时具有较高的负载能力,能够逐渐释放杀真菌剂并降低对植物生长的不利影响。在农业生产中,与常规制剂相比,采用纳米配制的农药和其他纳米配制的农业化学品效力更高。

随着对各类型纳米材料的深入了解,为了更大限度地利用不同纳米材料的显著功能,复合型纳米材料在抗菌领域越来越受到关注。石墨烯由于其显著的物化性质如巨大的表面积、高机械强度以及生物相容性等已被普遍用作抗菌剂,但由于其片间较强的范德华力,有聚集的趋势,而这种现象可以通过石墨烯片表面修饰或与有协同作用的其他纳米金属(金属氧化物)形成复合纳米材料来抑制。纳米银性能良好、稳定性高、抗菌范围广,但由于纳米银易聚集导致与细菌接触的面积减少,所以抗菌性降低。为了克服二者不足,取长补短,研究将纳米银在石墨烯片上进行修饰,形成 Ag-rGO 新型抗菌剂。在研究抗大肠杆菌活性实验中发现,Ag-rGO 复合纳米材料比银纳米材料具有更高的抗菌活性。同样,在 Li 等实验中发现纳米银分散在碳纳米管中也能显著提高抗菌活性。另外纳米 TiO_2 的抗菌活性除了与其自身稳定性——激发的光波长能使电子跃迁外,也可以通过增加其他半导体或金属纳米粒子来改变。根据研究表明,纳米 TiO_2 与石墨烯连接能够增加吸收性、导电性与清晰度,Jin 等发现与 GO 相比,TiO_2-GO 进入细胞对线粒体破坏程度更大,对溶酶体造成的损伤更多。因此随着未来科技的发展,纳米材料的发展将是以多种类多方法的形式应用到各领域。考虑到少量合理、安全节约的原则,复合纳米材料由于其一加一大于二的优势,必定将在抗菌剂领域广泛运用。

月季花是温室栽培的最经济和重要的观赏作物之一,但糟糕的是月季的观赏价值因为某些疾病而显著降低,如白粉病、灰霉病等。白粉菌属于真菌类,主要生活在温暖干燥的环境中,适宜的温度主要在 $17\sim25℃$,当温度超过 $30℃$ 时,白粉菌生长受到抑制。白粉病由真菌接触在幼叶表面引起,最终呈白色粉末状脓包覆盖在整个叶面,主要感染月季花的叶片、花梗、花蕾与嫩茎,其中花枝和嫩叶最为严重。感染后主要表现为嫩叶皱缩,卷曲畸形,嫩梢膨大,向地面卷曲。在园艺观赏中,由于白粉病的侵染,使得月季可观赏价值大幅度下降,因此研究月季花感染白粉病的抑制方法显得尤为重要。在本次实验中,在对照组中观察了白粉菌侵染离体月季叶片的情况,发现叶片表面干燥有白色菌丝覆盖生长,紫色嫩叶受感染变黄。

5.4.2　材料与方法

5.4.2.1　实验材料准备

实验所需月季(*Rose hybrida*)品种为"萨曼莎"(Samantha),取自北京市昌平区南口农场花卉培育基地。剪取长有 4～5 节，每节 5 片羽状复叶的嫩枝，采后立即放入清水中，2 h 之内带回实验室。嫩枝在水中修剪基部，保留 3～4 片羽状复叶。菌株为月季白粉菌，叉丝单囊壳属子囊菌（*Podosphaera pannosa*），由本实验室培养。实验中所用到纳米材料有 CuO NPs、TiO₂ NPs、MWCNTs、rGO 四种。所用到的 CuO NPs 和 TiO₂ NPs 购自上海攀田粉体材料有限公司，纳米氧化铜直径可达 40～60 nm；纳米二氧化钛尺寸在 20～30 nm。多壁碳纳米管 MWCNTs 由清华大学吕瑞涛教授实验室提供，由石墨烯片层卷曲而成，横切面直径为 20～30 nm。rGO 购自四川成都有机化学厂，由石墨粉经过化学变化或剥离后形成，为单一原子层，能够横向扩展，单层厚度为 0.60～3.70 nm，直径约为 500 nm。

5.4.2.2　白粉孢子-纳米混合液悬浮液配制

分别取一定量的 4 种纳米材料放入耐高温的锥形瓶中，溶于无菌水配置成悬浮液，每种悬浮液有 50 mg/L 和 200 mg/L 两种浓度，之后放入超声振荡机进行超声振荡 30 min，静置后用带孔封口膜封口。之后放入高温灭菌锅中，在 121℃高压灭菌 2 h。后取出等待冷却。剪取长有浓密白粉菌的月季叶片装入 50 mL 离心管中，加入 20 mL 无菌水，放置于涡旋仪，充分振荡后去除叶片，获得白粉菌孢子悬浮液，转至 10 mL 离心管中备用。采用孢子计数法保证白粉孢子浓度为 2×10⁶ 个/mL。配制好一定浓度的白粉孢子悬浮液后，摇匀，在 10 mL 离心管中装入 4 mL，进行液面刻度标记，7000 r/min，15 min，弃上清，添加相应浓度的纳米材料至标记线。

5.4.2.3　月季嫩叶接种真菌

将取得的新鲜月季嫩枝摘取前两轮的新鲜紫色嫩叶浸泡在蒸馏水中，在月季叶片的中心使用圆形叶片打孔器切离出直径 1 cm 的圆形叶片作为实验材料；将圆形叶片用蒸馏水冲洗干净之后，擦干，放入已经制备好的 0.4% 水琼脂培养基，叶片正面朝下背面朝上平铺于凝固的琼脂表面，每个培养基中放入 16 片圆形叶片，保证培养基内环境干燥。叶片铺板完成后，用喷雾法将相应浓度的白粉孢子-悬浮液喷洒在圆形叶片表面上。实验组接种的白粉孢子悬浮液含有 50 mg/L 或者 200 mg/L 的纳米悬浊液，但对照组接种的白粉孢子悬浊液不含纳米材料。喷洒接种后，将月季叶片培养基进行遮光后转移到 22℃的培养箱中进行黑暗处理。48 h 后进行光照处理。72 h 后，观察叶片上白色丝状菌斑大小及白粉菌生长情况。

5.4.2.4　菌斑测量拍照及电镜扫描观察

侵染 72 h 后，用相机对白粉菌斑生长大小和位置进行拍照记录。距离上次观察 72 h 后再次进行拍照记录。每次拍照结束，用游标卡尺手动测量月季叶片上的菌斑直径。重复观察 4 次后；利用扫描电镜（SEM，Phenom ProX，Phenom，NLD）观察叶片上真菌侵染状态，菌丝生长状态。

5.4.2.5　激素测定

测定方法步骤参见 4.2.4.7。

5.4.2.6　数据统计分析

在本研究中，所有实验样品都设计了 3 个以上重复，使用 Dunnett T3 检验法以及单向方差分析法来进行统计分析，分析操作系统为 Windows 版 SPSS19.0（SPSS，Chicago，IL，美国)。在所有统计分析情况下,$P<0.05$被视为具有统计的显著性。

5.4.3　实验结果

5.4.3.1　粉菌侵染月季叶片观察

在白粉孢子-纳米材料悬浮液喷洒处理后的第19天,白粉菌生长达到稳定后,对叶片上白粉菌斑生长情况进行拍照记录。观察发现,白粉菌侵染叶片后以白色菌丝斑状生长,在最初阶段难以通过肉眼发现,生长达到稳定阶段后,丝状菌斑可以由最初微小菌斑逐渐生长扩大,也可以通过零散菌斑后期连接形成大块菌斑。通过不同浓度处理后的叶片上菌落分布密集程度和菌斑直径大小可以看出,与对照组相比,50 mg/L TiO_2 和 200 mg/L TiO_2、CuO、rGO 和 MWCNTs 处理条件下白粉菌斑分布最少,直径变化程度最明显。其中,纳米材料 TiO_2 两个浓度梯度的抑制程度都很大,比别的纳米材料的抑制能力更强,以至于高倍数照片难以识别出明显丝状菌斑(图 5-14)。

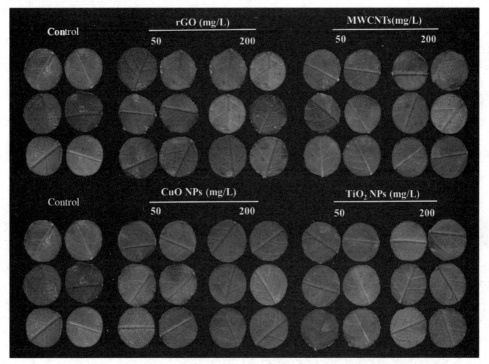

图 5-14　经过纳米材料喷洒处理的被白粉菌感染侵染后的月季叶片

5.4.3.2　电镜扫描观察白粉菌丝生长

在白粉孢子-纳米材料悬浮液喷洒叶片处理后第19天,用 SEM 电镜扫描观察不同处理条件下菌丝生长情况。通过观察发现,与对照组相比,经过纳米材料处理后的实验组中生长的白粉菌丝稀少甚至断裂,菌丝上的分生孢子数量减少,分生孢子梗细短。其中,纳米 CuO 处理后的菌丝非常细短并且呈断裂分布,菌丝上几乎没有分生孢子生长(图 5-15)。因此可以说明,四种纳米材料均对白粉菌的生长产生了显著的抑制作用。

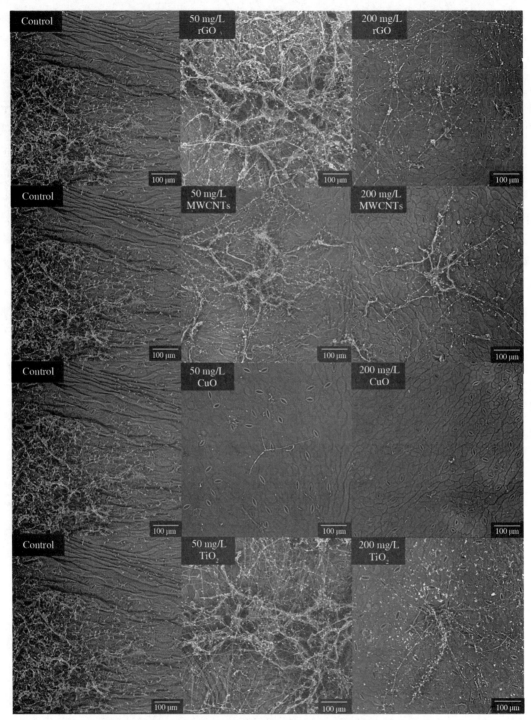

图 5-15　经过纳米材料处理后被白粉菌侵染的月季叶片电镜扫描 SEM 图

5.4.3.3　白粉菌斑直径显著性分析

本实验的白粉菌丝状菌斑直径由手工游标卡尺测量，测量结果与实际观察结果一致。运用 Excel 软件进行统计分析，得到不同浓度纳米材料与白粉菌斑直径变化的柱形图。根据柱形图可看出,四种纳米材料均对白粉菌的生长有不同程度的抑制。其趋势均为高浓度纳米材料抑制菌斑大小能力比低浓度的强。其中 200 mg/L 的 CuO、TiO$_2$ 抑制效果最明显(图 5-16)。

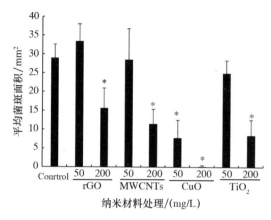

图 5-16 不同纳米材料处理后的白粉菌孢子侵染月季叶片后菌斑直径统计图

5.4.3.4 纳米材料对白粉菌侵染后的月季叶片体内激素 IPA 和 ZR 含量的影响

通过对纳米材料处理后的白粉孢子侵染月季叶片体内激素的提取测定,发现叶片体内有两种激素在不同浓度的纳米材料影响下有明显的含量变化,分别是吲哚丙酸 IPA 和玉米素核苷 ZR。根据图 5-17 可以看出,高、低浓度的四种纳米材料均对叶片体内 IPA 水平有促进作用,说明纳米材料增强了月季叶片的抗逆性,也加强了对白粉菌侵染造成伤害的抵抗。两种金属纳米材料 CuO、TiO$_2$ 和碳纳米材料 MWCNTs 对 IPA 促进的程度区别不大,其趋势均为 200 mg/L 条件下促进水平高于 50 mg/L。但碳纳米材料 rGO 对 IPA 的促进有显著的区别。50 mg/L rGO 对叶片体内 IPA 的促进水平明显高于 200 mg/L rGO 的处理,说明低浓度的 rGO 更能增加月季叶片体内吲哚乙酸 IPA 的含量,从而提高植物的抗菌性。根据柱形图图 5-17B 可以看出高、低浓度四种纳米材料均对月季叶片体内 ZR 有促进作用,其趋势均为 200 mg/L 条件下促进水平高于 50 mg/L。其中 200 mg/L MWCNTs 的处理对 ZR

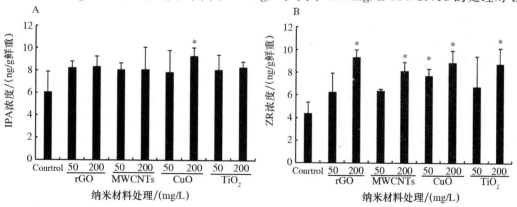

图 5-17 经过纳米材料处理后白粉菌侵染的月季叶片内源激素 IPA(A) 和 ZR(B) 浓度变化

注:" * "代表在 $P<0.05$ 情况下,纳米材料处理组与空白组之间存在显著差异。

促进作用最大的。因此看出对环境友好的碳纳米材料是有效抗菌剂的良好选择。

5.4.4　讨论

在对白粉菌侵染月季叶片实验中,可以发现两种碳纳米材 rGO 和 MWCNTs 料均对白粉菌菌斑的生长产生了抑制。多壁碳纳米 MWCNTs 的高、低浓度处理都减小了白粉菌菌斑的直径,促进了叶片体内 IPA 和 ZR 激素水平的提高,其趋势均为高浓度处理组比低浓度更加显著地表现出抑制能力。有研究发现,NWCNT 可以通过堵塞孢子吸水通道来起到抑制病菌生长的作用。在探究 NWCNT 抗禾谷镰刀菌(*F. graminearum*)活性实验中,发现聚集体由于范德华力吸附在真菌病原体孢子细胞壁表面,阻塞了孢子吸水通道,损失了大量生长所需的水分,因此 MWCNTs 在孢子萌发中表现出显著的抑制作用,在生长周期中,一旦孢子萌发受到抑制或停止,孢子就不能再形成成熟的菌丝体,最终中断病原体繁殖并终止感染周期。另外研究证明,MWCNTs 还可以通过与病菌孢外表面产生强大的静电力破坏膜的导电性,导致膜过氧化,还可以产生活性氧直接伤害病菌细胞内部的生物分子,间接促使 DNA 破坏,从而使杀死病菌。同样,rGO 的抑制趋势也类似于 MWCNTs。但有差异的是,在 rGO 对 ZR 激素影响的结果中,发现 50 mg/L rGO 对 ZR 的促进程度大于 200 mg/L rGO,说明低浓度的 rGO 更能促进叶片体内细胞分裂素的增加。石墨烯的抗菌作用涉及物理和化学作用:物理损伤主要是由于石墨烯层状锋利尖锐的边缘与真菌细胞接触,刺破细胞表面,从而破坏细胞结构引起真菌死亡,或者破坏性提取脂质分子引起细胞内部受损;化学效应主要是由于石墨烯诱导产生活性氧引起氧化损伤。综上所述,碳纳米材料一方面可以通过破坏孢子体表面结构和引起胞内氧化应激反应来抑制病菌的生长,另一方面碳纳米材料也提高了叶片抗逆激素的含量,增加了植物对病菌侵染的抵抗。

实验中两种金属纳米材料 CuO 和 TiO$_2$ 对白粉菌的生长也有相同的抑制能力。纳米氧化铜在 200 mg/L 的条件下能够显著减少菌斑的直径,而在 50 mg/L 时并不显著。在两种激素含量水平的观察中,CuO 在 200 mg/L 浓度条件下促进 IPA 和 ZR 的能力均比 50 mg/L 时强。根据研究发现,纳米 CuO 由于结构特点具有很强的表面吸附性,增加了病菌与纳米结构的接触,由于 CuO 高氧化性释放活性氧物质,如 HO·、O$_2^-$· 和 H$_2$O$_2$ 等,渗透到真菌细胞内,破坏胞内成分如肽聚糖、蛋白质、脂质和 DNA 等,从而导致病菌死亡。纳米 TiO$_2$ 对白粉菌的抑制趋势与纳米 CuO 类似,区别之处在于高、低浓度的纳米 TiO$_2$ 均能减小白粉菌斑的直径。有研究证实:纳米 TiO$_2$ 抑菌机制主要为光催化产生活性氧从而对病菌细胞造成伤害。受到紫外线照射后,纳米 TiO$_2$ 表面上发生各种氧化还原反应,生成许多具有强氧化性的物质——活性氧 ROS,一方面这些强氧化性物质能够与真菌生活环境中生存所需的有机物质发生反应,ROS 消耗有机物质生成二氧化碳和水,因此真菌的生长受到抑制;另一方面,部分活性氧能够进入真菌细胞内,引起胞内氧化应激反应,过度消耗细胞内部的一些还原物质,破坏细胞结构,引起真菌细胞坏死。同时从植物自身抗逆性来看,同时纳米 CuO 和纳米 TiO$_2$ 在一定程度内都能对月季叶片造成低刺激效应,促进叶片体内 IPA 和 ZR 水平的增加,增强了月季叶片对白粉菌侵染的抵抗。

5.4.5　小结

本研究证明,4 种纳米材料 rGO、MWCNTs、CuO NPs 和 TiO$_2$ NPs 对白粉菌的生长均有抑制作用,200 mg/L 纳米材料较之 50 mg/L 能够更显著减小白粉菌斑侵染的面积,金属氧化物纳米材料抑菌能力较之碳纳米材料更强。同时四种纳米材料可以提升月季叶片体内激素 IPA 和 ZR 浓度,50 mg/L rGO 促进叶片体内 IPA 升高程度比 200 mg/L 的大,而 50 mg/L rGO 促进叶片体内 ZR 升高程度比 200 mg/L 的小,其余趋势均为高浓度的纳米材料促进激素水平升高程度比低浓度高。由此可以说明这四种纳米材料一方面可以通过抑制病菌的生长来减缓病菌对植物的侵染,一定程度上保护植物免受病虫害的损伤,另一方面可以对叶片造成低刺激效应造成体内抗逆激素的变化,增强了植物对病菌侵染的抵抗性。

综合各项结果可以看出,两种金属纳米材料在抑制菌斑程度上稍强与两种碳纳米材料,但在促进叶片体内两种激素升高水平上两种金属纳米材料与两种碳纳米材料相当甚至稍差,考虑到环境安全评价和风险效应,认为两种碳纳米材料 rGO 和 MWCNTs 更具有实用性,更能作为安全有效的植物保鲜剂投入市场应用。同时根据菌斑统计结果,50 mg/L 的碳纳米材料就能够有效地抑制菌斑生长,尤其是低浓度下 rGO 抑制能力比 MWCNTs 更强,因此 rGO 是四种纳米材料中最理想的抑菌剂。

5.5 纳米材料对芜菁花叶病毒侵染烟草的抑制作用

5.5.1 引言

纳米材料是指晶粒尺寸为纳米级(10^{-9} m)的超细材料,通常泛指 1～100 nm 范围内的微小固体粉末。目前,国际上将处于 1～100 nm 尺度范围内的超微颗粒及其致密聚集体,以及由纳米微晶所构成的材料,统称之为纳米材料。随着科技发展,纳米材料被应用于更多领域,如纳米电子学、纳米光学、纳米生物学、纳米化学、纳米材料学、纳米工程、纳米医学等等。纳米尺度的物质进入生物、环境以后,与生命体和环境的相互作用过程以及产生的生物环境效应,其中有正面的影响,也有负面影响。现有的实验研究结果显示,纳米物质可能比较容易透过生物膜上的孔隙进入细胞内或如线粒体、内质网、溶酶体、高尔基体和细胞核等细胞器内,并且和生物大分子发生结合或催化化学反应,使生物大分子和生物膜的正常立体结构产生改变,其结果可能将导致体内一些激素和重要酶系的活性丧失。纳米农业在国外已有十多年的发展历程。纳米技术为现代农业科学提供了新的科学方法论,主要涉及的研究方向包括农业投入品的传输、动植物遗传育种、农产品加工、农业环境改良和农业纳米检测技术。将农药、肥料、兽药、疫苗、饲料等农业投入品纳米化、包埋或加工成智能化纳米传输系统,提高其渗透性,使其具有靶向、缓/控释等智能化环境响应特性,从而提高农业投入品的有效利用率,实现农业生产节本增效。纳米材料与技术可以克服传统农业技术的局限性,加速动植物优良品种的繁育,提高动植物生产效益。利用纳米技术加工农产品,可以改善农产品的质量,减少环境污染。而在农业方面纳米材料也有促进植物生长等作用,纳米材料还可依次促进种子的吸水和幼苗根系的生长,使作物表现较高的生物活性,进一步证明对种子萌发及幼苗生长有调节作用。纳米材料还提高种子体内各种酶的活性,进而促进植物根系生长,提高植物对水分和肥料的吸收,促进植物新陈代谢,提高植物的抗虫、抗病以及各种抗逆性能力,达到增产和品质改善的效果。如多壁碳纳米管可以显著增加萝卜、油菜、黑麦草、莴苣、玉米、黄瓜种子的发芽率与根系的延伸。同时除了促进作物生长之外，纳米材料对植物生长的促进作用并不是无限的，部分纳米材料在一定浓度下表现出抑制植物生长和种子萌发的现象。例如，纳米 CuO 对青萍（水生植物）的生长具有显著的抑制作用，纳米 TiO_2 和纳米 CuO 均可引起青萍活性氧含量的变化，进而导致超氧化物歧化酶（SOD）、过氧化氢酶（CAT）和过氧化物酶（POD）等抗氧化体系酶活性的应激变化，使植物细胞内产生过量的活性氧，超出了细胞内抗氧化酶清除限度，导致细胞产生过氧化损伤。有实验证明，超剂量的纳米 Zn 和纳米 ZnO 也会抑制作物的根系生长。纳米材料除了应用在提高植物产量方面，还主要作为农药提高原农药防治病虫害的效果，且由于纳米材料巨大的比表面，有可被修饰官能团，容易和环境中重金属离子结合等特性，也被应用于吸附处理废水中有机污染物，修复被 DDT、多氯联苯等有机物污染的土壤和地下水。

纳米 TiO_2 氧化活性较高，化学稳定性好，成本低，无污染。广泛应用于降解有机废水、净化空气、还原重金属离子、防雾、杀菌等方面。二氧化钛（TiO_2）俗称钛白粉，从晶形角度而言，TiO_2 分为锐钛矿、板钛矿和金红石三种，其中锐钛矿型和金红石型应用较为广泛。二氧化钛属非溶出型抗菌剂，在波长在 38 nm 下的紫外灯照射下会产生电子和空穴，电子会继而与氧分子反应，产生超氧离子自由基 $O_2^- \cdot$，进而生成高催化活性的活性氧类物质会通过细菌内部的辅酶 A，进而破坏细胞壁（细胞膜）的渗透性和 DNA 结构，使电子的传输中断而达到抗菌的作用。二氧化钛的制备方法根据反应物系的形态分为气相法、液相法、固相法，其中液相法制备二氧化钛是国际上研究最广泛的方法，因其具有来源广泛、价格低廉、设备简单及易操作等特点在实验室得到广泛的应用。液相沉积法制备二氧化钛工艺简单且原料价廉易得，但粒子团聚现象严重，存在工艺流程过长、料液损失大、纯度低等不足之处。为了对制备工艺进行改进，没有经过高温煅烧，直接由液相一步制备出了金红石型的纳米二氧化钛粉体，从而避免了因烧结而产生粒子硬团聚的现象。气相法反应速度快，能实现连续化生产，产品纯度高，分散性好，团聚少，表面活性大，但反应在高温下瞬间完成，要求反应物在极短时间内达到微观上均匀混合，对设备要求高。沉淀法采用钛醇盐或四氯化钛、硫酸钛以及其他含钛无机物，通过严格控制工艺参数和制备条件制得性能良好的氧化钛粉。二氧化钛可以屏蔽紫外线，透过可见光，因而将二氧化钛添加到食品包装材料上可以防止食品发生变质。也有将 TiO_2 制成抗菌纤维，即将纳米掺入天然纤维和聚合物长丝中，再制出抗菌长纤维织物。纳米 TiO_2 在水果保鲜和农作物保鲜上有显著的作用，将 TiO_2 制成薄膜包裹在水果周围，让水果内水和糖分的损失减缓减少，来增长水果的保鲜时长。总之，纳米 TiO_2 作为一种环境催化剂，具有更多可利用领域。

纳米氧化铁因其具有量子尺寸效应、表面和界面效应、高顺磁性、催化活性、高灵敏度与选择性等优异的物理性能，可广泛应用于闪光涂料、油墨、塑料、皮革、汽车面漆、电子、高磁记录材料、催化剂以及生物医学工程等方面。同时也有实验探究了纳米氧化铁对花生生长发育及养分吸收的影响，证明纳米氧化铁能够促进花生对氮、磷、钾营养元素的吸收和利用，显著促进植株生长发育及光合作用。纳米氧化铁的制备方法总体上可分为干法和湿法。由于湿法具有原料易得且能直接使用、操作简单、粒子可控等优点，因此工业上多用此法制备纳米氧化铁。湿法一般采用绿矾、氯化（亚）铁或硝酸铁作为原料，通过强迫水解法、水热法、胶体化学法等方法来制备纳米氧化铁。干法常以羰基铁或二茂铁为原料，采用火焰热分解、气相沉积、低温等离子化学气相沉积或激光热分解法制备。

　　碳纳米管可看成是由石墨片层绕中心轴按一定的螺旋度卷曲而成的管状物,管子两端一般也是由含五边形的半球面网格封口。碳纳米管的制备方法主要有电弧放电法、激光蒸发法和催化热解法等,其中催化热解法由于具有反应过程易于控制、适用性强、制备方法简便、产品纯度高等优点,而被广泛应用于制备碳纳米管。因碳纳米管具有极好的导电特性、电致发光等性能,可作为场致发射材料、纳米电子器件等。且除了导电性能的利用,碳纳米管由于具有独特的纳米级尺寸、中空结构和更大的比表面积等特点,理论上可作为储氢材料。我国研究者成会明等提出一种氢等离子电弧方法,制备出大量高纯度的单壁碳纳米管,可在常温下储存氢气。由于碳纳米管具有很好的吸附能力,可以作为微污染吸附剂使用,在环境保护领域有巨大的应用前景。碳纳米管优异的除铅能力,发现在同等条件下,碳纳米管的吸附量比活性炭高1倍。碳纳米管可以进入植物组织细胞,影响植物体内物质代谢,从而影响植物的生长和发育,提高经济作物产量。所以,碳纳米管在农业生产方面也有广泛应用前景。

　　富勒烯是由碳原子组成的只有一层原子厚度的平面二维晶体。富勒烯是一种没有能隙的半导体,具有比硅高100倍的载流子迁移率$[2 \times 10^5 \, cm^2/(V \cdot s)]$,在室温下具有微米级自由程和大的相干长度,因此它是纳米电路的理想材料。富勒烯的制备方法有微机械分离法、氧化石墨还原法、热分解SiC法、化学气相沉积法等多种制备方法。由于富勒烯和碳纳米管一样具有良好的导电特性、电致发光的特性和储氢性能,同样也用于电子元件生产和制作储氢材料,同时也可用于调节植物生长发育。

　　芜菁花叶病毒(TuMV)隶属马铃薯Y病毒科马铃薯Y病毒属,在全世界都有广泛分布,但主要分布在温带和热带地区。1921年,美国病毒学家Schultz在小白菜和芜菁中第一次发现了TuMV,其后围绕该病毒进行的分类和分子学研究取得了很大进展。TuMV在十字花科植物上可以引起严重的危害,寄主范围广泛,除烟草外还侵染包括大白菜、白菜、甘蓝、萝卜、卷心菜、花椰菜、大头菜、盘菜、芥蓝菜和红菜薹等十字花科蔬菜,给蔬菜生产带来严重损失。除十字花科外,还包括菊科、茄科、藜科、苋科、豆科和石竹科,而且也侵染单子叶植物。在自然条件下,主要危害油菜和其他十字花科蔬菜,但最新报道的寄主植物呈不断增加的趋势。目前国际应对TuMV病毒通常只能从筛选抗病基因,采用针对性杀虫剂以及经济作物的栽种苗床尽量远离十字花科蔬菜地,移栽前拔除病弱幼苗等从病毒来源上减轻病毒对植物的影响,且其中最实用和有效的防治方法是应用抗病品种。

　　本研究使用两种金属纳米材料和两种碳基纳米材料,分别为纳米TiO_2、纳米Fe_2O_3、多壁碳纳米管(MWCNTs)和富勒烯(C_{60})。首先分别将四种纳米材料配置成两种浓度溶液,50和200 mg/L,然后对烟草进行连续21 d的叶面喷施,最后对烟草进行5 d的芜菁病毒侵染处理。本研究的主要目的是探讨四种不同类型的纳米材料对烟草生长和抗病毒感染的效果。在收获后,用烟草的鲜重、蛋白质积累水平和芜菁花叶病毒RNA的相对表达来评价四种纳米材料对植物的生长和抗病毒的影响。并且通过测定油菜素内酯(BR)、玉米素核苷(ZR)和脱落酸(ABA)等植物激素的浓度,由此判断纳米材料是否可能通过调节激素的途径来影响植物生长和抗性。同时利用射电镜(TEM)和能谱仪(EDS)用于观测分析纳米材料在烟草叶片细胞中的分布与积累。

5.5.2 实验材料与方法

5.5.2.1 烟草的种植和纳米材料处理

本实验选用烟草（*Nicotiana tabacum* L.）作为模式植物,种植于在相对湿度 60% 的温室中,设定昼夜比为每天 22℃ 下光照 16 h,18℃ 的黑暗环境条件持续 8 h。将营养土和蛭石以 2∶1 的比例混合成营养培养基。在每一个黑色的塑料花盆(8 cm×10 cm)装满 100 g 的营养培养基。于 25℃、黑暗条件下,培养的烟草种子 5 d,之后选择大小均匀烟草育苗,每一棵苗对应一个花盆,小心移栽到盆中培养基的 0.5 cm 深度处。然后直到实验结束,每天用 500 mL 的塑料喷壶对叶面喷施 50 mg/L 和 200 mg/L 的多壁碳纳米管(MWCNTs)、富勒烯(C_{60})、TiO_2 和 Fe_2O_3 这四种纳米悬浮液,每次喷施均采用 3 次重复。并且每隔一天用去离子水对每盆植物浇灌,使土壤含水量保持在 60%。在叶面喷施过程中,为了避免纳米颗粒对植物培养基的干扰,使用塑料膜覆盖花盆。

5.5.2.2 量取鲜重,进行透射电子显微镜观察

在培养 28 d 后,小心收取烟草样品。将样品用去离子水清洗干净后,用吸水纸吸干表面水分后,用精度为 0.001 g 的分析天平测量每一株样品鲜重。

在 3 周的纳米材料喷施实验后,采摘烟草叶片用于电镜观察。实验步骤参考 4.8.1.2。

5.5.2.3 芜菁花叶病毒侵染和检测

芜菁花叶病毒侵染实验是为了检测不同纳米材料处理过的烟草植株对病毒的易感性。将带有用荧光蛋白标记过的芜菁花叶病毒的农杆菌各自接种在烟草幼苗(7～8 叶阶段)上。接种 3 d 后,用紫外灯观察各实验组和对照组的植株的荧光强度。接种 5 d 后,摘取这些叶片进行实时荧光 PCR 实验。然后对这些芜菁花叶病毒侵染的植株个体的提取物,用芜菁花叶病毒特异性抗体进行酶联免疫吸附实验。

5.5.2.4 实时荧光 PCR 技术(RT-PCR)

使用 TRIZOL 试剂(Tiangen，北京，中国)从样品中提取总 RNA,加入 DNase Ⅰ(RNase-free)以去除可能存在的 DNA 对实验的干扰。以 Oligo(dT) 作为引物,使用 2.0 μg 的总 RNA 合成第一条链 cDNA。接下来将合成的 cDNA 稀释 10 倍,使用基因特异性引物和 FastSYBR mixture(CWBIO，北京，中国)进行 PCR 测试以检测 TuMV 外壳蛋白 RNA 转录水平,整个反应均在 ABI PRISM 7500 (Applied Biosystems Inc.，Foster City, CA, 美国) qRT-PCR 系统中进行。基因的相对表达量使用 $2^{-\triangle\triangle CT}$ 法计算(Livak 和 Schmittgen，2001),每个样品设置 3 个重复。

5.5.2.5 酶联免疫吸附实验

采用酶联免疫法(ELISA)测定烟草叶子内源植物激素生油菜素内酯(BR)、脱落酸(ABA),预冷的研钵中,加入 1 mL 80% 的甲醇,于研钵中研磨均匀,取上清液移至离心管,于研钵中第二次加入 1 mL 甲醇,再次研磨,将残渣与液体转移至离心管,第三次加入 1 mL 甲醇用于洗涤研钵,将液体倒入离心管,在 4℃ 条件下以 5000 r/min 的转速离心 20 min,之后取上清液在 -20℃ 条件下保存。最后使用植物激素 ELISA 试剂盒,根据试剂盒说明书进行实验操作,分别测定相应的植物激素。

5.5.2.6　植物激素分析

测定方法步骤参见 4.2.4.7。

5.5.2.7　数据分析

所有的实验都进行 3 次重复,数值由平均值±标准差表示。使用 SPSS19.0 单因素分析进行数据统计,$P<0.05$ 时被定义为显著性差异。

5.5.3　实验结果与讨论

5.5.3.1　四种纳米材料对烟草生长的影响

鲜重是作为测定植物生长程度的重要指标。在本实验中,四种不同纳米材料喷施处理后的烟草植物的生长趋势如图 5-18 所示,两种碳纳米材料 50 mg/L 和 200 mg/L 浓度都表现出明显使鲜重增加的趋势,而两种金属纳米材料则只是在低浓度 50 mg/L 时表现出相同的增加鲜重的结果,在高浓度的情况下并没有显著影响。

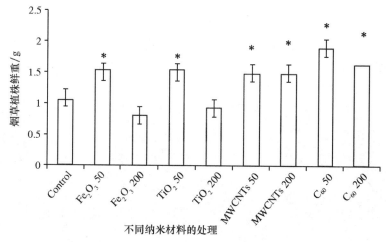

图 5-18　不同纳米材料处理过后的烟草植株鲜重

铁作为植物生长必需的微量元素,在植物体内参与光合作用、氧化还原反应和电子传递以及呼吸作用等众多生理过程。在本实验中,氧化铁在低浓度下显著对烟草生长有促进作用,这与之前的文献一致,低浓度纳米氧化铁能够显著地促进植物种子萌发与根生长和叶绿素的合成。同时也有研究证明施用纳米氧化铁能不同程度地促进植株对氮、磷、钾的吸收。氧化铁纳米粒子可以促进花生根长、株高、生物量和 SPAD 值的增长,这些都表明氧化铁纳米粒子可能是潜在的铁肥。

钛同样是调节植物生长的重要元素,它可以增加光合强度,提高植物激素活性,并且可以促进养分吸收。在本实验中,TiO_2 纳米材料与氧化铁纳米粒子对植物影响一致,只有在低浓度下 TiO_2 纳米材料才表现出显著促进烟草生长的作用。相同的实验结果也出现在了高嫄等的实验中,其研究结果表明纳米 TiO_2 在浓度小于 200 mg/L 下促进青萍的生长,纳米 TiO_2 在浓度大于 200 mg/L 时,SOD 酶活性下降,细胞清除活性氧能力降低,最终对青萍细胞造成过氧化损伤。并且有实验表明,在低浓度纳米 TiO_2 作用下,能够显著使豌豆幼苗主根长、根重、茎长及茎重等指标增加。综上所述,低浓度的氧化铁和氧化钛纳米粒子能够促进烟草的生长,同时也说明,金属纳米材料的浓度是影响植物生长的重要因素,金属材料在不同浓度下对植物生长调节的情况可能不一样。

MWCNTs 和 C$_{60}$是两种调节植物产量的重要纳米材料。国外研究发现碳纳米材料对植物的生长发育起到积极作用,主要集中在刺激作物种子萌发、促进植物根系伸长、提高愈伤组织的生长速度以及植物生物量的积累等方面。同时 MWCNTs 也能够促进番茄生长,尤其能增加植株的开花数,进一步提高番茄果实产量。还有实验发现,碳纳米管还可作为分子转运载体进入烟草细胞,并可传递矿质元素等进入植物细胞器中。多壁纳米管能够促进玉米幼苗对水分的吸收,提高了植株对 Fe^{2+}、Ca^{2+}的吸收效率,促进植株生长,从而提高其生物量。本实验中所采用的两种碳纳米材料表现出和之前所使用金属纳米材料处理植株的实验结果不同,MWCNTs 和 C$_{60}$这两种纳米材料在低浓度(50 mg/L)和高浓度(200 mg/L)的情况下,都表现出了显著促进烟草生长的效果,其处理过的植株鲜重均显著高于未喷施纳米材料的对照组。这与前人的实验在添加有 MWCNTs 培养基上培养烟草植株下,使鲜重提高 64%的结果一致。

5.5.3.2 透射电子显微镜观察和能谱仪分析

在图 5-19 中的纳米二氧化钛(图 5-19B)、纳米氧化铁(图 5-19C)、富勒烯(图 5-19D)、多壁碳纳米管(图 5-19E)和空白组(图 5-19A)相比,在细胞间隙和细胞内有明显黑点,证明金属纳米材料和碳纳米材料能够在细胞间运输和累积,进一步进入到细胞内。

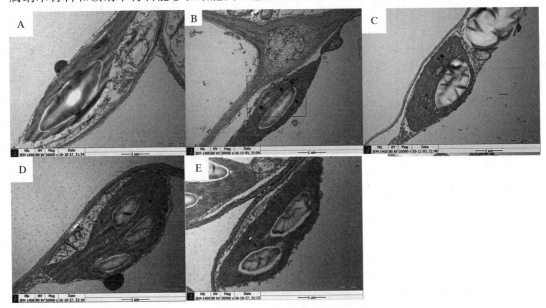

图 5-19　纳米氧化钛和纳米氧化铁在烟草叶中的能谱仪分析结果

为了进一步确认图 5-19 中所观察到黑点是经过叶面喷施进入细胞内的纳米材料,本研究利用能谱仪来确定它们的元素种类。从能谱仪得到的结果中,可清晰发现 Fe(图 5-20A)和 Ti(图 5-20B)元素的波峰,由此进一步证明在透射电子显微镜图像中的黑点是纳米 TiO$_2$和纳米 Fe$_2$O$_3$。

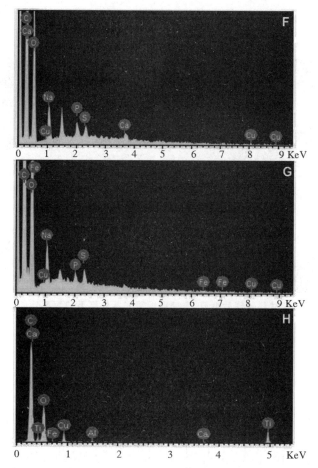

图 5-20　纳米氧化钛和纳米氧化铁在烟草叶中的能谱仪分析结果

5.5.3.3　芜菁花叶病毒互补 RNA 的相关表达和蛋白质积累

对不同纳米材料处理过的植株和对照组植株接种携带荧光蛋白的芜菁花叶病毒的农杆菌,然后观察植株的疾病症状和荧光强度。可以从图 5-21 看出,在两组独立的实验中,被病毒侵染的对照组植株表现出强烈的绿色荧光,而在被喷施过纳米材料的植株中,只发现微弱且分散的荧光。此时,对不同纳米材料处理过的烟草植株的新叶进行分别采样,用于实时荧光 PCR 和 ELISA 实验,来测定芜菁花叶病毒外壳蛋白的累积水平。

TAS-ELISA 用来测定不同纳米材料处理过植株的新叶在接种农杆菌 5 d 后的病毒累积水平。在所有不同纳米材料处理过的植株和未喷施纳米材料的对照组中,所有纳米 TiO_2(图 5-21b 和 B)和纳米 Fe_2O_3(图 5-21c 和 C),富勒烯(C_{60})(图 5-21d 和 D)还有多壁纳米管(MWCNTs)(图 5-21e 和 E)处理过的植株表现出比空白组(图 5-21a 和 A)更低的病毒外壳蛋白积累水平。相比之下,被低浓度纳米 TiO_2 和纳米 Fe_2O_3 和两个浓度的 MWCNTs 处理后植株中芜菁花叶病毒外壳蛋白积累水平明显比对照组植株中观察到的低。

使用实时荧光 PCR 技术来测量芜菁花叶病毒的累积水平。本实验结果表明,不同纳米材料喷施处理过的烟草的芜菁花叶病毒外壳蛋白遗传 RNA 积累水平都明显小于未受纳米材料处理的对照组,但是纳米材料处理后的差异并不在统计学上显著。但是 200 mg/L 的 TiO_2 处理过的烟草植株明显表现出更高的病毒 RNA 积累水平(图 5-22)。

图 5-21　四种纳米材料处理后烟草、未处理烟草在紫外灯下的病毒外壳蛋白荧光效应

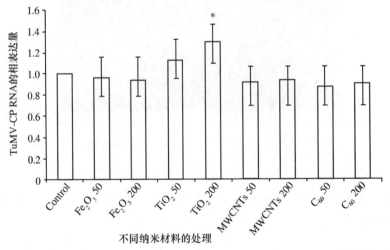

图 5-22　喷施四种纳米材料后植株中的芜菁花叶病外壳蛋白 RNA 的相关表达

5.5.3.4　纳米材料处理后的植物激素浓度变化

植物激素在调节植物生长发育和养分分配等多个过程中起重要作用。同时,植物激素对生长条件如温度、盐度、湿度等因素变化敏感,所以植物体内植物激素浓度的变化成为决定纳米粒子对植物生长的影响的一个重要指标,是近年实验研究的共识。油菜素内酯(BR)是调节植物生长发育、应答生物和非生物胁迫的重要激素,包括对在茎和根的生长、花和果实发育,寒冷和干旱的耐受性的积极影响。玉米素核苷(ZR)是一种植物细胞分裂素,能打破种子休眠,延缓叶片衰老,同时促进植物细胞生长和分化。脱落酸(ABA)是一种普遍存在于植物中的激素,与 BR 和 ZR 的功能相比,ABA 对植物的生长有负面影响,降低蒸腾速率,抑制种子的萌发,促进植物组织脱落,但可促进植物果实成熟。

本实验中,在浓度为 50 mg/L 的 TiO_2 和 Fe_2O_3 纳米材料处理后 BR 和 ZR 显著增加(图

5-23 和图 5-24),而 ABA 浓度在相同处理下则是显著被抑制(图 5-25)。至于两个碳基纳米材料实验结果,BR 和 ZR 的浓度在 C_{60} 和多壁碳纳米管作用下显著提高,ABA 的浓度在低浓度和高浓度的不同纳米材料的处理下则是显著被抑制。考虑到在本研究中的相同趋势,即 Fe_2O_3、TiO_2(在 50 mg/L 浓度)、C_{60} 及 MWCNTs(在所有的浓度)对植物处理后显著促进烟草生长和植株内 TuMV 蛋白的显著积累。从而可得出结论,纳米材料通过调节内激素浓度来促进烟草生长,增加抵抗病毒感染。本研究表明纳米粒子对植物病毒侵染的影响,同时从植物内激素的角度阐述了纳米颗粒对病毒感染的潜在的抵抗机制。

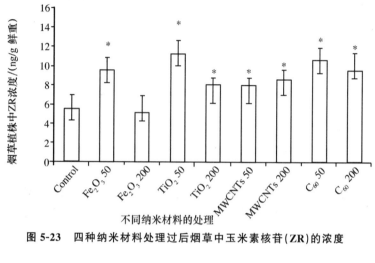

图 5-23 四种纳米材料处理过后烟草中玉米素核苷(ZR)的浓度

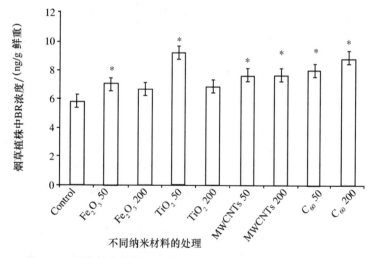

图 5-24 四种纳米材料处理过后烟草中油菜素内酯(BR)的浓度

5.5.4 小结

综上所述,本研究证明对于多壁碳纳米管(MWCNTs)和富勒烯(C_{60})来说,两种暴露浓度下,MWCNTs 和 C_{60} 主要通过调节包括 BR、ZR 和 ABA 等植物激素的浓度来抑制病毒的蛋白质积累。而对于 TiO_2 和 Fe_2O_3 纳米材料来说,只有在低浓度条件(50 mg/L)下对植物

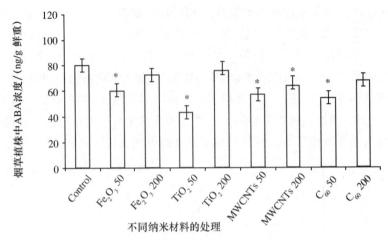

图 5-25   四种纳米材料处理过后烟草中脱落酸(ABA)的浓度

进行叶面喷施处理才能对病毒侵染具有抑制作用,在高浓度(200 mg/L)条件下 TiO_2 和 Fe_2O_3 纳米材料处理过的植株的病毒 RNA 表达无显著变化。本研究从植物激素角度揭示了不同纳米材料对芜菁花叶病毒侵染烟草的抑制作用,并指出纳米材料在提升植物抗病毒侵染领域的潜在应用。同时需要注意的是,在考虑不同纳米材料的应用时,应仔细评估纳米材料应用引起的潜在环境危险。选择对环境无毒害作用的纳米材料,研究其在不同环境中的使用剂量、理化性质,其在植物体内的迁移、转化、积累机制及其暴露风险等。

5.6   不同碳纳米材料对水稻与土壤细菌群落的影响

5.6.1   引言

在本实验中,杂交水稻 Y 两优 1928 作为模式植物。水稻植株土培实验中,由 3 种不同的碳纳米材处理:富勒烯(C_{60})、还原氧化石墨烯(RGO)、多壁碳纳米管(MWCNTs)。分别设置 50 mg/kg 和 500 mg/kg 的浓度进行实验,以模拟低剂量和高剂量的碳纳米材料释放到自然环境中的情形。经过 30 d 的暴露实验,测定所有实验稻植株的长势,包括地上部长度及干重。通过熏蒸法检测土壤微生物生物量碳(SMBC),探究碳纳米材料对土壤微生物生物量的影响。采用 paired150-bp MiSeq2000 测序系统(Illumina)进行配对末端测序,以评估土壤细菌群落的组成的影响。该实验所有操作都是在中国农业大学温室中进行的,本研究的目的是综合考察三种广泛使用的碳纳米材料对水稻生长和土壤细菌结构的影响。

5.6.2   实验材料与方法

5.6.2.1   实验材料的准备与纳米材料的表征

富勒烯(C_{60})购自濮阳永新富勒烯科技有限公司,还原性氧化石墨烯(RGO)购自成都有机化学有限公司。多壁碳纳米管由清华大学魏强教授课题组通过纳米团聚体流床反应器合成提供。其他的化学试剂均为分析纯,购自北京市化工厂。透射电镜(TEM)(JEM-2100,

JEOL，日本）用于观察三种不同的碳纳米材料的几何形态、尺寸、团聚情况。样品在观察之前先溶于乙醇溶液，超声振荡 30 min，使之均匀悬浮于溶液中，形成纳米悬浮液，取少量悬浮液固定于铜网上，用于透射电镜观察。

5.6.2.2 实验土壤准备

实验所用的土壤来自中国农业大学北京上庄实验中心，土样晾干、过筛，多壁碳纳米管、富勒烯、还原性氧化石墨烯分别与土样充分混合，最终形成的土壤-碳纳米材料混合物，浓度分别为 50 mg/kg、500 mg/kg。每种材料各个浓度设置 3 个重复。每盆中准备 200 g 事先混合均匀的土壤-碳纳米材料混合物。

5.6.2.3 水稻培养

杂交水稻 Y 两优 1928 作为此项研究的模式植物，用于研究三种碳纳米材料对其幼苗生长的研究。水稻先在 5% 过氧化氢溶液中浸泡 30 min，以达到消毒的作用，去离子水冲洗 3 遍。消毒的种子均匀地排列在铺有湿润的滤纸的培养皿中（100 mm×15 mm），用封口膜密封培养皿，将种子置于恒温培养箱中（DRP-9052，Peiyin，中国），水稻种子于 25℃ 恒温、避光条件下萌发。5 d 之后，选择萌发程度相同种子埋于 0.5 cm 深度，所有的实验盆栽每隔一天浇一次去离子水，以使整个实验过程中土壤保持湿润的环境。为了防止肥料与实验所用的碳纳米材料之间可能存在的相互影响、相互作用，整个实验过程中没有加入任何肥料。水稻埋入土壤之后，水稻的整个培养过程在中国农业大学温室中进行。所有的实验均设置 3 组重复。

5.6.2.4 水稻地上部长度与生物量

水稻在多壁碳纳米管、富勒烯、还原性石墨烯与土壤的混合基质中连续培养 30 d 之后，收集植物，并用自来水、去离子水分别清洗 3 遍。地上部长度定义为从叶基至叶尖的距离。样品于烘箱中烘干，保持 105℃ 杀青 20 min，80℃ 烘至恒重。

5.6.2.5 土壤微生物生物量碳的测定

土壤微生物生物量碳（SMBC）的测定使用使用的是氯仿熏蒸萃取的方法。每个处理组中准确称量 12.5 g 鲜土样。准备真空干燥器，在其内部铺一层湿润的滤纸，放置盛有 30 mL 不含乙醇的氯仿溶液的烧杯（烧杯内加入若干颗玻璃珠以防止溶液爆沸）。同时放置盛有 50 mL 1 mol/L 的氢氧化钠溶液的烧杯。将称取的土样放于烧杯中，置于布置好的真空干燥器中。盖紧盖子，抽气至氯仿沸腾，保持 5 min 之后关闭活塞。于 25℃ 黑暗放置 24 h 之后取出滤纸、氯仿，将真空泵反复抽真空以除去土壤中残余的氯仿。同时设置空白对照组，除不加氯仿，以上所有操作均同步进行。将处理过后的土样转移至 50 mL 的塑料离心管之中，每个离心管加入 40 mL 0.5 mol/L 硫酸钾溶液，25℃ 充分振荡 30 min，3000 r/min 高速离心 5 min，滤纸过滤，取上清液，于总碳/总氮分析仪（德国 Jena multi N/C2100）测定试液中的总碳含量。土壤微生物生物量碳的计算按照以下的公式进行计算：

$$SMBC = (C_f - C_{nf})/k_{EC}$$

式中，C_f 与 C_{nf} 分别代表经过熏蒸与未经过熏蒸土壤总有机碳；k_{EC} 为转换系数，取值0.45。

5.6.2.6　土壤中细菌群落结构分析

水稻土培实验结束之后,取不同碳纳米材料不同浓度处理组的实验土样 10 g 用于 DNA 提取、细菌群落分析。使用 Power Soil DNA extraction 试剂盒（MO BIO Laboratories, Carlsbad，CA，美国），按照说明书步骤提取 DNA,并于－20℃ 环境下保存,以备后续使用。采用针对 16S rRNA 基因 V3 区的引物进行扩增,前端引物为 338F（5'-XXXXXXXXG-TACTCCTACGGGAGGCAGCAG-3'）,反向引物为 518R（5'-ATTACCGCGGCTGCTGG-3'）。PCR 在 20 μL 的反应体系中进行,包括:10 × ExTaq 缓冲液 5 μL, dNTP (2.5 mmol/L):4 μL,10 pmol/L 前向引物 2 μL,10 pmol/L 反向引物 2 μL,DNA 模板 25 ng (×μL),ExTaq 酶 0.25 μL,补水(36.75－X) μL。PCR 反应参数为:①94℃ 5 min;②30 个循环:94℃ 1 min,48℃ 1 min,72℃ 1 min;③72℃ 10 min。PCR 扩增产物用采用 paired150-bp MiSeq 2000 测序系统（Illumina）进行配对末端测序,采用 Qiime 软件平台（v1.9）,UCLUST 方法进行操作分类单元（OUT）聚类,OTU 中序列相似性设为 97%。DNA 提取,PCR 扩增,MiSeq 测序、OUT 分类均由北京理化分析测试中心完成。

5.6.2.7　数据处理

所有的实验均设置 3 组重复,数据以均值±标准差的形式呈现。使用 SPSS19.0 (SPSS，Chicago，IL，美国) 进行数据统计分析（One-way ANOVA 和 Dunnett's test）。当 $P<0.05$ 时,即为显著性差异。

5.6.3　实验结果

5.6.3.1　3 种纳米材料的表征

透射电镜图显示了 3 种碳纳米材料的几何形态（图 5-26）。多壁碳纳米管（图 5-26A）直径为 10～30 nm,易于团聚。富勒烯（图 5-26B）直径为 40～60 nm,同样倾向于团聚。还原性石墨烯（图 5-26C）单层壁厚为 0.55～3.74 nm,其直径约为 500 nm,其比表面积为 500～1000 m^2/g。

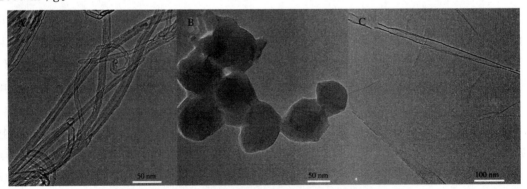

图 5-26　3 种碳纳米材料 MWCNTs (A)，C_{60} (B)，RGO (C)

5.6.3.2　3 种纳米材料对水稻地上部长度的影响

多壁碳纳米管和还原性氧化石墨烯在所有浓度处理组中,对水稻株高均没有显著影响,但是富勒烯与土壤的混合基质在低浓度促进了地上部的生长,在高浓度抑制了株高(图5-27)。这一现象表明水稻对不同种类不同浓度的碳纳米材料有不同的生理反应。富勒烯较其他两种碳纳米材料,对水稻的影响更加显著。

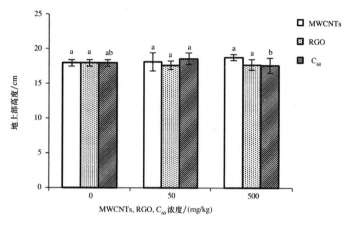

图 5-27　3 种碳纳米材料对水稻株高的影响
(注:不同字母代表显著性差异)

5.6.3.3　3 种材料对水稻地上部干重的影响

3 种碳纳米材料对水稻地上部干重的影响同样有所不同,在土培条件下,多壁碳纳米管对于水稻生物量的影响并不显著,富勒烯在只在高浓度的条件下显著性降低水稻地上部生物量,这与先前该纳米材料对水稻株高的影响相一致。还原性氧化石墨烯在低浓度和高浓度条件下均显著性降低了水稻地上部鲜重,证明其对水稻生长具有一定的抑制作用(图 5-28)。

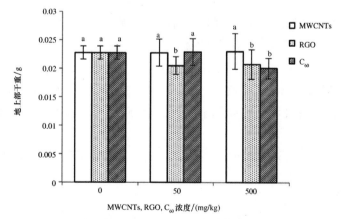

图 5-28　3 种纳米材料处理过后水稻幼苗地上部干重
(注:不同字母代表显著性差异)

5.6.3.4　3 种材料对土壤微生物生物量碳的影响

碳纳米材料影响土壤微生物生物量碳,该实验的研究结果表明土壤微生物生物量碳的含量均得以提升(图 5-29),其中富勒烯对于微生物生物量碳的提升效果最为显著且其促进效应与纳米材料的浓度呈正相关。多壁碳纳米管和还原性氧化石墨烯均促进了土壤微生物生物量碳的含量,但是这一效应在不同浓度处理组中并不显著,由此可见碳纳米材料的种类与浓度都与土壤微生物生物量碳的含量相关。

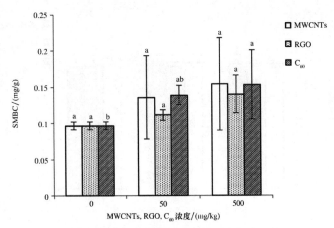

图 5-29　3 种碳纳米材料处理之后土壤微生物生物量碳的含量

(注:不同字母代表显著性差异)

5.6.3.5　3 种碳纳米材料对土壤细菌群落的影响

3 种碳纳米材料均改变了土壤细菌群落结构,这一改变在低浓度和高浓度的条件下均有体现。图 5-30 显示了 3 种碳纳米材料在门水平上对土壤细菌群落结构的影响。

在所有处理组中,变形菌门(Proteobacteria)始终处于该群落主导地位,但是其所占比例随着加入纳米材料的种类、浓度的不同而发生改变。经过富勒烯处理之后,变形菌门所占比重从 39.56% 下降至 37.50%。与之类似的,在还原性氧化石墨烯处理之后,土壤细菌群落中变形菌门所占比重也明显下降,特别是在高浓度处理组中,其比重下降至 30.66%,这进一步证明,高浓度条件下,3 种纳米材料中还原性氧化石墨烯对于变形菌门的影响最为明显。在加入多壁碳纳米管之后,变形菌门水平相对丰度下降十分明显。但是其所占比重并没有随浓度的增加而降低,在低浓度条件下,变形菌门所占比重为 35.6%,当浓度提升时,其比重增长为 36.3%。这一现象可能是因为高浓度的多壁碳纳米管在混合过程中极易团聚,在土壤中分布不够均匀所致。

在土壤细菌纲水平上,γ-变形菌纲(Gammaproteobacteria)在所有的处理组中,占主导地位。

5.6.4　小结

土壤微生物碳是与土壤有机质矿化、营养元素循环过程相关的重要指标,虽然土壤微生物生物量碳在土壤总碳中只占到 1%~4% 的比重,但却是土壤诸多碳源之中最为活跃的一个。农业生态系统中,土地的生产力在很大程度上取决于微生物生物量碳的总量与其活性。碳纳米材料对土壤微生物生物量碳的影响进一步证明碳纳米材料可以显著的影响土壤微生物碳的代谢,从而进一步影响土壤有机质的矿化、影响营养元素在土壤中的循环,进一步影响土壤生产力。土壤细菌群落研究结果证明,纳米材料对于微生物群落的影响很大程度上

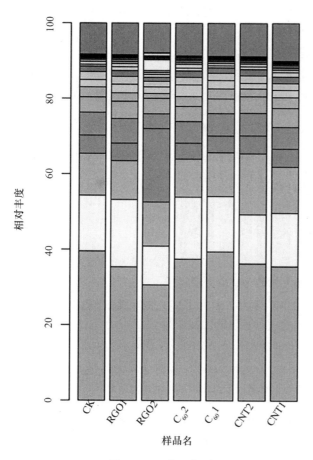

图 5-30　3 种纳米材料处理之后门水平细菌相对丰度

归因于材料本身的差别。较之金属、金属氧化物,碳纳米材料对土壤微生物的毒性更轻。总体而言,3 种纳米材料影响了细菌群落中各种细菌的相对丰度,进而影响了细菌群落的组成结构。细菌对于 3 种碳纳米材料的敏感程度也有所不同,较之其他两种材料,还原性石墨烯氧化物更能有效地改变细菌群落结构。

放线菌门(Actinobacteria)在土壤碳生物地球化学循环过程中起到了十分关键的作用。其相对丰度与土壤中碳素的利用度紧密相关。绿弯菌门(Chloroflexi)在土壤环境中是非常重要的光合微生物。该研究中发现的这几种细菌群落的变化进一步证明三种碳纳米材料可能会通过改变细菌群落结构影响土壤碳循环过程。硝化螺菌属细菌被研究证明与硝化过程紧密相关。实验中其所占比重随纳米材料的增加而降低,这一负反馈现象说明实验中的三种碳纳米材料可能会影响氮循环过程。最近有研究发现另外一种重要的碳纳米材料石墨烯在属水平上同样可以显著地抑制一些与氮循环密切相关的细菌,如硝化螺菌属细菌、浮霉状菌属细菌(Planctomyces)、溶杆菌属细菌(Lysobacter)。这与本实验的研究结论相类似,进一步证明了碳纳米材料会引起土壤中与氮循环相关的细菌种群的变化。

综上所述,在土培条件下,经富勒烯、多壁碳纳米管和还原性氧化石墨烯处理过后,水稻株高无显著差异,但在高浓度条件下影响了地上部的干重,同时也影响了土壤微生物生物量

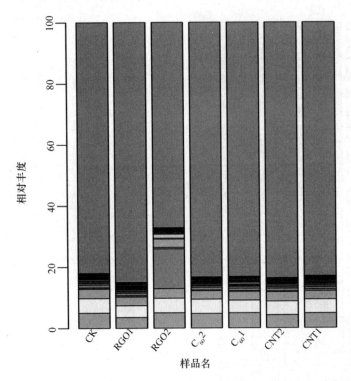

图 5-31　3 种纳米材料刺激之后属水平细菌的相对丰度

碳,这表明碳纳米材料很可能影响土壤微生物碳代谢。配对末端测序进一步表明,富勒烯、碳纳米管和石墨烯虽然改变了细菌群落的组成、各部分含量,但不能改变主要种群,受碳纳米材料影响,一些与土壤碳循环、氮循环相关联的细菌所占比重也有所变化,这进一步证实了将碳纳米材料引入土壤中会引起碳氮循环变化。值得注意的是,被检测过出的细菌变化情况显示还原性氧化石墨烯对细菌群落的影响最明显,特别是在高浓度处理组之中,这表明还原性氧化石墨烯较之富勒烯、多壁碳纳米管对土壤微生物环境具有更大的风险。

参 考 文 献

[1] 桂新.几种纳米氧化物的生物效应与机制[D].北京:中国农业大学,2016.

[2] 吴莉莉. 纳米氧化锌的制备及其光学性能研究[D].济南:山东大学,2005.

[3] 袁兆林. 低维纳米材料制备、光学特性及其光电子器件性能研究[D].成都:电子科技大学,2012.

[4] 纪世雄,曲唯贤,杨晓宏,等.国外纳米材料在化工应用中的研究进展[J].化工新型材料,2010(4):1-3.

[5] Service R F. Nanotechnology grows up[J]. Science,2004,304(5678):1732-1734.

[6] Wang J J,Sanderson B J,Wang H. Cyto-and genotoxicity of ultrafine TiO₂ particles in cultured human lymphoblastoid cells[J]. Mutation Research,2007,628(2):99-106.

[7] Moren Olivas F,Montes I,Servin A D,et al. Toxicity of TiO₂ Nanoparticles in *Cucumis Sativus*[J]. Science,2011.

[8] Vannini C,Domingo G,Onelli E,et al. Phytotoxic and genotoxic effects of silver nanoparticles exposure on germinating wheat seedlings[J]. Journal of Plant Physiology,2014,171(13):1142-1148.

[9] Gordon S A,Weber R P. Colorimetric estimation of indoleacetic acid[J]. Plant Physiology,1951,26(1):192-195.

[10] 郝毅.碳纳米材料对水稻幼苗-土壤生态系统的影响[D].北京:中国农业大学,2016.

[11] 白春礼.纳米科技及其发展前景[J].科学通报,2001,46(2):89-91.

[12] 朱世东,周根树,蔡锐,等.纳米材料国内外研究进展[J].热处理技术与设备,2010,31(3):1-5.

[13] Brumfiel G. A little knowledge[J]. Nature,2003,424:246-248.

[14] Christian P. Von der Kammer F,Baalousha M,et al. Nanoparticles:structure,properties,preparation and behaviour in environmental media[J]. Ecotoxicology,2008,17(5):326-343.

[15] 陈梦君,杨万泰,尹梅贞.纳米粒子的分类合成及其在生物领域的应用[J].化学进展,2012,24(12):2403-2414.

[16] 巩雄,张桂兰,汤国庆,等.纳米晶体材料研究进展[J].化学进展1997,9(4):349-360.

[17] Heer W A D. The physics of simple metal clusters:experimental aspects and simple models[J]. Review of Modern Physics,1993,65(3):611-676.

[18] 汪国忠.半导体和金属纳米材料的制备及自组织生长和物性研究[J].北京:中国科学

院固体物理研究,2002.

[19] Mirkin C A,Taton T A. Semiconductors meet biology[J]. Nature,2000,405(6787):626-627.

[20] 金婷婷.二氧化铈和氧化镱纳米颗粒对小鼠呼吸暴露毒性研究[D].北京:中国农业大学,2011.

[21] Asgharian B,Price O T,Schroeter J D, et al. A lung dosimetry model of vapor uptake and tissue disposition[J]. Inhalation Toxicology,2012,24(3):182-193.

[22] Nütz T,Haase M. Wet-chemical synthesis of doped nanoparticles:Optical properties of oxygen-deficient and antimony-doped colloidal SnO_2[J]. Journal of Physical Chemistry B,2000,104(35):8430-8437.

[23] Ma H L,Zhang, D H, Win S Z, et al. Electrical and optical properties of F-dopedtextured SnO_2 films depositedby APCVD[J]. Solar Energy and Solar Cells,1996,40:371-380.

[24] Albanese A,Tang P S,Chan W C. The effect of nanoparticle size, shape, and surface chemistry on biological systems[J]. Annual Review of Biomedical Engineering,2012,14:1-16.

[25] 梁海弋.表面效应对纳米铜杆拉伸性能影响的原子模拟[J]. 金属学报,2001,37(8):833-836.

[26] 宁远.纳米材料的奇异表面效应[J]. 有色金属工程,2001,53(3):91.

[27] 李嘉,尹衍升,张金升,等.纳米材料的分类及基本结构效应[J]. 现代技术陶瓷,2003,2:26-30.

[28] Kamat P V. Photophysical, photochemical and photocatalytic aspects of metal nanoparticles[J]. Journal of Physical Chemistry B,2002,106(32):7729-7744.

[29] 巩雄,郭永,杨宏秀,等.纳米材料及其光学特性[J]. 化学通报,1998(03):20-22.

[30] 桂新. 利用碘化荧光素吸附示踪 nano-CeO_2 在黄瓜体内的分布及其生物效应[D]. 北京:中国农业大学,2012.

[31] 程晨.纳米材料的特异效应及应用[J]. 安徽建筑工业学院学报(自然科学版),2005(04):63-65.

[32] 李明,刘铁.纳米材料在化工领域的应用[J]. 当代化工,2001,30(1):14-16.

[33] Wen J,Li X,Liu W, et al. Photocatalysis fundamentals and surface modification of TiO_2 nanomaterials[J]. Chinese Journal of Catalysis,2015,36(12):2049-2070.

[34] 黎先财,赖志华,罗来涛.纳米材料在催化领域的应用[J]. 化学世界,2003,10,554-556.

[35] Che M,Bennett C O. The influence of particle size on the catalytic properties of supported metals[J]. Advances in Catalysis,1989,36(6):55-172.

[36] Luo J Z,Gao L Z,Leung Y L, et al. The decomposition of NO on CNTs and 1 wt% Rh/CNTs[J]. Catalysis Letters,2000,66(1):91-97.

[37] 黄飞,蒲雪超,冉濛,等.二硫化钼纳米材料在光催化应用中的研究进展[J]. 材料导报,

2016(15):12-18.

[38] 曹珍元.纳米材料的化工应用与开发[J].化工新型材料,2000(11):3-5.

[39] 阎淑萍,张士莹,秦惠霞,等.纳米材料在化工领域中的应用[J].河北化工,2001(3):1-6.

[40] 姜福平.纳米颗粒对小麦生长发育及籽粒品质的影响研究[D].北京:中国农业大学,2017.

[41] 陈新江,马建中,杨宗邃.纳米材料在制革中的应用前景[J].中国皮革,2002(1):6-10.

[42] 李国庆,卢广文,林意群.纳米技术及其在生物工程和医药学上的应用[J].医疗装备,2002(3):8-11.

[43] 梁慧锋.纳米材料在生物工程中的应用[J].河北化工,2010(7):28-30.

[44] Jena B K, Raj C R. Amperometric L-lactate biosensor based on gold nanoparticles[J]. Electroanalysis,2010,19(7-8):816-822.

[45] Valentini F, Palleschi G, Morales E L, et al. Functionalized single-walled carbon nanotubes modified microsensors for the selective response of epinephrine in presence of ascorbic acid[J]. Electroanalysis,2010,19(7-8):859-869.

[46] 李玉宝,魏杰.纳米生物医用材料及其应用[J].中国医学科学院学报,2002(2):203-206.

[47] Miralles P, Church T L, Harris A T. Toxicity, uptake, and translocation of engineered nanomaterials in vascular plants[J]. Environmental Science & Technology,2012,46(17):9224-9239.

[48] Klaine S J, Fernandes T F, Handy R D, et al. Nanomaterials in the environment: Behavior, fate, bioavailability, and effects[J]. Environmental Toxicology & Chemistry,2008,27(9):1825.

[49] 朱小山.几种人工纳米材料的生态毒理学研究[D].天津:南开大学,2007.

[50] 李旭光.纳米 CeO_2 对转基因棉花毒理学研究[D].北京:中国农业大学,2014.

[51] Nel A, Xia T, Mädler L, et al. Toxic potential of materials at the nanolevel[J]. Science,2006, 311 (5761):622-627.

[52] Muller J, Huaux F, Lison D. Respiratory toxicity of carbon nanotubes: How worried should we be? [J]. Carbon,2006, 44(6):1048-1056.

[53] Dick C A, Brown D M, Donaldson K, et al. The role of free radicals in the toxic and inflammatory effects of four different ultrafine particle types[J]. Inhalation Toxicology, 2003,15(1):39-52.

[54] Oberdörster G, Oberdörster E, Oberdörster J. Nanotoxicology: An emerging discipline evolving from studies of ultrafine particles[J]. Environmental Health Perspectives,2005,113(7):823-839.

[55] Lam C W, James J T, McCluskey R, et al. Pulmonary toxicity of single-wall carbon nanotubes in mice 7 and 90 days after intratracheal instillation[J]. Toxicological sciences: an official journal of the Society of Toxicology,2004, 77(1):126-134.

[56] Abdi G，Salehi H，Khosh-Khui M. Nano silver：a novel nanomaterial for removal of bacterial contaminants in valerian (*Valeriana officinalis* L.) tissue culture[J]. Acta Physiologiae Plantarum,2008，30(5):709-714.

[57] Shaw A K. Hossain Z. Impact of nano-CuO stress on rice (*Oryza sativa* L.) seedlings[J]. Chemosphere,2013，93(6):906-915.

[58] Lin D，Xing B. Phytotoxicity of nanoparticles：inhibition of seed germination and root growth[J]. Environmental Pollution,2007,150(2):243-250.

[59] Wang F，Liu X，Shi Z，et al. Arbuscular mycorrhizae alleviate negative effects of zinc oxide nanoparticle and zinc accumulation in maize plants—A soil microcosm experiment[J]. Chemosphere,2015,147,88-97.

[60]刘书通. 砂培条件下纳米二氧化铈对油麦菜的毒性及效应机制研究[D]. 北京:中国农业大学,2015.

[61] Rui M，Ma C，Hao Y，et al. Iron oxide nanoparticles as a potential iron fertilizer for peanut (*Arachis hypogaea*) [J]. Frontiers in Plant Science,2016，7,815-824.

[62] Gui X，Zhang Z，Liu S，et al. Fate and phytotoxicity of CeO_2 nanoparticles on lettuce cultured in the potting soil environment[J]. PloS One,2015,10(8):e0134261.

[63] Nhan le V，Ma C，Rui Y，et al. Phytotoxic mechanism of nanoparticles：Destruction of chloroplasts and vascular bundles and alteration of nutrient absorption[J]. Scientific Reports,2015，5:11618.

[64] Ma Y，Kuang L，He X et al. Effects of rare earth oxide nanoparticles on root elongation of plants[J]. Chemosphere,2010，78(3):273-279.

[65] Lee C W，Mahendra S，Zodrow K，et al. Developmental phytotoxicity of metal oxide nanoparticles to *Arabidopsis thaliana*[J]. Environmental Toxicology and Chemistry,2010,29(3):669-675.

[66] Lopez-Moreno M L，de la Rosa G，Hernandez-Viezcas J A，et al. X-ray absorption spectroscopy (XAS) corroboration of the uptake and storage of CeO_2 nanoparticles and assessment of their differential toxicity in four edible plant species[J]. Journal of Agricultural and Food Chemistry,2010，58(6):3689-3693.

[67] Feizi H，Rezvani Moghaddam P，Shahtahmassebi N，et al. Impact of bulk and nanosized titanium dioxide (TiO_2) on wheat seed germination and seedling growth[J]. Biol Trace Elem Res,2012,146(1):101-106.

[68] Kurepa J，Paunesku T，Vogt S，et al. Uptake and distribution of ultrasmall anatase TiO_2 alizarin red S nanoconjugates in *Arabidopsis thaliana*[J]. Nano Letter,2010,10(7):2296-2302.

[69] Castiglione M R，Giorgetti L，Geri C，et al. The effects of nano-TiO_2 on seed germination，development and mitosis of root tip cells of *Vicia narbonensis* L. and *Zea mays* L. [J]. Journal of Nanoparticle Research,2010,13(6):2443-2449.

[70]冯燕. PLGA复合纳米纤维作为抗菌伤口敷料的研究[D]. 北京:中国农业大学,2016.

［71］Wang S，Kurepa J，Smalle J A. Ultra-small TiO₂ nanoparticles disrupt microtubular networks in *Arabidopsis thaliana*［J］. Plant，Cell & Environment，2011，34(5)：811-820.

［72］Song U，Jun H，Waldman B，et al. Functional analyses of nanoparticle toxicity：a comparative study of the effects of TiO₂ and Ag on tomatoes (*Lycopersicon esculentum*)［J］. Ecotoxicology and Environmental safety，2013，93：60-67.

［73］Song U，Shin M，Lee G，et al. Functional analysis of TiO₂ nanoparticle toxicity in three plant species［J］. Biological Trace Element Research，2013，155(1)：93-103.

［74］Barrena R，Casals E，Colon J，et al. Evaluation of the ecotoxicity of model nanoparticles［J］. Chemosphere，2009，75(7)：850-857.

［75］El-Temsah Y S，Joner E J. Impact of Fe and Ag nanoparticles on seed germination and differences in bioavailability during exposure in aqueous suspension and soil［J］. Environmental Toxicology，2012，27(1)：42-49.

［76］Yin L，Cheng Y，Espinasse B，et al. More than the ions：the effects of silver nanoparticles on *Lolium multiflorum*［J］. Environmental Science & Technology，2011，45(6)：2360-2367.

［77］Musante C，White J C. Toxicity of silver and copper to *Cucurbita pepo*：differential effects of nano and bulk-size particles［J］. Environmental Toxicology，2012，27(9)：510-517.

［78］Lee W M，Kwak J I，An Y J. Effect of silver nanoparticles in crop plants *Phaseolus radiatus and Sorghum bicolo*r：media effect on phytotoxicity［J］. Chemosphere，2012，86(5)：491-499.

［79］Kaveh R，Li Y S，Ranjbar S，et al. Changes in *Arabidopsis thaliana* gene expression in response to silver nanoparticles and silver ions［J］. Environmental Science & Technology，2013，47(18)：10637-10644.

［80］张燕北. 磷酸盐对纳米二氧化铈在植物体内吸收、转移和生物转化的影响［D］. 北京：中国农业大学，2013.

［81］Battke F，Leopold K，Maier M，et al. Palladium exposure of barley：uptake and effects［J］. Plant biology，2008，10(2)：272-276.

［82］Ghodake G，Seo Y D，Lee D S. Hazardous phytotoxic nature of cobalt and zinc oxide nanoparticles assessedusing *Allium cepa*［J］. Journal of Hazardous Materials，2011，186(1)：952-955.

［83］Zhai G，Gutowski S M，Walters K S，et al. Charge，size，and cellular selectivity for multiwall carbon nanotubes by maize and soybean［J］. Environmental Science & Technology，2015，49(12)：7380-7390.

［84］Kaya N，Cakmak I，Akarsu E，et al. DNA damage inducedby silica nanoparticle［J］. Fresenius Environmental Bulletin，2015，24(12A)：4478-4484.

［85］Maine M A A，Duarte M A V，Suñé N L. Cadmium uptake by floating macrophytes

[J]. Water Research,2001,35(11):2629-2634.

[86] 张勇,王德森,张艳,等.北方冬麦区小麦品种籽粒主要矿物质元素含量分布及其相关性分析[J].中国农业科学,2007,40(9):1871-1876.

[87] Adam G,Schmidt J,Schneider B. Brassinosteroids[J]. Phytochemistry,1986,25(8):1787-1799.

[88] 苑博华,廖祥儒,郑晓洁,等.吲哚乙酸在植物细胞中的代谢及其作用[J].生物学通报,2005,40(4):21-23.

[89] 杨洁.纳米氧化铈对黄瓜幼苗及土壤微生态的影响[D].北京:中国农业大学,2018.

[90] Johnson H E,Crosby D G. 3-Indolepropionic acid[J]. Journal of Organic Chemistry,1960,25(4):569-570.

[91] Kende H,Zeevaart J. The five "classical" plant hormones[J]. Plant Cell,1997,9(7):1197-1210.

[92] Hedden P,Thomas S G. Signal achievements in gibberellin research: the second half-century[J]. John Wiley & Sons,Ltd,2016.

[93] 郝格格,孙忠富,张录强,等.脱落酸在植物逆境胁迫研究中的进展[J].中国农学通报,2009,25(18):212-215.

[94] Wasternack C,Stenzel I,Hause,B,et al. The wound response in tomato—role of jasmonic acid[J]. Journal of Plant Physiology,2006,163(3):297-306.

[95] Creelman R A,Mullet J E. Jasmonic acid distribution and action in plants regulation during development and response to biotic and abiotic stress[J]. Proceedings of the National Academy of Sciences,1995,92,4114-4119.

[96] He P,Osaki M,Takebe M,et al. Endogenous hormones and expression of senescence-related genes in different senescent types of maize[J]. Journal of Experimental botany,2005,56,(414):1117-1128.

[97] Bari R,Jones J D G. Role of plant hormones in plant defence responses[J]. Plant Molecular Biology,2009,69,(4):473-488.

[98] Josko I,Oleszczuk P. Influence of soil type and environmental conditions on ZnO,TiO$_2$ and Ni nanoparticles phytotoxicity[J]. Chemosphere,2013,92(1):91-99.

[99] Mattiello A,Filippi A,Pošćić F,et al. Evidence of phytotoxicity and genotoxicity in *hordeum vulgare* L. exposed to CeO$_2$ and TiO$_2$ nanoparticles[J]. Frontiers in Plant Science,2015,6,1043-1055.

[100] Finlay C. Development of a base set of toxicity tests using ultrafine TiO$_2$ particles as a component of nanoparticle risk management[J]. Toxicology Letters,2007,171(3):99.

[101] Asli S,Neumann P M. Colloidal suspensions of clay or titanium dioxide nanoparticles can inhibit leaf growth and transpiration via physical effects on root water transport[J]. Plant,Cell & Environment,2009,32(5):577-584.

[102] 赵福利,钟葵,佟立涛,等.不同产地小麦胚芽营养成分的比较分析[J].现代食品科

技,2014,30(3):182-188.

[103] 马宗斌.不同形态氮素配施对专用小麦籽粒产量和品质形成的调控研究[D].郑州:河南农业大学,2007.

[104] 刘易科,佟汉文,朱展望,等.湖北省小麦营养品质状况分析[J]. 麦类作物学报,2012(5):967-972.

[105] 张林生.小麦种子氨基酸的评价[J]. 麦类作物学报,1996(3):28-30.

[106] 刘慧,王朝辉,李富翠,等.不同麦区小麦籽粒蛋白质与氨基酸含量及评价[J]. 麦类作物学报,2016(5):768-777.

[107] Leggett A J, Chakravarty S, Dorsey A T, et al. Dynamics of the dissipative two-state system[J]. Reviews of Modern Physics,1985,59:1-85.

[108] Iwanaga H, Fujii M, Takeuchi S. Inter-leg angles in tetrapod ZnO particles[J]. Journal of Crystal Growth,1998,183:190-195.

[109] 徐辉碧. 纳米医药[M]. 北京:清华大学出版社,2004.

[110] 侯青顺,张剑秋,张宝华. 纳米材料在涂料中的应用[J]. 山东化工,2002,18-20.

[111] 林道辉,冀静,田小利,等. 纳米材料的环境行为与生物毒性[J]. 科学通报,2009,54: 3590-3604.

[112] Shin Y J, Kwak J I, An Y J. Evidence for the inhibitory effects of silver nanoparticles on the activities of soil exoenzymes[J]. Chemosphere,2012.88:524-529.

[113] Colman B P, Arnaout C L, Anciaux S, et al. Low concentrations of silver nanoparticles in biosolids cause adverse ecosystem responses under realistic field scenario [J]. PLoS One,2013,8:e57189.

[114] Ge Y, Schimel J P, Holden P A. Evidence for negative effects of TiO_2 and ZnO nanoparticles on soil bacterial communities[J]. Environmental Science & Technology,2011,45:1659-1664.

[115] Simonin M, Guyonnet J P, Martins J M F, et al. Influence of soil properties on the toxicity of TiO_2 nanoparticles on carbon mineralization and bacterial abundance[J]. Journal of Hazardous Materials,2015,283:529-535.

[116] Tong Z, Bischoff M, Nies L, et al. Impact of fullerene (C_{60}) on a soil microbial community[J]. Environmental Science & Technology,2007, 41:2985-2991.

[117] Shrestha B, Acosta-Martinez V, Cox S B, et al. An evaluation of the impact of multiwalled carbon nanotubes on soil microbial community structure and functioning [J]. Journal of Hazardous Materials,2013,261:188-197.

[118] Chung H, Son Y, Yoon T K, et al. The effect of multi-walled carbon nanotubes on soil microbial activity[J]. Ecotoxicology & Environmental Safety,2011, 74:569-575.

[119] Jin L, Son Y, Yoon T K, et al. High concentrations of single-walled carbon nanotubes lower soil enzyme activity and microbial biomass[J]. Ecotoxicol Environ Saf,2013,88:9-15.

[120] Brookes P C. The use of microbial parameters in monitoring soil pollution by heavy metals[J]. Biology & Fertility of Soils. 1995,19:269-279.

[121] Hänsch M, Emmerling C. Effects of silver nanoparticles on the microbiota and enzyme activity in soil[J]. Journal of Plant Nutrition & Soil Science,2010,173:554-558.

[122] Fajardo C, Ortíz L T, Rodríguez-Membibre M L, et al. Assessing the impact of zero-valent iron (ZVI) nanotechnology on soil microbial structure and functionality: a molecular approach[J]. Chemosphere,2012,86:802-808.

[123] Antisari L V, Carbone S, Gatti A, et al. Toxicity of metal oxide (CeO_2, Fe_3O_4, SnO_2) engineered nanoparticles on soil microbial biomass and their distribution in soil[J]. Soil Biol Biochem,2013,60:87-94.

[124] Johansen A, Pedersen A L, Jensen K A, et al. Effects of C_{60} fullerene nanoparticles on soil bacteria and protozoans[J]. Environmental Toxicology & Chemistry,2008,27:1895-1903.

[125] Rodrigues D F, Jaisi D P, Elimelech M. Toxicity of functionalized single-walled carbon nanotubes on soil microbial communities: implications for nutrient cycling in soil[J]. Environmental Science & Technology,2013, 47:625-633.

[126] Tilston E L, Collins C D, Mitchell G R, et al. Nanoscale zerovalent iron alters soil bacterial community structure and inhibits chloroaromatic biodegradation potential in Aroclor 1242-contaminated soil[J]. Environmental Pollution,2013,173:38-46.

[127] Pawlett M, Ritz K, Dorey R A, et al. The impact of zero-valent iron nanoparticles upon soil microbial communities is context dependent[J]. Environ Sci Pollut Res Int,2013,20:1041-1049.

[128] Benmoshe T, Dror I, Berkowitz B. Transport of metal oxide nanoparticles in saturated porous media[J]. Chemosphere,2010,81:387-393.

[129] Wang Y, Gao B, Morales V L, et al. Transport of titanium dioxide nanoparticles in saturatedporous media under various solution chemistry conditions[J]. Journal of Nanoparticle Research,2012,14:1-9.

[130] Thio B J R, Zhou D, Keller A A. Influence of natural organic matter on the aggregation and deposition of titanium dioxide nanoparticles[J]. Journal of Hazardous Materials,2011,189:556.

[131] Hundrinke K. Fate and bioavailability of engineered nanoparticles in soils: A review [J]. Critical Reviews in Environmental Science & Technology,2014, 44:2720-2764.

[132] Peyrot C, Wilkinson K J, Desrosiers M, et al. Effects of silver nanoparticles on soil enzyme activities with and without addedorganic matter[J]. Environmental Toxicology & Chemistry,2014, 33:115-125.

[133] Torsvik V L Ø. Microbial diversity and function in soil: from genes to ecosystems. Current Opinion in Microbiology,2002, 5:240.

[134] 王曙光,侯彦林. 磷脂脂肪酸方法在土壤微生物分析中的应用[J]. 微生物学通报,2004,31(1):114-117.

[135] 白震,何红波,张威,等. 磷脂脂肪酸技术及其在土壤微生物研究中的应用[J]. 生态学报,2006,26(7):2387-2394.

[136] 颜慧,蔡祖聪,钟文辉. 磷脂脂肪酸分析方法及其在土壤微生物多样性研究中的应用[J]. 土壤学报,2006,43 (5):851-859.

[137] Daniel C, Todd L, Niraj K, et al. Assessing the impact of copper and zinc oxide nanoparticles on soil: a field study[J]. Plos One,2012,7:e42663.

[138] Ben-Moshe T, Frenk S, Dror I, et al. Effects of metal oxide nanoparticles on soil properties[J]. Chemosphere,2013, 90:640-646.

[139] Ge Y, Schimel J P, Holden P A. Identification of soil bacteria susceptible to TiO$_2$ and ZnO nanoparticles[J]. Appl Environ Microbiol,2012, 78:6749-6758.

[140] Nogueira V, Lopes I, Rocha-Santos T, et al. Impact of organic and inorganic nano-materials in the soil microbial community structure[J]. Science of the Total Environment,2012, 424:344.

[141] Khodakovskaya M V, Kim BS, Kim J N, et al. Carbon nanotubes as plant growth regulators: effects on tomato growth, reproductive system, and soil microbial community[J]. Small,2013, 9:115-123.

[142] Jin L, Son Y, Deforest J L, et al. Single-walled carbon nanotubes alter soil microbial community composition[J]. Science of the Total Environment. 2014,466-467:533-538.

[143] Cañas J E, Long M, Nations S, et al. Effects of functionalized and nonfunctionalized single-walled carbon nanotubes on root elongation of select crop species[J]. Environmental Toxicology & Chemistry,2008,27:1922-1931.

[144] Lin S, Reppert J, Hu Q, et al. Uptake, translocation, and transmission of carbon nanomaterials in rice plants[J]. Small,2009, 5:1128-1132.

[145] Lee W M, An Y J, Yoon H, et al. Toxicity and bioavailability of copper nanoparticles to the terrestrial plants mung bean (*Phaseolus radiatus*) and wheat (*Triticum aestivum*): Plant agar test for water-insoluble nanoparticles[J]. Environmental Toxicology & Chemistry,2008,27:1915-1921.

[146] Sigmund W, Rui Q. Redox behavior of ceria nanoparticles[J]. Recent Patents on Materials Science,2014, 7:37-49.

[147] Naumov A V. Review of the worldmarket of rare-earth metals[J]. Russian Journal of Non-Ferrous Metals,2008, 49:14-22.

[148] Masui T, Hirai H, Imanaka N, et al. Synthesis of cerium oxide nanoparticles by hydrothermal crystallization with citric acid[J]. Journal of Materials Science Letters,2002,21:489-491.

[149] Malik M A, O'Brien P, Revaprasadu N. A novel route for the preparation of CuSe

and CuInSe₂ nanoparticles[J]. Advanced Materials,1999,11:1441-1444.

[150] Izu N, Shin W, Murayama N, et al. Resistive oxygen gas sensors based on CeO₂ fine powder prepared using mist pyrolysis[J]. Sensors & Actuators B Chemical, 2002,87:95-98.

[151] Tschöpe A, Birringer R. Oxyreduction studies on nanostructured cerium oxide[J]. Nanostructured Materials,1997, 9:591-594.

[152] Zhang Y, Andersson S, Muhammed M. Nanophase catalytic oxides: I. Synthesis of doped cerium oxides as oxygen storage promoters[J]. Applied Catalysis B Environmental,1995,6:325-337.

[153] Bose S, Wu Y. Synthesis of Al₂O₃-CeO₂ mixed oxide nano-powders[J]. Journal of the American Ceramic Society,2005,88:1999-2002.

[154] Xia T, Kovochich M, Liong M, et al. Comparison of the mechanism of toxicity of zinc oxide and cerium oxide nanoparticles based on dissolution and oxidative stress properties[J]. Acs Nano,2008,2:2121-2134.

[155] Shon H K. Sources, distribution, environmental fate, and ecological effects of nanomaterials in wastewater streams[J]. Critical Reviews in Environmental Science & Technology,2015, 45:277-318.

[156] Gantt B, Hoque S, Willis R D, et al. Near-road modeling and measurement of cerium-containing particles generated by nanoparticle diesel fuel additive use[J]. Environmental Science & Technology,2014, 48:10607-10613.

[157] Lee J, Mahendra S, Alvarez P J J. Nanomaterials in the construction industry: a review of their applications and environmental health and safety considerations[J]. Acs Nano,2010, 4:3580-3590.

[158] Ma C, Chhikara S, Xing B, et al. Physiological and molecular response of *Arabidopsis thaliana* (L.) to nanoparticle cerium and indium oxide exposure[J]. Acs Sustainable Chemistry & Engineering,2013,1:768-778.

[159] López-Moreno M L, De lRG, Hernández-Viezcas JA, et al. Evidence of the differential biotransformation and genotoxicity of ZnO and CeO₂ nanoparticles on soybean (*Glycine max*) plants[J]. Environmental Science & Technology,2010, 44:7315-7320.

[160] Schwabe F, Schulin R, Limbach L K, et al. Influence of two types of organic matter on interaction of CeO₂ nanoparticles with plants in hydroponic culture[J]. Chemosphere,2013, 91:512-520.

[161] Dimkpa C O, Mclean J E, Latta D E, et al. CuO and ZnO nanoparticles: phytotoxicity, metal speciation, and induction of oxidative stress in sand-grown wheat[J]. Journal of Nanoparticle Research,2012,14:1-15.

[162] Lowry G V, Gregory K B, Apte S C, et al. Transformations of nanomaterials in the environment[J]. Environmental Science & Technology,2012, 46:6893-6899.

[163] Priester J H，Ge Y，Mielke R E，et al. Soybean susceptibility to manufactured nanomaterials withevidence for food quality and soil fertility interruption[J]. Proc Natl Acad Sci USA,2012,109:2451-2456.

[164] Morales M I，Rico C M，Hernandezviezcas J A，et al. Toxicity assessment of cerium oxide nanoparticles in cilantro (*Coriandrum sativum* L.) plants grown in organic soil[J]. J Agric Food Chem,2013,61:6224-6230.

[165] Ge Y，Priester J H，Van De Werfhorst L C，et al. Soybean plants modify metal oxide nanoparticle effects on soil bacterial communities[J]. Environmental Science & Technology,2014, 48:13489-13496.

[166] Pagano L，Servin A D，Torreroche R D L，et al. Molecular response of crop plants to engineered nanomaterials[J]. Environmental Science & Technology,2016，50:7198.

[167] Garcíasalamanca A，Molinahenares M A，Dillewijn P V，et al. Bacterial diversity in the rhizosphere of maize and the surrounding carbonate-rich bulk soil[J]. Microbial Biotechnology,2013,6:36-44.

[168] Belyaeva O N，Haynes R J，Birukova O A. Barley yield and soil microbial and enzyme activities as affected by contamination of two soils with lead，zinc or copper [J]. Biology & Fertility of Soils,2005，41:85-94.

[169] 哈兹耶夫，郑洪元. 土壤酶活性[M]. 北京:科学出版社,1980.

[170] Li B，Jacobson A R，Darnault C J G，et al. Influence of cerium oxide nanoparticles on the soil enzyme activities in a soil-grass microcosm system[J]. Geoderma,2017,299:54-62.

[171] Peraltavidea J R，Hernand ezviezcas J A，Zhao L，et al. Cerium dioxide and zinc oxide nanoparticles alter the nutritional value of soil cultivated soybean plants[J]. Plant Physiol Biochem,2014,80:128-135.

[172] Broeckling C D，Broz A K，Bergelson J，et al. Root exudates regulate soil fungal community composition and diversity[J]. Appl Environ Microb,2008,74:738.

[173] George T S，Gregory P J，Wood M，et al. Phosphatase activity and organic acids in the rhizosphere of potential agroforestry species and maize[J]. Soil Biol Biochem，2002，34:1487-1494.

[174] Landi L，Valori F，Ascher J，et al. Root exudate effects on the bacterial communities，CO_2 evolution，nitrogen transformations and ATP content of rhizosphere and bulk soils[J]. Soil Biol Biochem,2006，38:509-516.

[175] Martineau N，McLean J E，Dimkpa C O，et al. Components from wheat roots modify the bioactivity of ZnO and CuO nanoparticles in a soil bacterium[J]. Environmental Pollution,2014,187:65-72.

[176] Caldwell B A. Enzyme activities as a component of soil biodiversity：A review[J]. Pedobiologia,2005，49:637-644.

[177] Philippot L，Raaijmakers J M，Lemanceau P，et al. Going back to the roots：the microbial ecology of the rhizosphere[J]. Nature Reviews Microbiology，2013，11：789-799.

[178] Zhonghua T，Marianne B，Loring N，et al. Impact of fullerene（C_{60}）on a soil microbial community[J]. Environmental Science & Technology，2007，41：2985-2991.

[179] Stevenson L M，Dickson H，Klanjscek T，et al. Environmental feedbacks and engineered nanoparticles：mitigation of silver nanoparticle toxicity to *Chlamydomonas reinhardtii* by algal-produced organic compounds[J]. PLoS One，2013，8：e74456.

[180] 颜慧，钟文辉，李忠佩，等. 长期施肥对红壤水稻土磷脂脂肪酸特性和酶活性的影响[J]. 应用生态学报，2008，9(1)：71-75.

[181] Kim M J，Ko D，Ko K，et al. Effects of silver-graphene oxide nanocomposites on soil microbial communities[J]. Journal of Hazardous Materials，2018，346：93-102.

[182] 曹睿，周青. 稀土细胞毒理效应研究进展[J]. 中国生态农业学报，2007，15(4)：180-184.

[183] 何跃君，薛立. 稀土元素对植物的生物效应及其作用机理[J]. 应用生态学报，2005，16(10)：1983-1989.

[184] Shyam R，Aery N. Effect of cerium on growth，dry matter production，biochemical constituents and enzymatic activities of cowpea plants [*Vigna unguiculata*（L.）Walp][J]. Journal of Soil Science and Plant Nutrition，2012，12：1-14.

[185] Nicodemus M A，Salifu K F，Jacobs D F. Influence of lanthanum level and interactions with nitrogensource on early development of *Juglans nigra*[J]. Journal of Rare Earths，2009，27：270-279.

[186] Rico C M，Morales M I，Barrios A C，et al. Effect of cerium oxide nanoparticles on the quality of rice（*Oryza sativa* L.）grains[J]. Journal of Agricultural & FoodChemistry，2013，61：11278.

[187] Ma C，Chhikara S，Minocha R，et al. Reduced silver nanoparticle phytotoxicity in *Crambe abyssinica* with enhanced glutathione production by overexpressing bacterial γ-glutamylcysteine synthase[J]. Environmental Science & Technology，2015，49：10117-10126.

[188] Medina-Velo I A，Barrios A C，Zuverza-Mena N，et al. Comparison of the effects of commercial coated and uncoated ZnO nanomaterials and Zn compounds in kidney bean（*Phaseolus vulgaris*）plants[J]. Journal of Hazardous Materials，2017，332：214.

[189] Rico C M，Majumdar S，Duarte-Gardea M. Interaction of nanoparticles with edible plants and their possible implications in the food chain[J]. Journal of Agricultural & Food Chemistry，2011，59：3485-3498.

[190] Hall J L，Williams L E. Transition metal transporters in plants[J]. Journal of Experimental Botany，2003，54：2601-2613.

[191] Fitzpatrick J A，Inouye Y，Manley S，et al. From "There's Plenty of Room at the Bottom" to seeing what is actually there[J]. Chemphyschem：a European journal of Chemical Physics and Physical Chemistry，2014,15(4)：547-549.